彩图 12-1 波特兰大厦

彩图 12-2 筑波中心

彩图 12-3 某商场入口

彩图 12-4 某办公楼（全玻璃幕墙）

彩图 12-5 某办公楼（材料对比）

彩图 12-6 上海大剧院

彩图 12-7 伊弗森美术馆

彩图 12-8 迪斯尼总部办公楼

彩图 12-10 巴黎阿拉伯研究中心

彩图 12-9 某多层住宅

彩图 12-11 上海金茂大厦裙楼走廊

彩图 12-12 某歌舞厅

彩图 12-13 某贵宾休息室

彩图 12-14 某卫生间

彩图 12-15 某美发厅

彩图 12-16 某办公楼大堂

高等学校土木工程专业系列选修课教材

建筑装饰材料及其应用

本系列教材编委会组织编写

韩静云　主编

中国建筑工业出版社

图书在版编目(CIP)数据

建筑装饰材料及其应用/韩静云主编. —北京:中国建筑工业出版社,2000.12
高等学校土木工程专业系列选修课教材
ISBN 978-7-112-04208-1

Ⅰ. 建… Ⅱ. 韩… Ⅲ. 建筑材料:装饰材料—高等学校—教材
Ⅳ. TU56

中国版本图书馆 CIP 数据核字(2000)第 49799 号

本书主要介绍建筑工程中各种装饰材料的基本组成、性能特点、质量标准、实用范围以及应用方法。内容包括无机胶凝材料装饰制品、装饰石材、陶瓷装饰材料、装饰玻璃、金属装饰材料、木质装饰材料、塑料装饰材料、建筑装饰涂料、建筑胶粘剂和密封材料等现代建筑装饰工程中常用的材料，在最后一章，还特别介绍了建筑装饰材料和建筑装饰设计、建筑美学之间的关系，介绍了建筑物内外部常用装饰材料的应用，包括构造、施工方法及艺术效果等，并结合工程实例说明运用技术的经济效益和装饰效果。为方便教学和复习，每章结束后附有复习思考题。

本书引用了国家最新颁发的新标准和新规范，有一些工程实例图片，实用性强。本书是高等工科院校“土木工程”专业选修课教材，建筑学等相关专业的参考教材，同时也可供从事建筑装饰行业的设计人员、施工人员及项目经理等人员作参考。

高等学校土木工程专业系列选修课教材
建筑装饰材料及其应用
本系列教材编委会组织编写
韩静云　主编
*
中国建筑工业出版社出版、发行（北京西郊百万庄）
各地新华书店、建筑书店经销
北京建筑工业印刷厂印刷
*
开本：787×1092毫米　1/16　印张：$14\frac{1}{4}$　插页：2　字数：342千字
2000年12月第一版　　2018年11月第七次印刷
定价：**22.00**元
ISBN 978-7-112-04208-1
(14849)

前 言

随着我国国民经济的迅速发展和人民生活水平的不断提高，大量家庭居室、工作场所和公共设施对新颖、美观、富于个性的建筑装饰提出了更高的要求。建筑装饰材料是装饰工程的基础，也是建筑物的重要组成，它通过各种材料的色彩、质感和线条以及兼有的功能性质，提高了环境空间的舒适性与美观效果，使建筑物更趋于完美。因此，作为面向21世纪培养的土木工程专业的人才，必须熟悉各类建筑装饰材料的品种、性能特点及技术要求，才能在将来的实践中具有正确选用与合理使用建筑装饰材料的能力。

“土木工程专业系列选修课教材编委会”决定组织苏州城建环保学院、南京建筑工程学院、河海大学、扬州大学、合肥工业大学等五所高等院校编写土木工程专业系列选修课教材，本书为系列教材之一。

本教材介绍了目前在建筑装饰工程中使用较多的中高档装饰材料的特性、规格、质量标准和使用要求。在编写过程中考虑到选修课程的教学特点，力求使教材理论联系实际、精炼、实用，在内容安排上，注意建筑装饰材料发展迅速，品种多且更新快的特点，尽可能介绍最新材料，在最后一章，特别介绍了建筑装饰材料的应用实例，有一些工程实例图片。编写中尽量引用了国家最新颁发的新标准和新规范。

参加本书编写的人员有：南京建筑工程学院赵斌编写9、10、11章；合肥工业大学詹炳根编写3、5章；河海大学冯秀平编写4、6章；周坚编写12章；扬州大学杨鼎宜编写7、8章；苏州城建环保学院韩静云编写1、2、4、6章。全书由韩静云主编，南京建筑工程学院金钦华教授主审。编者们对主审的认真、负责精神表示衷心的感谢。

由于时间仓促，水平有限，书中的缺点和不妥之处在所难免，恳请读者在使用过程中给予指正，并提出宝贵意见，不胜感谢。

目　录

第1章　绪　论

1.1　建筑装饰材料的定义和作用

建筑装饰材料是建筑材料的重要组成部分。一般来讲，它是指土建工程完成之后，对建筑物的室内空间和室外环境进行功能和美化处理而形成不同装饰效果所需用的材料。

建筑装饰及其材料从古至今都是人类文明的一个象征，它与历史文化、经济水平和科学技术的发展有着密不可分的联系。我国的古代建筑装饰在世界上享有较高的声誉。北京的故宫、天坛和颐和园的古建筑，以金碧辉煌、色彩瑰丽著称于世。黄、绿、蓝等各种色彩的琉璃瓦，熠熠闪光的金箔，富有玻璃光泽至金刚光泽的孔雀石、银朱、石青等古代已有的建筑装饰材料的使用，创造出一幅幅绚丽多彩的画卷。

近代，建筑师们把设计新颖、造型美观、色彩适宜的建筑物称为“凝固的音乐”。这些都生动形象地告诉人们，建筑和艺术是不可分隔的。建筑艺术不单要求建筑物的功能良好、结构型体新颖大方，还要求立面丰富多彩，以满足人们不同的审美要求 。建筑物的外观效果，主要取决于总的建筑体形、比例、虚实对比、线条等平面、立面的设计手法，而内外建筑装饰效果则是通过各种装饰材料的质感、线条和色彩来体现。建筑艺术性的发挥，留给人们的观感，在很大程度上受到建筑装饰材料的制约。所以说，建筑装饰材料是建筑装饰工程的物质基础。

装饰材料的作用即是装饰建筑物，美化室内外环境。同时，根据使用部位的不同，还应具备一定的功能性。装饰材料作为建筑物的外饰面，它对建筑物起保护作用，使建筑外部结构材料避免直接受到风吹、日晒、雨淋、冰冻等大气因素的影响，以及腐蚀性气体和微生物的作用，从而使建筑物的耐久性提高，使用寿命延长。室内装饰主要指对内墙、地面、顶棚的装饰。它们同样具有保护建筑内部结构的作用，并能调节室内“小环境”。例如，内墙饰面中传统的抹灰能起到“呼吸”的作用。室内湿度高时，抹灰能吸收一定的湿气，使内墙表面不至于很快出现凝结水；室内过于干燥时，又能释放出一定的湿气，调节室内空气的相对湿度。地面装饰材料例如木地板，与水泥地面相比，由于其热容量较大，可以调节室内小环境的温度，使人在冬季不会感觉很冷，在夏季不会感觉太热。顶棚装饰材料则兼有隔声和吸声的作用。室内装饰材料在装饰与功能兼备的作用下，为人们创造了舒适、美观、整洁的工作与生活环境。

1.2　建筑装饰材料的分类

建筑装饰材料的品种繁多，为了研究、使用和介绍方便，常从两个方面对它们进行分类。一种是根据装饰材料在建筑物中的使用部位，可分为外墙装饰材料、内墙装饰材料、地面装饰材料和顶棚装饰材料。这种分类方法便于工程技术人员选择和使用建筑装饰材料，一般的建筑装饰材料手册均按此类方法分类。另一种是按照建筑装饰材料的化学成分，可分为无机装饰材料、有机装饰材料和复合装饰材料三大类，见表 1-1。

建筑装饰材料的化学成分分类 **表 1-1**

<table>
<tr><td rowspan="13">建筑装饰材料</td><td rowspan="7">无机装饰材料</td><td rowspan="2">金属装饰材料</td><td colspan="2">黑色金属：钢、不锈钢、彩色涂层钢板等</td></tr>
<tr><td colspan="2">有色金属：铝及铝合金、铜及铜合金等</td></tr>
<tr><td rowspan="5">非金属装饰材料</td><td rowspan="2">胶凝材料</td><td>气硬性胶凝材料：石膏、装饰石膏制品</td></tr>
<tr><td>水硬性胶凝材料：白水泥、彩色水泥等</td></tr>
<tr><td colspan="2">装饰混凝土及装饰砂浆、白色及彩色硅酸盐制品</td></tr>
<tr><td colspan="2">天然石材：花岗石、大理石等</td></tr>
<tr><td colspan="2">烧结与熔融制品：陶瓷、玻璃及制品、岩棉及制品等</td></tr>
<tr><td rowspan="2">有机装饰材料</td><td colspan="3">植物材料：木材、竹材等</td></tr>
<tr><td colspan="3">合成高分子材料：各种建筑塑料及其制品、涂料、胶粘剂、密封材料等</td></tr>
<tr><td rowspan="4">复合装饰材料</td><td colspan="2">无机材料基复合材料</td><td>装饰混凝土、装饰砂浆等</td></tr>
<tr><td colspan="2" rowspan="2">有机材料基复合材料</td><td>树脂基人造装饰石材、玻璃钢等</td></tr>
<tr><td>胶合板、竹胶板、纤维板、保丽板等</td></tr>
<tr><td colspan="2">其他复合材料</td><td>塑钢复合门窗、涂塑钢板、涂塑铝合金板等</td></tr>
</table>

1.3 建筑装饰材料的发展趋势

建筑装饰材料的品种门类繁多、更新周期短、发展潜力大。它的发展速度的快慢、品种的多少、质量的优劣、款式的新旧、配套水平的高低决定着建筑物的装饰档次。

我国装饰材料在 80 年代以前的基础较差，品种少、档次低，建筑装饰工程中使用的材料主要是一些天然材料及其简单的加工制品。从 80 年代中期，随着一批引进的和自行研制的装饰材料生产线的陆续投产，以对外开放门户——广州为代表的一些沿海城市的建筑装饰材料市场首先活跃起来，各种壁纸、涂料、墙地砖、灯饰等装饰材料的面市，给建筑装饰业带来了色彩和生机。一些国外的建筑装饰材料也开始进入中国市场。由于材料品种的增加，材料性能的提高，人们对装饰材料的选择范围也变得十分宽阔。

90 年代中期，在国家可持续发展的重要战略方针指引下，提出了发展绿色建材，改变我国长期以来存在的高投入、高污染、低效益的粗放式生产方式的方针。绿色建材发展方针是选择资源节约型、污染最低型、质量效益型、科技先导型的发展方式，把建材工业的发展和保护生态环境、污染治理有机地结合起来。

水性涂料是首批获得我国环境保护标志的绿色建材产品。这些产品在配制或生产过程中，不得使用甲醛、卤化物溶剂或芳香类碳氢化合物；产品中不得含有汞及其化合物，不得使用含有铅、镉、铬及其化合物的颜料着色。

随着我国经济建设的发展，一大批规模大、技术含量高的重点工程需要建设；人民生活水平的日益提高，住宅装饰在我国形成了一个新的消费热点，建筑装饰材料的消耗水平提高得很快。建筑装饰业迫切需要品质优良，款式新颖，不同档次，可选性、配套性和实用性强的产品。因此，今后一段时期内，建筑装饰材料将有这样一些发展趋势：

1.3.1 从天然材料向人造材料的方向发展

自古以来，人们大多使用自然界中的天然材料来装饰建筑，如天然石材、木材、天然漆料、羊毛、动物皮革等。但是，由于地球人口的膨胀，生态环境的保护问题日趋受到重视，天然材料的开采和使用受到了制约。人造材料替代天然材料成为必然的发展趋势。人造大理石、高分子涂料、塑料地板、塑钢门窗、化纤地毯、人造皮革等，已成功地使用于现代建筑工程中，使建筑装饰材料的面貌发生了很大的变化，不但更大程度地满足了建筑设计师的设计要求，推动了建筑技术的发展，也为人们选择不同档次、不同功能的建筑装饰材料提供了更大的可能。

1.3.2 装饰材料向多功能材料的方向发展

装饰材料的首要功能是具有一定的装饰性。但现代装饰场所不仅要求材料的观感满足装饰设计的效果要求，而且还应满足该场所对材料其他功能的规定，例如，内墙装饰材料兼具隔声、隔热、透气、防火的功能；地面装饰材料兼具隔声、防静电的功能；吊顶装饰材料兼具吸声作用；而一些新型的复合墙体材料，除赋予室内外墙面应有的装饰效果之外，常兼具抗大气性、耐风化性、保温隔热性、隔声性、防结露性等性能。现代建筑装饰材料具有多功能的作用。

1.3.3 从现场制作向制品安装的方向发展

过去装饰工程大多采取现场湿作业的形式，例如，墙面、吊顶的粉刷和油漆、水磨石地面的施工等传统施工工艺都带有湿作业的性质。湿作业的劳动强度大，施工周期长，不经济，现场的环境污染严重，已不适应现代装饰工程发展的需要。轻钢龙骨、各种新型板材、金属装饰制品、塑料制品、新型玻璃等现代装饰材料的开发，对墙面、地面、顶棚等部位进行装饰时，只需采用钉、粘等施工方法或装配式的施工工艺即能完成，方法简便快捷，劳动强度低，施工效率高。

近年来，多功能组合构件预制化的步伐正在加快。将主体结构、设备、装饰材料三者合一的预制构件正在发展。如将卫生间中的浴缸、坐便器、洗面盆、地板、墙面、吊顶组成一体，构成标准盒子卫生间；围护墙体做成装饰混凝土板或复合装饰墙体；开口部位做好五金配套的各种模数的门窗。这些构件运到现场，由专业化建筑装饰单位进行施工，施工周期短，效率高。

1.3.4 装饰材料向中、高档方向发展

随着我国国民经济的发展和人民生活水平的提高，在我国的消费领域中，一个新的消费热点正悄然兴起，这就是建筑装饰热。无论是新建的楼堂馆所，还是老百姓的乔迁新居，包括很多原有房屋的更新改造，都离不开一番精心的装饰。特别是住房制度改革的推进，更加激发了人们对住宅装饰的投入。据有关方面提供的数字，1995 年我国城市居民在室内装饰方面的费用就达 150 亿元。在建筑装饰工程中，装饰材料的费用所占比例可达 50% ~70%。高档的宾馆饭店、艺术大厦采用的装饰材料，日益崇尚华贵，无论室内、室

外都装饰得金碧辉煌、绚丽多彩；民用住宅的装饰也已不满足于用低廉的涂料进行涂饰，大量性能优异的中高档装饰材料已逐步走入普通家庭的装饰中。建筑装饰材料正逐步向中高档方向发展。

1.3.5 装饰材料向绿色建材发展

绿色建材与传统建材相比，具有 5 个基本特征：①大量使用工业废料；②采用低能耗生产工艺；③原材料不使用有害物质；④产品对环保有益；⑤产品可以循环利用。21 世纪装饰文化的核心是采用绿色建材。在强调装饰完美的同时，还包含建材本身是否有利于健康及有无环境污染等问题。近 20 年来，欧、美、日等工业发达国家对绿色建材的发展非常重视。他们制定了相应的法规和标准，控制有机挥发物挥发量（VOC）和其他有害于环保的指标。这些国家相继推出了各类产品，如无有机溶剂挥发污染的水性涂料和胶粘剂，防霉、防蛀、抗静电、阻燃地毯和壁纸，各种节能玻璃，无污染塑料金属复合管道等。目前我国也在积极制定各种标准，并大力开展绿色建材的研究工作。

第2章　石膏与混凝土装饰材料

2.1　石膏及石膏装饰制品

2.1.1　建筑石膏

建筑石膏是一种无机气硬性胶凝材料，只能在空气中凝结硬化，也只能在空气中长期保持强度或继续提高强度。建筑石膏及其制品耐水性差，若不进行防潮处理，则不宜用于潮湿环境。

1. 建筑石膏的生产

石膏的主要化学成分为 $CaSO_4$。建筑石膏的原材料有天然二水石膏（$CaSO_4 \cdot 2H_2O$，又称软石膏或生石膏）和含有 $CaSO_4 \cdot 2H_2O$ 的各种工业副产品或废料——化学石膏。建筑石膏的生产通常是将二水石膏在一定条件（107～170℃）下进行煅烧，脱去部分结晶水即得 β 型半水石膏，（$\beta CaSO_4 \cdot \frac{1}{2}H_2O$ ）β 型半水石膏也即建筑石膏。反应如下：

$$CaSO_4 \cdot 2H_2O \xrightarrow{107\sim170℃} \beta CaSO_4 \cdot \frac{1}{2}H_2O + \frac{3}{2}H_2O$$

建筑石膏外观为白色粉末,密度为 2.5～2.8g/cm^3,松散表观密度为 800～1000kg/m^3，紧密松散表观密度为 1250～1450 kg/m^3。

建筑石膏与水混合,经一系列物理化学反应过程会凝结硬化并产生强度。反应式为：

$$CaSO_4 \cdot \frac{1}{2}H_2O + \frac{3}{2}H_2O \longrightarrow CaSO_4 \cdot 2H_2O$$

2. 建筑石膏的技术要求

建筑石膏按强度、细度、凝结时间分为优等品、一等品、合格品三个等级，其技术要求见表 2-1。

建筑石膏等级标准(GB 9776—88)　　**表 2-1**

技术指标		优等品	一等品	合格品
强度(MPa)	抗折强度≥	2.5	2.1	1.8
	抗压强度≥	4.9	3.9	2.9
细度	0.2mm 方孔筛筛余(%)≤	5.0	10.0	15.0
凝结时间(min)	初凝时间≥	6		
	终凝时间≤	30		

3. 建筑石膏的特性

(1) 凝结硬化快

建筑石膏的初凝和终凝时间都很短，加水后的浆体在 10min 内便开始失去塑性，30min 内完全失去可塑性而产生强度。为施工方便，常掺加适量缓凝剂以延长凝结时间。一般掺入石膏用量为 0.1% ~0.2% 的动物胶（经石灰处理），或掺入 1% 的亚硫酸酒精废液，也可使用硼砂或柠檬酸。掺缓凝剂后，石膏制品的强度将有所降低。

(2) 凝结硬化时体积微膨胀

石膏浆体在凝结硬化初期会产生微膨胀，膨胀率大约为 1%。这一特性使石膏制品的表面光滑、细腻、尺寸精确、形体饱满、装饰性好，因而特别适合制作装饰制品。

(3) 孔隙率大，强度较低

建筑石膏在拌合时，为使浆体具有施工要求的流动性，需加入建筑石膏用量 60% ~80% 的水，而建筑石膏的理论需水量为 18.6%，所以一定量的自由水蒸发后，在建筑石膏制品内部形成大量的毛细孔隙。因此，石膏制品表观密度小、强度较低。为了提高其强度，常在石膏浆内掺入增强材料，如矿棉纤维、玻璃纤维等，还可以在石膏板材表面加贴护面纸以增加其抗折强度。

(4) 保温性和吸声性好

石膏制品孔隙率大，硬化体的孔隙率达 50% ~60%。这种多孔结构，使石膏制品的导热系数小，具有保温隔热性好和吸声性强的优点。

(5) 一定的调温、调湿性

石膏制品的比热较大，因而具有一定的调节温度的作用；石膏内部的大量毛细孔隙能够吸收潮湿空气中的水分，或在干燥的环境中释放出孔隙内的水分，以调节室内空气湿度。

(6) 防火性好，但耐火性较差

二水石膏遇火后，结晶水蒸发时产生的水蒸气能阻碍火势的蔓延，起到防火作用。但二水石膏脱水后，强度下降，因而不耐火。石膏制品不宜长期在 65℃ 以上的高温部位使用。

(7) 耐水性差

石膏属气硬性胶凝材料，微溶于水，且制品的孔隙率大。长期处于潮湿条件下的石膏制品，其强度显著降低，制品易变形、翘曲。如吸水后受冻，将因孔隙中水分结冰而破坏，故其耐水性和抗冻性均较差，软化系数只有 0.2 ~0.3，不宜用于室外及潮湿环境中。

4. 建筑石膏的应用

在建筑装饰工程中，建筑石膏广泛用于配制抹面灰浆和制作各种石膏制品。在建筑石膏中掺入防水剂可使其用于湿度较高的环境中，加入有机材料如聚乙烯醇水溶液、聚醋酸乙烯乳液等，可配成石膏粘结剂，其特点是无收缩性。

2.1.2 装饰石膏及制品

1. 粉刷石膏

粉刷石膏是以石膏为胶凝材料，加水、细骨料、外加剂等拌合而成的石膏砂浆。粉刷石膏用于室内抹灰时，因其热容量大、吸湿性好，能够调节室内温、湿度，给人以舒适感。

(1) 粉刷石膏的技术要求

粉刷石膏按用途不同可分为面层粉刷石膏（M）、底层粉刷石膏（D）和保温层粉刷石膏（W）。按强度分为优等品（A）、一等品（B）、合格品（C），各等级的强度应满足JC/T 517—93中规定的要求，见表2-2。粉刷石膏的初凝时间应不小于1h，终凝时间应不大于8h。面层粉刷石膏的细度以2.5mm和0.2mm筛的筛余百分比计，分别应不大于0%和40%。保温层粉刷石膏的体积密度应不大于600kg/m^3。

粉刷石膏的强度要求（JC/T 517—93） **表2-2**

产品类别	面层粉刷石膏			底层粉刷石膏			保温层粉刷石膏	
等级	优等品	一等品	合格品	优等品	一等品	合格品	优等品	一等品、合格品
抗压强度 MPa，≮	5.0	3.5	2.5	4.0	3.0	2.0	2.5	1.0
抗折强度 MPa，≮	3.0	2.0	1.0	2.5	1.5	0,8	1.5	0.6

(2) 粉刷石膏的性质与应用

粉刷石膏粘结力强，经石膏粉刷后的表面光滑细腻、洁白美观，且不开裂、不起鼓。粉刷石膏作为办公室、住宅的内墙面、顶棚等部位的内装饰，可直接施于混凝土墙板、砂子灰墙、砖石、石棉水泥板、加气混凝土等基材，经石膏抹灰后的墙面、顶棚还可直接涂刷各种涂料或粘贴壁纸。

2. 纸面石膏板

纸面石膏板是以建筑石膏为主要原料，掺入纤维、外加剂（发泡剂、缓凝剂、防水剂等）和适量轻质填料制成的石膏芯材，并与特种护面纸牢固地结合在一起的轻质建筑板材。

护面纸的主要作用是提高石膏板材的抗弯、抗冲击强度。按照护面纸纸质和石膏芯材的处理的不同，纸面石膏板有三种：

普通纸面石膏板　普通纸面石膏板是以重磅纸为护面纸；

耐水纸面石膏板　耐水纸面石膏板采用耐水的护面纸，并在建筑石膏料浆中掺入适量的耐水外加剂制成耐水芯材；

耐火纸面石膏板　耐火纸面石膏板的芯材是在建筑石膏料浆中掺入适量无机耐火纤维增强材料后制作而成，并与护面纸牢固粘接在一起形成耐火轻质建筑板材。

(1) 纸面石膏板的代号与规格

普通、耐水、耐火三种纸面石膏板，按板材的棱边形状有五种产品：矩形（代号PJ）、45°倒角形（代号PD）、楔形（代号PC）、半圆形（代号PB）和圆形（代号PY），如图2-1所示。

纸面石膏板的规格尺寸为，长度有7种规格：1800，2100，2400，2700，3000，3300，3600mm；宽度有两种规格：900，1200mm；厚度有4种规格：9，12，15，18mm。此外，耐火纸面石膏板还有21mm和25mm厚的产品。

(2) 纸面石膏板的产品标记

纸面石膏板的板材背面标明了产品标记，标记的顺序为：产品名称，板材棱边形状的

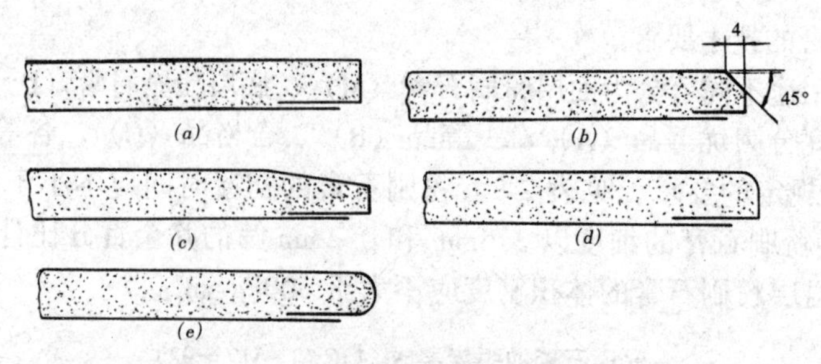

图 2-1　纸面石膏板的棱边形状

(a)矩形棱边(代号 PJ);(b)45°倒角棱边(代号 PD);(c)楔形棱边(代号 PC);
(d)半圆形棱边(代号 PB);(e)圆形棱边(代号 PY)

代号，板宽，板厚及标准号。如：板材的棱边为楔形，宽为 900mm、厚为 12mm 的普通纸面石膏板标记为：普通纸面石膏板 PC 900×12 GB 9775。

(3) 纸面石膏板的技术要求

纸面石膏板的外观质量应符合表 2-3 的要求，尺寸偏差应满足表 2-4 的规定。

纸面石膏板的外观质量要求　　　　**表 2-3**

波纹、沟槽、污痕和划伤等缺陷		
优等品	一等品	合格品
不允许有	允许有，但不明显	允许有，但不影响使用

纸面石膏板的尺寸允许偏差(mm)　　　　**表 2-4**

项　目	优等品	一等品	合格品
长　度	0 -5	0 -6	
宽　度	0 -4	0 -5	0 -6
厚　度	±0.5	±0.6	±0.8
楔形棱边深度	0.6~2.5		
楔形棱边宽度	40~80		

纸面石膏板的力学性能见表 2-5；此外，耐水纸面石膏板具有较高的耐水性，其与水有关的性质见表 2-6；耐火纸面石膏板属于难燃性建筑材料（B1 级），具有较高的遇火稳定性，其遇火稳定时间应符合 GB 11979—89 的规定，见表 2-7。

(4) 纸面石膏板的性质与应用

纸面石膏板具有质轻，抗弯和抗冲击性能好，防火、保温隔热、抗震性好，装饰性好，并具有较好的隔声性和可调节室内湿度等优点。纸面石膏板可加工性良好，可锯、可钉、可钻。还可用以石膏为基材的胶粘剂或其他胶粘剂粘结，板材易于安装，施工简便，劳动强度小，在隔断及吊顶工程中是一种应用较为广泛的建筑装饰材料。

普通纸面石膏板适用于办公楼、饭店、宾馆、候车室、住宅等建筑的室内吊顶、墙面、隔断、内隔墙等的装饰；厨房、卫生间等潮湿场合的装饰则采用耐水纸面石膏板；

耐火纸面石膏板属于难燃性建筑材料（B1 级），主要用于防火等级要求高的建筑物，如影剧院、体育馆、幼儿园、展览馆、博物馆、候机大厅、售票厅、商场、娱乐场所及其通道、电梯间等的吊顶、墙面、隔断等。

3. 装饰石膏板

装饰石膏板是以建筑石膏为主要原料，掺入适量纤维增强材料和外加剂，与水一起搅拌成均匀的料浆，经浇注成型、干燥而成的不带护面纸的装饰板材。

(1) 装饰石膏板的规格与代号

装饰石膏板为正方形，规格为 500mm×500mm×9mm、600mm×600mm×11mm，其棱边断面形式有直角型和倒角型两种。根据板材正面形状和防潮性能的不同，装饰石膏板的分类及代号见表 2-8。

普通纸面石膏板、耐水纸面石膏板的力学性能（GB 9775—88、GB 11978—89） **表 2-5**

板材厚度(mm)	纵向断裂荷载(N)，≮				横向断裂荷载(N)，≮			
	优等品		一等品、合格品		优等品		一等品、合格品	
	平均值	最小值	平均值	最小值	平均值	最小值	平均值	最小值
9	392	353	353	318	167	150	137	123
12	539	485	490	441	206	185	176	150
15	686	617	637	573	255	229	216	194
18	833	750	784	706	294	265	255	229

耐水纸面石膏板的含水率、吸水率、表面吸水率(GB 11978—89) **表 2-6**

含水率(%)，≯				吸水率(%)，≯						表面吸水率(%)，≯		
优等品、一等品		合格品		优等品		一等品		合格品		优等品	一等品	合格品
平均值	最大值	平均值	最大值	平均值	最大值	平均值	最大值	平均值	最大值	平均值		
2.0	2.5	3.0	3.5	5.0	6.0	8.0	9.0	10.0	11.0	1.6	2.0	2.4

耐火纸面石膏板的遇火稳定时间(GB 11979—89) **表 2-7**

等　级	优等品	一等品	合格品
遇火稳定时间(min)，≮	30	25	20

装饰石膏板的分类与代号(GB 9777—88) **表 2-8**

分　类	普　通　板			防　潮　板		
	平板	孔板	浮雕板	平板	孔板	浮雕板
代　号	P	K	D	FP	FK	FD

(2) 装饰石膏板的产品标记

装饰石膏板的标记顺序为：产品名称、板材分类号、板的边长及国家标准号。例如，板材尺寸为 500mm × 500mm × 9mm 的防潮孔板其产品标记号为：装饰石膏板 FK500 GB9777。

(3) 装饰石膏板的技术要求

装饰石膏板的外观要求为：正面不应有影响装饰效果的气孔、污痕、裂纹、缺角、色彩不均匀和图案不完整等缺陷。

装饰石膏板的含水率、吸水率、受潮后的挠度值应符合表 2-9 的规定；力学性能和单位面积质量应满足表 2-10 的要求。

装饰石膏板含水率、吸水率及受潮挠度(GB 9777— 88)　　**表 2-9**

项　目	优等品		一等品		合格品	
	平均值	最大值	平均值	最大值	平均值	最大值
含水率(%)，≯	2.0	2.5	2.5	3.0	3.0	3.5
防潮板吸水率(%)，≯	5.0	6.0	8.0	9.0	10.0	11.0
受潮挠度(mm)，≯	5	7	10	12	15	17

装饰石膏板的力学性能及单位面积质量(GB 9777— 88)　　**表 2-10**

板材代号	断裂荷载(N)，≮						单位面积质量(kg/m²)，≯						
	优等品		一等品		合格品		厚度(mm)	优等品		一等品		合格品	
	平均值	最小值	平均值	最小值	平均值	最小值		平均值	最大值	平均值	最大值	平均值	最大值
P, K, FP, FK	176	159	147	132	118	106	9	8.0	9.0	10.0	11.0	12.0	13.0
							11	10.0	11.0	12.0	13.0	14.0	15.0
D, FD	186	168	167	150	147	132	9	11.0	12.0	13.0	14.0	15.0	16.0

(4) 装饰石膏板的性质与应用

装饰石膏板表面细腻，色泽柔和，花纹图案丰富，浮雕板和孔板立体感强，质感好；并且具有质轻、有一定强度、不变形、防火、吸声、隔热、可调节室内湿度等特点；可钉、可锯、可粘结，施工方便。装饰石膏板是较理想的顶棚饰面吸声板及墙面装饰板材。装饰石膏板广泛用于宾馆、饭店、影剧院、医院、幼儿园、办公室、住宅等室内的吊顶、墙面等。湿度较大的场合应选用防潮板。

4. 嵌装式装饰石膏板

嵌装式装饰石膏板有两种型式：

(1) 嵌装式装饰石膏板（代号 QZ），是以建筑石膏为主要原料，掺入适量的纤维增强材料和外加剂，与水一起搅拌成均匀的料浆，经浇注成型、干燥而成的不带护面纸的板材。板材背面四边加厚，并带有嵌装企口，板材正面可为平面，带孔或带浮雕图案。

（2）嵌装式吸声石膏板（代号 QS），是以带有一定数量穿透孔洞的嵌装式装饰石膏板为面板，在背面复合吸声材料，使其具有一定吸声特性的板材。

1）嵌装式装饰石膏板的规格　嵌装式装饰石膏板的形状为正方形，棱边断面形式有直角型和倒角型。产品规格有：600mm×600mm，边厚大于 28mm；500mm×500mm，边厚大于 25mm。产品构造如图 2-2 所示。

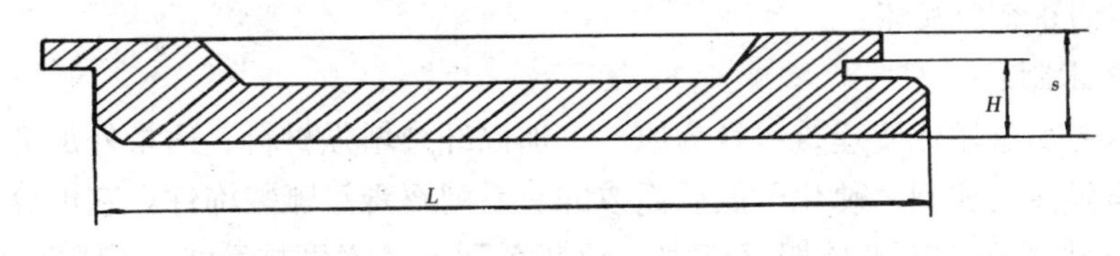

图 2-2　嵌装式装饰石膏板的构造示意图

2）嵌装式装饰石膏板的产品标记　嵌装式装饰石膏板的标记顺序为：产品名称、代号、边长和标准号。如：边长为 600mm×600mm 的嵌装式装饰石膏板的标记为：嵌装式装饰石膏板 QZ600 GB 9778。

3）嵌装式装饰石膏板的技术要求　嵌装式装饰石膏板正面不得有影响装饰效果的气孔、污痕、裂纹、缺角、色彩不均匀和图案不完整等缺陷。板材的尺寸要求见表 2-11。板材的物理力学性能应满足表 2-12 的要求。

嵌装式装饰石膏板的尺寸、平度及直角度（GB 9778—88）　　**表 2-11**

项　目		优等品	一等品	合格品
边长 L(mm)		±1		+1，-2
铺设高度 H(mm)		±0.5	±1.0	±1.5
边厚 S(mm)	$L=500$	≥25		
	$L=600$	≥28		
不平度(mm)		1.0	2.0	3.0
直角偏离度 δ(mm)		±1.0	±1.2	±1.5

嵌装式装饰石膏板的物理力学性能（GB 9778—88）　　**表 2-12**

单位面积质量(kg/m²)，≯		含水率(%)，≯						断裂荷载(N)，≮					
		优等品		一等品		合格品		优等品		一等品		合格品	
平均值	最大值	平均值	最大值	平均值	最大值	平均值	最大值	平均值	最小值	平均值	最小值	平均值	最小值
16.0	18.0	2.0	3.0	3.0	4.0	4.0	5.0	196	176	176	157	157	127

对于嵌装式吸声石膏板，要求必须具有一定的吸声性能，125、250、500、1000、

2000Hz 和 4000Hz 六个频率混响室法平均吸声系数 α≥0.3。

4）嵌装式装饰石膏板的特点与应用　嵌装式装饰或吸声石膏板主要用于室内吊顶的装饰装修，特别是吸声要求高的场所，如影剧院、音乐厅、播音室等。嵌装式装饰石膏板与装饰石膏板的区别在于嵌装板的四周有特殊的企口与配套的龙骨连接，不再需要另行固定。由于嵌装板的企口相互咬合，故龙骨不外露，装饰效果好。装配化的施工，简化了操作，且任意部位的板材均可随意拆卸更换，方便维修。

使用嵌装式装饰石膏板时，应注意企口形式与所用龙骨断面的配套，安装时不得用力拉扯和撞击，防止企口损坏。

5. 石膏艺术制品

石膏艺术制品是用优质建筑石膏为原料，加以纤维增强材料、适量外加剂，与水一起制成料浆，再经注模成型、硬化干燥后而成的一系列石膏浮雕装饰件。它可分为浮雕板系列，浮雕装饰线系列，艺术顶棚、灯圈、角花系列，艺术廊柱系列，浮雕壁画、画框系列，艺术花饰系列及人体造型系列。图 2-3 所示是各种石膏艺术制品的图案。

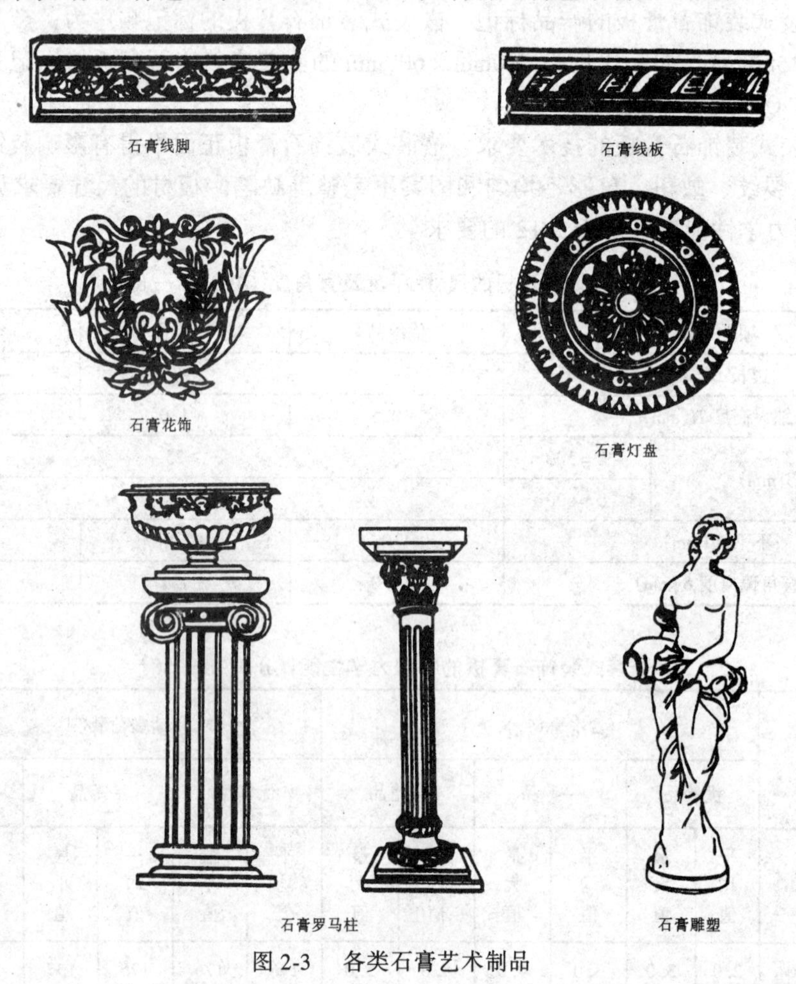

图 2-3　各类石膏艺术制品

石膏艺术线条、线板和花饰的表面光洁，线条和图形清晰，形状稳定，安装时可采用石膏粘合剂粘贴或螺钉固定。石膏线条和线板是长条状装饰件，断面形状为 L 形或一字形，一般用于吊顶或墙面的压边；石膏艺术花饰多为雕花形或弧线形，花饰主要用于顶棚四周的装饰。

石膏灯圈的外形一般为圆形、椭圆形或花瓣形，直径为500~2500mm，板厚为10~30mm。石膏灯圈用作各种吊顶、吸顶灯的底座，美观、高雅。

艺术廊柱仿照欧洲建筑流派风格，分上、中、下三部分。上为柱头，有盆状、漏斗状或花篮状等。中为柱体，柱体有圆柱和方柱。下为柱脚，柱脚可做成一定的浮雕图案。石膏艺术廊柱多用于营业门面、厅堂及门窗洞口处。

石膏壁画是集艺术与石膏制品于一体的饰品。整幅画面可大到1.8m×4m。画面有山水、松竹、腾龙、飞鹤等。它是由多块小尺寸预制件拼合而成。

石膏艺术制品充分利用了石膏制品质轻、表面细腻、轮廓清晰、尺寸稳定的特点，装饰效果高雅且制作成本不高，现已构成系列产品，并在建筑室内装饰中有着较为广泛的应用。

2.2 装饰混凝土及其制品

装饰混凝土主要指的是白色混凝土、彩色混凝土及具有一定线型、质感或花饰的构件及制品。白色混凝土是以白色水泥为胶凝材料，白色或浅色骨料，或掺入一定数量的白色颜料而配制成的装饰混凝土；彩色混凝土则是以彩色水泥，或白色水泥掺入彩色颜料，以及彩色骨料和白色或浅色骨料按一定比例配制而成的装饰混凝土。

混凝土作为装饰材料发展有着得天独厚的条件：第一，成本低，原材料资源丰富，可大量地利用工业废渣、尾矿和尾料，有各种成熟的制作工艺，制品的性能和耐久性好；第二，容易着色，采用不同的着色颜料或彩色水泥，以及各种颜色的粗细集料，就可制得不同色泽的彩色混凝土、装饰混凝土及其制品；第三，硬化前的混凝土可塑性好，可随心所欲地模制成各种形状、花纹和图案，硬化后的混凝土表面具有可加工性，不但可进行喷涂装饰，而且还可剁、可磨、可雕琢，将其加工成具有天然石材质感的制品；第四，水泥混凝土及其制品是无污染的材料，且装饰与功能兼备，因此应用范围广泛，可用于民用与工业建筑、市政与交通、园林、水利、乃至制造雕塑工艺制品等。在国外，欧美日及前苏联等国家早已大量研制、开发、应用装饰混凝土制品。国内的装饰混凝土制品的研制和应用正在发展。

2.2.1 装饰混凝土用原材料

1. 水泥

水泥是一种水硬性无机胶凝材料，加水拌制后，经过一系列物理化学作用，由可塑性浆体变成坚硬的石状体，并能将砂石等散粒状材料胶结成具有一定物理力学性质的石状体。水泥浆既能在空气中硬化，又能在潮湿环境或水中更好地硬化，保持并发展其强度。所以，水泥既可以用于地上工程，也可用于水中及地下工程。

水泥的品种较多，在建筑装饰工程中应用比较广泛的除硅酸盐水泥、普通硅酸盐水泥外，主要有白色硅酸盐水泥和彩色硅酸盐水泥。

(1) 白色硅酸盐水泥

以适当成分的生料烧至部分熔融，所得以硅酸钙为主要成分、氧化铁含量少的熟料，加入适量的石膏，磨细制成的白色水硬性胶凝材料，称为白色硅酸盐水泥（简称白水泥）。

1）白色硅酸盐水泥的生产　白水泥的特点是有一定的白度。普通硅酸盐水泥因含有氧化铁等着色氧化物，颜色为青灰色。所以在生产白水泥时，使用含着色杂质（氧化铁、氧化铬、氧化锰）极少的较纯原料，如纯净的高岭土、纯石英砂、纯石灰石、白垩等；燃料选用无灰分的天然气或重油，以减少对熟料的污染；在粉磨生料和熟料时，为避免混入铁质，球磨机内壁要镶贴白色花岗岩或高强陶瓷衬板，并采用烧结刚玉、瓷球、卵石等作研磨体。

为提高熟料的白度，可在高温熟料出窑时，洒水急速冷却，使高价的Fe_2O_3还原成颜色较浅的低价 FeO 或 Fe_3O_4，一般洒水后熟料水分控制在 2% 左右。熟料颗粒大小不同，白色度也有区别，适当提高粉磨细度可以提高其白度。

2）白色硅酸盐水泥的技术要求　国家标准《白色硅酸盐水泥》（GB 2015— 91）规定，白色水泥熟料中氧化镁含量不得超过 4. 5%，水泥中三氧化硫含量不得超过 3. 5%，细度要求过 0. 08mm 方孔筛筛余量不得超过 10%，初凝时间不得早于 45min，终凝时间不得迟于 12h，安定性用沸煮法检验必须合格，各标号、各龄期强度不得低于表 2-13 规定的数值。

白水泥各龄期强度值(GB 2015— 91)　**表 2-13**

标　号	抗压强度(MPa)			抗折强度(MPa)		
	3d	7d	28d	3d	7d	28d
325	14.0	20.5	32.5	2.5	3.5	5.5
425	18.0	26.5	42.5	3.5	4.5	6.5
525	23.0	33.5	52.5	4.0	5.5	7.0
625	28.0	42.0	62.5	5.0	6.0	8.0

白水泥的白度分为特级、一级、二级和三级。白度是指水泥色白的程度。各等级白得低于表 2-14 规定的值。

白 水 泥 白 度 等 级　**表 2-14**

等　级	特级	一级	二级	三级
白度(%)	86	84	80	75

各种标号的白水泥根据其白度不同，又可分为优等品、一等品及合格品三个产品等级，见表 2-15。

白 水 泥 产 品 等 级 别　**表 2-15**

白水泥等级	白度级别	白水泥标号
优等品	特级	625、525
一等品	一级	525、425
	二级	525、425
合格品	二级	425、325
	三级	325

3）白色硅酸盐水泥的应用　白色硅酸盐水泥强度高，色泽洁白，可配制各种彩色砂浆及彩色涂料。主要用于装饰工程的粉刷和雕塑，制造有艺术品性的各种彩色和白色混凝土或钢筋混凝土等的装饰结构部件，制造各种颜色的水刷石、人造大理石及水磨石制品，还可用其配制彩色水泥。

(2) 彩色硅酸盐水泥

1）彩色硅酸盐水泥的生产　彩色硅酸盐水泥简称彩色水泥。根据其着色方法的不同，通常有两种方法，即直接烧成法和着色法。

直接烧成法是在水泥生料中加入少量金属氧化物直接煅烧成彩色水泥熟料，再加入适量石膏共同磨细制成彩色水泥。在原料中加入 Cr_2O_3 可得绿色；加入 CoO 在还原火焰中得浅蓝色，而在氧化焰中则得玫瑰红色；加入 Mn_2O_3 在还原焰中得浅黄色，在氧化焰中得浅紫红色等。颜色的深浅取决于着色剂的掺加量，这种烧成方法的缺点是熟料的颜色不易控制，同时水泥水化时也会导致颜色变浅。因此采用这种工艺成批生产彩色水泥尚未见到报导。

着色法又可分为在普通水泥熟料或白水泥熟料中加入耐碱颜料共同粉磨而成，或者直接用白水泥或普通水泥与颜料共同混合而成。制造深色彩色水泥，如红色、棕色、黑色等颜色时可采用普通硅酸盐水泥熟料或水泥，不一定用白水泥。

2）彩色硅酸盐水泥的技术要求　彩色硅酸盐水泥目前尚无统一的技术标准，一般采用白色水泥的标准。广州市建材一厂所生产的彩色水泥产品技术标准见表 2-16。

彩色水泥的技术标准　　表 2-16

项　目			技　术　标　准					
物理性质	细度		4900 孔/cm^2 标准筛，筛余量不得超过 10%					
	凝结时间		初凝不早于 30min，终凝不迟于 12h					
	体积安定性		用沸煮法试验，试体体积变化必须均匀					
	强度(MPa)		抗压强度			抗拉强度		
			3d	7d	28d	3d	7d	28d
		≥325 号	30.0	42.0	60.0	1.6	2.0	2.6
化学成分	烧失量		水泥烧失量不得超过 5%					
	氧化镁		熟料中氧化镁含量不得超过 45%					
	三氧化硫		水泥中三氧化硫含量不得超过 3%					

3）彩色硅酸盐水泥的应用　彩色水泥和白水泥的用途相似，在装饰工程中除常用于建筑物室内外墙面、柱面、地面等饰面的装饰外，还广泛用于城市硬质景观的设计与装饰，如道沿、路面和条边等。

2. 骨料

白色混凝土、彩色混凝土和装饰混凝土对骨料有一定的要求。为了给人以愉悦的色彩感觉，一般采用天然彩色岩石作为混凝土或砂浆的骨料。天然彩色岩石品种繁多，色彩丰富。纯白色石英作细骨料（石英砂）效果特别好。破碎大理石提供的颜色甚为广泛，而花岗岩颜色范围为粉红色、灰色、黑色和白色，是彩色混凝土极好的骨料。表2-17是由天然大理石及其他天然石材破碎加工而成的彩色石碴，有各种色泽，可供生产人造大理石、水磨石、水刷石、斩假石、干粘石及其他彩色混凝土和装饰混凝土之用。

常用彩色石碴的品种和规格 表2-17

常用品种		规格与粒径的关系	
用于水磨石	用于斩假石、水刷石	规格俗称	粒径(mm)
汉白玉、东北绿	松香石(棕黄色)	大二分	约20
东北红、曲阳红	白石子(白色)	一分半	约15
盖平红、银河	煤矸石(黑色)	大八厘	约8
东北灰、晚霞	羊肝石(紫褐色)	中八厘	约6
湖北黄、东北黑		小八厘	约4
墨玉		米粒石	2~4

骨料对白色混凝土的亮度影响很大，天然的硬质岩石，如石英，一般都是透明的，用它作骨料时，则在混凝土磨光面上，粒径大于1mm的骨料颗粒会呈现出暗色。用作道路混凝土时，粗大颗粒在车辆的不断行驶之下会使混凝土表面变暗。如在细颗粒和中等颗粒之间掺入一种不透明的白色岩石，如白色石灰石，可以克服这一缺点。但是掺加石灰石有利于亮度，却不利于耐磨性。因此，用石灰石制成的白色混凝土常用于不受磨或受磨较小的地方。

如果白色混凝土既要满足耐磨性要求，又要满足亮度要求，则用煅烧过的燧石更为适宜，因为它具有硬质岩石的硬度，以及不透明的侏罗系石灰石的白度。

利用彩色玻璃和陶瓷作骨料能扩大天然骨料的颜色范围，但要注意的是许多玻璃易起碱—骨料反应。

配制白色和彩色混凝土的骨料，不允许含有尘土、有机物和可溶盐。因此，施工前须将骨料清洗干净后晾干使用。

3. 颜料

彩色混凝土中所用颜料一般是其中的惰性组分，将其掺于混凝土（或砂浆）中能得到一定的色彩。混凝土用颜料应具有如下基本性质：

(1) 不影响混凝土正常的凝结硬化，不明显降低混凝土强度；

(2) 亲水，在水中分散性好，易与水泥混合；

(3) 遮盖力强，色彩浓。在混凝土中掺量少而着色效果好；

(4) 耐碱性强。水泥水化时产生的大量氢氧化钙，使混凝土呈强碱性，颜料应能抵抗水泥碱的作用而不分解褪色；

(5) 耐大气稳定性好。混凝土多用于户外工作，所用颜料应长期在紫外线、风、雨、雪作用下不褪色；

(6) 不含杂质，价格便宜。

《混凝土和砂浆用颜料及其试验方法》（JC/T 539—94）规定了混凝土中用颜料的技术要求，见表 2-18。

混凝土和砂浆用颜料的技术要求(JC/T 539—94) 表 2-18

项　目			一等品	合格品
颜料性能	颜色(与标准样比)		近似～微	稍
	粉末颜料水湿润性		亲水	亲水
	粉末颜料 105℃挥发物(%)，≯		1.0	1.5
	水溶物(%)，≯		1.5	2.0
	耐碱性(1% NaOH 溶液，1h)		近似～微	近似～微
	耐光性		近似～微	近似～微
	三氧化硫含量(%)，≯		2.5	5.0
混凝土性能	凝结时间(min)	初凝	－60～＋90	－60～＋120
		终凝	－60～＋120	－60～＋120
	抗压强度比(%)，≮		95	90

注：1.“近似”指用肉眼基本看不出色差，“微”指用肉眼看似乎有色差，“稍”指用肉眼观察可以看得出有色差存在，“较”指用肉眼看，明显存在色差；

2. 凝结时间指标“－”表示提前，“＋”表示延缓。

混凝土用颜料一般以氧化铁系列颜料最为稳定，耐碱性好，耐大气稳定性好，遮盖力强，长期用于户外不褪色，且价格便宜，因而得到广泛使用。氧化铁系列颜料的缺点是色彩不鲜艳。混凝土及砂浆中常用颜料见表 2-19。

混凝土及砂浆中常用颜料 表 2-19

颜　色	颜料名称	发色成分
红	氧化铁红	三氧化二铁
	铁丹	三氧化二铁
橙	橙色合成氧化铁	三氧化二铁
黄	氧化铁黄	氧化亚铁
绿	铬绿	氧化铬
	铁绿	氧化铁黄和酞菁蓝的混合物
蓝	酞菁蓝	有机颜料
	钴蓝	$CoO \cdot nAl_2O_3$
紫	氧化铁紫	三氧化二铁的高温煅烧物
棕	氧化铁棕	氧化铁红和氧化铁黑的机械混合物
黑	氧化铁黑	四氧化三铁
	碳黑	碳

目前除了粉状的普通颜料外，国外还生产各种混凝土和砂浆专用的颜料。它们有粉状、片状和浆状等。这些颜料都用表面活性物质对其颗粒经过了特殊的处理，使颜料的分散性得到大大的改善。同时掺加了各种助剂，成为一种复合型的材料，既能对混凝土着色，又能改善混凝土的性能，是混凝土及砂浆用颜料的发展方向。

4. 混合材及外加剂

为了增加混凝土的密实性和改善混凝土拌合物的施工和易性。特别是在制造彩色混凝土砌块、路面砖时，有时掺加磨细石英粉、硅石和硅藻土。其掺加量一般为水泥用量的 3% ~ 8%。火山灰和粉煤灰能与水泥水化时产生的游离石灰发生反应，在含高碱性骨料的混凝土混合料中特别有用。但粉煤灰含有未燃烧尽的碳质，能使彩色混凝土制品变黑或减弱它的颜色。

外加剂被称为混凝土的第五组分，对于彩色混凝土和白色混凝土来说也是如此。它能改善混凝土混合物的和易性，并提高其硬化后的强度、耐久性等其他性能。但是绝大多数的减水剂都是有色的，不适用于白色混凝土和彩色混凝土。目前最为合适的是采用磺化三聚氰胺甲醛树脂高效减水剂（SM）。它是将三聚氰胺与甲醛反应制成三羟甲基三聚氰胺，然后用亚硫酸氢钠磺化反应而成。这种减水剂有白色粉末和透明水剂两种，水剂含固量为 25%，一般掺量为 0.5% ~ 1.0%，减水率为 10% ~ 24%，1d 强度提高 30% ~ 100%，7d 强度提高 30% ~ 70%，28d 强度提高 30% ~ 50%。用它制成的白色或彩色混凝土能保持原来的鲜艳色彩。

2.2.2 白色和彩色混凝土

1. 白色混凝土

白色混凝土是用白水泥作为胶凝材料的装饰混凝土。

（1）白色混凝土的制作

白色混凝土除对所用的骨料质地、颜色和杂质含量有一定要求外，其配合比和制备工艺与普通混凝土基本相同。硬化后混凝土的各种性能，除具有白度高和早期强度高的特点外，其他方面也和普通混凝土没有多大差别见表 2-20。

白色混凝土与普通混凝土各项指标的对比 表 2-20

水泥种类	混凝土配合比			抗折强度 (MPa)	抗拉强度 (MPa)	和钢筋的粘结力，ϕ 19 圆钢筋 (MPa)
	水灰比 (W/C)	坍落度 (cm)	水泥用量 (kg)			
白水水泥	0.47 0.65	5 21	334 309	9.6 5.4	4.6 3.0	5.4 3.1
普通水泥	0.47 0.65	5 21	340 309	9.2 5.0	4.5 2.6	5.1 3.0

生产白色混凝土时，砂子的颜色和含泥量会给白色混凝土的色调带来不良影响，因此在选用时必须注意砂子的颜色，并在使用前将所含泥土清洗干净。使用木模浇灌混凝土或砂浆时，由于木模可能溶出带有颜色的可溶性物质，往往会引起白色混凝土表面污染。因此最好采用具有塑料覆面的木模或经过处理的胶合模板。使用钢模时，因为铁锈会污染混凝土表面，使用之前应彻底清除铁锈。塑料模板或带有塑料内衬的模板，特别是具有线条或图案的塑料内衬和塑料模板，非常适合这种混凝土，因为它能使作为装饰性的白色混凝土更富有美感。

脱模剂也是一个值得重视的问题，要求它在具有良好的脱模效果的同时，还必须不污染混凝土表面。可采用水包油乳化液或化学脱模剂。

(2) 白色混凝土的应用

由于白色混凝土具有洁白如玉的色调和高雅自然的质感，使建筑物与周围绿色自然环境溶为一体，令人心旷神怡；如果与深色调的彩色混凝土或其他装饰材料相间搭配使用，对比强烈，让人精神振奋。因此它被广泛应用于各种建筑装饰工程中。

2. 彩色混凝土

彩色混凝土是用彩色水泥或白水泥掺加颜料以及彩色粗细集料制成的混凝土。

(1) 彩色混凝土的制作

彩色混凝土分为整体着色混凝土和表面着色混凝土两大类。整体着色混凝土的经济投入较大，故彩色混凝土工程中多采用表面着色混凝土。

表面着色混凝土有反打成型法，即采用彩色或白色水泥、颜料和白色石子及石屑，与水按一定比例配制成彩色饰面料，先铺于模底，厚度不小于10mm，再在其上浇筑普通混凝土，也可加压或振动加压成型。表面着色混凝土的另一种成型方法是，在新浇混凝土表面上干撒着色硬化剂显色，或者采用化学着色剂渗入已硬化混色混凝土的毛细孔中，生成难溶且抗磨的有色沉淀物而显示色彩。

颜料的掺入量取决于颜料的品种、颗粒细度及所要求的色彩见表2-21。一般情况下，约为水泥用量的6%，最多不超过10%。试验结果表明，当掺加量超过10%以上时，混凝土的强度和其他性能将受到影响。而且颜料掺量超过一定数量后，由于水泥颗粒的表面已全部被颜料粒子所覆盖或水泥颗粒本身的反射光已很弱，此时再增加颜料的掺入量对制品的颜色已不再产生影响。这就是我们所说的极限掺入量。

颜料在混凝土中的掺入量 **表2-21**

颜　色	颜　料	掺入量(占水泥用量%)
红色	氧化铁红	5
黄色	氧化铁黄	5
绿色	氧化铬	6
黑色	氧化铁黑 碳黑	5 2
褐色	氧化铁	5

彩色混凝土颜色的均匀性与颜料在水泥砂浆中的分散程度有着极大的关系。颜料是以颗粒状态分散于水泥浆体中并包裹在水泥颗粒表面，从而产生着色作用。颜料颗粒的大小及其在水泥浆中的分散状况，在很大程度上决定了其遮盖力和着色力。颜料在水泥浆体中的分散主要借助于搅拌时混合料的摩擦力，使颗粒表面润湿，从而分散。因此，如能掺加一定量的表面活性剂，增加颜料与水的亲和性，并充分进行搅拌，颜料就能以最小的用量有效地分散于混凝土中，得到最佳的着色效果。

彩色混凝土的颜色是颜料与水泥石的反射光波共同作用的结果。如果水泥水化物的颜色越深，颜料对其的遮盖力就越小。因此，普通灰色水泥的着色比白水泥需要更多的颜料。

在生产中应特别注意颜料的准确计量和掺加方法。在同一批产品中，每次搅拌混凝土时，掺入颜料的量一定要准确称量，否则同一产品的颜色将会产生差异。在搅拌时，应先加入骨料再加入水泥和颜料，并搅拌一段时间，待干料搅拌均匀后才能加入水拌和，否则制品表面将形成深浅不一的花斑。

这里必须特别提出的一个重要问题是混凝土盐析现象（俗称起霜或泛白），它是彩色混凝土的一大难题。彩色混凝土在硬化后一段时间后，表面出现白色结晶物，使彩色混凝土失去鲜艳的色彩，人们误认为彩色混凝土掉色或退色。其实这是盐析现象所造成的结果。

盐析即泛白，有初次和二次泛白之分。初次泛白是指混凝土在硬化过程中被拌和水溶解的盐霜成分，随着混凝土的干燥逐渐在混凝土表面析出的现象。二次泛白是指硬化后的混凝土，由于雨水、地下水等外部水分侵入其内部，将溶解的盐霜成分带至混凝土表面的现象。泛白对于装饰性的彩色混凝土来说会严重损害其装饰效果。

业已查明，盐霜成分与产生时间、生成的天数、产生部位、环境条件、掺加物、骨料、水泥和拌和水等因素有着密切的关系，其成分有一定波动。基本上分为以下几种：①全部由 $CaCO_3$ 组成；②由 $CaCO_3 + K_2SO_4 + Na_2SO_4$ 组成；③由大量的 $CaCO_3$ 和少量的Na_2SO_4组成；④由大量的 Na_2SO_4 和少量的 $CaCO_3$ 组成。

引起泛白的原因很多，主要原因为水灰比过高、不密实、养护的温度和相对湿度没有掌握合适。防止和减轻泛白的措施归纳起来有以下几种：

(1) 减少盐霜浓度。减少原材料盐霜成分，主要是水泥中的氢氧化钙，可降低混凝土内部可溶性物质的浓度。采用高铝水泥或特种装饰水泥代替普通硅酸盐水泥，这两种水泥中能产生盐霜的成分较少。

(2) 稳定盐霜成分。掺加某些外加剂或活性材料（如有机酸类外加剂、超细磨粉煤灰、硅灰以及有吸附性的骨料等），使氢氧化钙与其化合成稳定成分，或被骨料吸附，不再迁移至混凝土表面。

(3) 提高混凝土的密实性。从工艺上采取振捣、加压及控制水灰比，可使混凝土密实；或使用高效减水剂、防水剂以及某些有机物质，使混凝土结构致密，减少孔隙或堵塞毛细孔，切断盐霜迁移通道。

(4) 表面处理。在成型后的混凝土表面喷涂一层防泛白剂，堵塞毛细孔开口，并形成一层薄膜与大气隔离，使混凝土内部的氢氧化钙不能析出或与大气的二氧化碳化合。

(5) 养护制度。选用合适的养护制度，可消除产生盐霜的外部温床。

2.2.3 饰面混凝土（装饰混凝土）

饰面混凝土或称装饰混凝土是指具有一定色彩、线型、质感或花饰的饰面墙板，或者具有这种饰面的构件及制品。建筑饰面的效果主要受上述色彩、线型和质感三因素的影响，因此利用混凝土塑性成型、材料构成的特点以及其本身的庄重感，在构件、制品成型时，采取适当措施，使其表面具有装饰性的线条、纹理质感和色彩效果。这就是饰面混凝土的基本概念。

1. 饰面混凝土的制作

饰面混凝土的线型与质感可通过模板、衬模、表面加工或露明粗细骨料来形成。利用各种模板及其内衬，可使混凝土浇灌脱模后具有设计规定的线型和质感，这是装饰混凝土成型工艺的基本环节。特别是近年来塑料模板及内衬的兴起，使饰面的线条和图案花纹更加丰富多彩，同时可仿制出更加真切的各种纹理和质感来。其次，在混凝土硬化过程中或硬化后对其表面进行机械加工处理也可获得各种饰面的艺术效果。

利用模板饰面目前较多使用的有正打成型工艺、反打成型工艺、立模工艺。

(1) 正打成型工艺

正打成型工艺多用在大板建筑的墙面装饰，它是在混凝土墙板浇筑完毕，水泥初凝前后，在混凝土表面进行压印，使之形成各种线条和花饰。根据其表面的加工方法不同，可分为压印和挠刮两种方式。

压印工艺有凸纹和凹纹两种做法。凸纹是用刻有漏花图案的模具，在刚浇筑成型的墙板表面压印而成。模具采用较柔软、具有一定弹性、并能反复使用的橡胶板或塑料板等，按设计刻出漏花。模具下侧面最好为布纹麻面，可使墙板表面凸出花纹之间的底子上形成质感均匀的纹理，并可防止揭模时粘坏板面。模具厚度可根据对花纹凸出程度的要求决定，一般以不超过 10mm 为宜。模具的大小可按墙板立面适宜的分块情况而定。

新浇筑的混凝土墙板上因粗骨料含量多，抹压印出花纹比较费力，所以一般先在浇筑完的墙板表面铺上一层 1:2～1:3 的水泥砂浆后再印花，也可将模具先铺放在已找平、表面无泌水的新浇混凝土板面上，再用砂浆将漏花处填平，形成凸出的图案。

凹纹是用钢筋焊接成设计图形，在新浇混凝土墙板表面压出的。钢筋直径一般以 5～10mm 为宜。也可用硬质塑料、玻璃钢等材料制作。

挠刮工艺是在刚成型的混凝土板材表面上，用硬毛刷等工具挠刮，形成一定走向的刷痕，产生毛糙质感。也可采用扫毛法、拉毛法处理表面。

正打成型工艺的优点是制作简单，易于更换图形，施工方便。缺点是压印较浅，表面形成的凹凸感不强，层次差，饰面的质感不丰富。

(2) 反打成型工艺

反打成型工艺是在浇筑混凝土板材的底面模板上做出凹槽，或在底模上加垫具有一定花纹、图案的衬模，待浇筑的混凝土硬化脱模翻转后，则显示出立体装饰图案或线型。

反打成型工艺制品的图案、线条的凹凸感很强，质感好，且可形成较大尺寸的线型，如窗套、翼肋，大的分格缝等，方便可靠。但要保证制品的质量，必须注意两点：一是模板要有合理的线型和脱模锥度。锥度偏大会使线型不挺，偏小会使脱模困难，并易损坏图形棱角。二是要选用性能良好的脱模剂，以防在制品表面残留污渍，影响建筑立面的装饰效果。

(3) 立模工艺

立模工艺是在现浇混凝土墙面时做饰面处理。利用墙板升模工艺，在外模内侧安置衬模，脱模时使模板先平移，离开新浇筑的混凝土墙面再提升。脱模后的板面则显示出设计要求的墙面图案或线型，这种施工工艺使饰面效果更加别具一格。

露骨料是饰面混凝土的另一种艺术处理方法。露骨料混凝土是在混凝土硬化前或硬化后，通过一定工艺手段使混凝土表层的骨料适当外露，以骨料的天然色泽和不规则的分布，达到自然、古朴的装饰效果。

露骨料混凝土的制作方法有水洗法、缓凝剂法、水磨法、埋砂法、抛丸法、凿剁法等工艺。

1）水洗法　水洗法适用于预制墙板正打工艺。它是在水泥混凝土终凝前，采用具有一定压力的射流水冲刷混凝土表层的水泥浆，把骨料暴露出来，养护后即为露骨料装饰混凝土。

2）缓凝剂法　缓凝剂法适用于反打工艺或立模工艺。它是在模板表面先刷上一层缓凝剂，然后浇筑混凝土。当混凝土达到脱模强度时，表层水泥浆在缓凝剂的作用下未硬化，因而能用水冲刷去掉水泥浆暴露出骨料。缓凝剂法亦可用于正打工艺，混凝土浇筑后，在其表面粘贴缓凝剂纸。

用于露骨料混凝土的缓凝剂，应不污染或改变制品的颜色，便于涂刷，能迅速干燥。涂层能经受浇筑混凝土时的冲击或摩擦而不致破坏。采用亚硫酸盐纸浆废液或硼酸作缓凝剂效果良好。

3）水磨法　水磨法即制作水磨石的方法。工艺要点：制作预制壁板时，浇筑混凝土并抹平后，按设计要求的花饰或分格，铺抹厚度为1～1.5cm的水泥石碴浆，待水泥石碴浆达到一定强度（一般以12～20MPa为宜）时取除塑料网格进行磨石工序，磨至全部露出石碴，洗净即可。也可不铺抹水泥石碴浆，在抹平的混凝土表面磨至露出骨料。

水磨法制作的装饰混凝土制品的主要优点是表面平滑，不易挂灰积尘，耐污染性能好。但在装饰效果和工艺方面应采取合理的措施，如根据设计要求适当分块、分格（仿石材、面砖、锦砖等），提高石碴的密实度、控制磨光程度等。

4）埋砂法　埋砂法是在模底先铺一层湿砂，将大颗粒的骨料部分埋入砂中，然后在骨料上浇筑混凝土，待混凝土硬化脱模后，翻转混凝土并把砂子清除干净，即可将骨料部分外露。

5）抛丸法　抛丸法是将混凝土制品以1.5～2m/min的速度通过抛丸室，室内抛丸机以65～80m/s的线速度抛出铁丸，利用铁丸冲击力将混凝土表面的水泥浆皮剥离，露出骨料。因为此方法同时将骨料表皮凿毛，故其效果如花锤剁斧，自然逼真。

6）凿剁法　凿剁法是使用手工或电动工具剁除混凝土表面的水泥浆皮，使其骨料外露。我国传统的剁斧石饰面即属于这种做法。但因手工操作工效低($1m^2$/工日)，所以应用不够广泛。国外已有各种类型的风动机具和电动机具。我国在80年代初期也研制成功了以压缩空气为动力的气动剁斧，这种机具构造简单，操作方便，比手工剁斧提高工效四倍以上。

露骨料混凝土的饰面效果是依靠骨料的色泽、粒形、排列、质感等来实现的。因此，石子的选择非常关键。在使用彩色石子时，更应注意配色要协调美观。由于多数石子色泽稳定，且耐污染，故只要石子的品种和色彩选择恰当，其装饰耐久性是较好的。

2. 饰面混凝土的特点及应用

饰面混凝土的特点是将其装饰与功能结合为一体，例如，带有装饰表面的墙板、饰面砌块，以及带有装饰面层的其他构件。这些装饰制品的应用，减少了现场抹灰的工作量，减轻了构件的自重，简化了施工工序，缩短了施工周期，它比粘贴瓷砖类外墙造价降低了95%左右。饰面混凝土广泛应用于各种建筑物的外部装饰。装饰效果古朴、自然。

2.2.4　饰面混凝土制品

1. 混凝土路面砖

混凝土路面砖是以水泥、砂、石、颜料等为主要原料，经搅拌、压制成型或浇筑成型、养护制成。

（1）混凝土路面砖的品种与代号

路面砖按用途分为人行道砖（代号 WU）和车行道砖（代号 DU），按砖型分为普型砖和异型砖。普型铺地砖有方形、六角形等多种形式，它们的表面可做成各种图案花纹，故又称花阶砖。异型路面砖铺设后，砖与砖之间相互产生联锁作用，故又称联锁砖，其常用外形如图 2-4 所示。

（2）混凝土路面砖的标记

混凝土路面砖按产品代号、规格尺寸、等级和标准编号顺序进行标记。例如，规格为 250mm × 250mm × 50mm 的一等品人行道砖的标记为：WU250 × 250 × 50　B JC 446。

（3）混凝土路面砖的技术要求

按照《混凝土路面砖》（JC 446—91），常用路面砖的规格尺寸见表 2-22。砖的外形尺寸也可根据用户的要求确定。路面砖根据尺寸偏差、外观质量和物理力学性能分为优等品（A）、一等品（B）和合格品（C）三个等级。

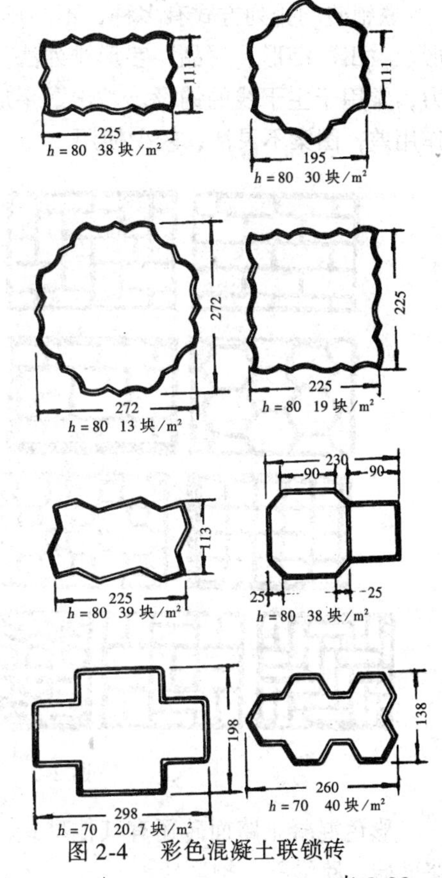

图 2-4　彩色混凝土联锁砖

混凝土路面砖的规格尺寸（JC 446—91）　　表 2-22

种　类		厚度(mm)	边长(mm)
人行道砖	普型砖	50	250 × 250 300 × 300
		60,100	500 × 500
	异型砖	50,60	—
车行道砖		60,80,100,120	—

注：边长不大于 250mm 的人行道砖，力学性能达到优等品时，允许最小厚度为 40mm。

彩色路面砖的表面应平整，边角齐全，异型砖中的联锁型砖应有倒角，彩色路面砖的表面色泽应一致，表面花纹图案深度不得超过面层（料）的厚度。路面砖的物理力学性能必须符合表 2-23 中的规定。

路面砖物理力学性能（JC 446—91）　　表 2-23

种类	等级	抗压强度(MPa)		抗折强度(MPa)		耐磨性	吸水性(%)，≯	抗冻性
		平均值≮	单块最小值≮	平均值≮	单块最小值≮	磨坑长度(mm)≯		
人行道砖	优等品	30.0	25.0	4.0	3.2	32.0	8.0	冻融循环试验后，外观质量须符合规定；强度损失不大于 25%
	一等品	25.0	21.0	3.5	3.0	35.0	9.0	
	合格品	20.0	17.0	3.0	2.5	37.0	10.0	
车行道砖	优等品	60.0	50.0	—	—	28.0	5.0	
	一等品	50.0	42.0	—	—	32.0	7.0	
	合格品	35.0	30.0	—	—	35.0	8.0	

注：当人行道砖的厚度不大于 60mm，且边长不小于 300mm 或边长与厚度的比值大于等于 5 时，采用抗折强度检验。

联锁砖的排列方式有多种，不同排列则形成不同图案的路面。图 2-5 所示的有“人”字形、“田”字形、“品”字形排列法。“人”字形排列有利于分散荷载，提高路面的承载力，常用于主干线的铺设。“田”字形铺法主要用于低速车道。“品”字形铺法砖的咬合作用差，图案不灵活，较少使用。

图 2-5　联锁砖的不同排列图案

彩色混凝土路面砖还有其他型式，如透水型路面砖、防滑型路面砖、导盲砖、植草型路面砖、路沿石、护坡砖等。

透水路面砖是一种高透水性的路面装饰材料，下雨时，雨水能及时渗入地下，或储存于路面砖的空隙中，减少路面积水，补充地下水源，改善地面植物生长条件。主要用于公园、广场、人行道、停车场、植物园、花房等处地面铺砌。除强度指标外，透水系数是砖的主要性能指标。

防滑和导盲砖由于其表面裸露出硬质橡胶防滑块、条、圆头，因此具有良好的防滑作用及导盲作用，而且在磨光表面以不同图案散布着硬橡胶防滑块，使其显得别致美观。这种地面砖特别适用于医院、人行天桥、地下街道、甲板和作导盲标志。

防滑和导盲地面砖按表面的处理方法，可分为三种：在普通水泥砂浆表面层中埋设圆形或长方形的防滑橡胶块或导盲标志；在彩色水泥砂浆面层中埋设圆形或长方形防滑橡胶块或导盲标志；在磨光表面埋设防滑块或导盲标志。连锁型的防滑和导盲地砖本身就带有凸出的防滑块或导盲标志。图 2-6 为防滑导盲地面砖。

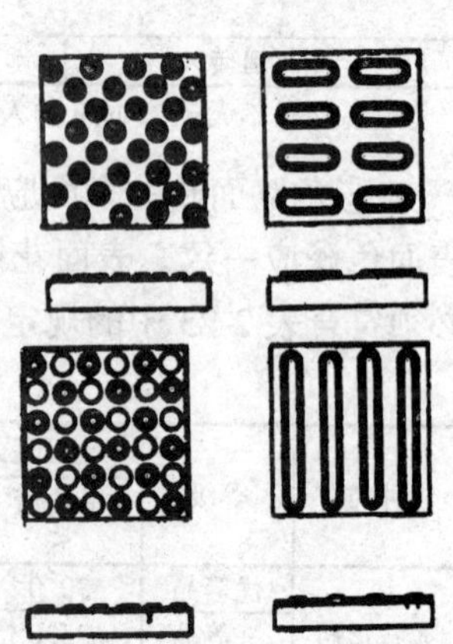

图 2-6　混凝土防滑导盲地面砖

防滑和导盲地面砖的制造方法不同于一般的地面砖，成型时，先在模型中铺放用钢筋编组的硬橡胶块，浇筑面层砂浆，振捣，铺放钢筋骨架，然后浇筑里层砂浆。由于使用了

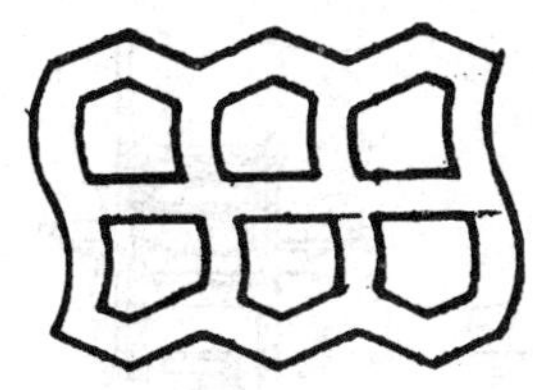

图 2-7 混凝土植草砖

富有弹性的橡胶，一般不能采用加压成型的方法，而且还应采用流动性好的砂浆。养护后再进行表面处理。

植草型路面砖的外形如图 2-7 所示。植草路面砖的中间有孔洞，可以填土种草，用于绿化停车场、林间小道、道路分隔带、人行道和河岸等，既绿化美化了环境，又可停车和走人，同时还可减少太阳的辐射热，防止地面水的流失，对改善环境的微气候有良好的效果。

(4) 混凝土路面砖的特点及应用

彩色混凝土路面砖原材料来源广泛，还可利用工业废渣，生产容易，铺设简单，施工期短，对埋有地下管道的路面维修十分方便，随时可翻修重铺；具有良好的防滑性能，采用透水型路面砖，雨水可自然排入地下，雨天人行、车行均安全，采用植草砖能增加绿化面积；连锁路面砖互相咬合，荷重分散，使路面具有良好的负荷性能以及耐磨性、抗折强度和抗冻性；彩色混凝土路面砖有多种色彩、凹凸线条或图案，可拼出多彩美丽的图案和永久性的交通管理标志。建筑师可根据环境氛围选择色彩组成最适合的图案，达到美化和改善城市环境的目的。

2. 混凝土装饰砌块

装饰砌块是现代砌块建筑中最流行的一种砌块，它广泛用于砌筑建筑的室内、外墙体，可产生极好的装饰艺术效果，使砌块建筑的立面装饰多样化，具有浓厚的回归自然的气息。装饰砌块可以采用劈裂、模制、琢毛、磨光、塑压及贴面等多种工艺加工。建筑师通过变换混凝土的原材料种类、设计图案式样、选择色调以及在砌筑时使用不同种类砌块进行组合，可以使砌块建筑千姿百态，具有较高的建筑艺术风格。图 2－8 所示为各种装饰砌块。

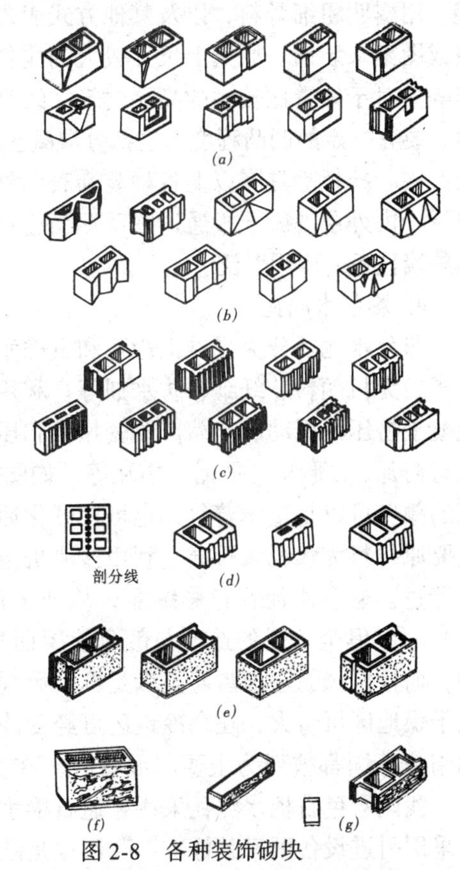

图 2-8 各种装饰砌块

(a)模制凹形图案砌块；(b)模制凸形图案砌块；(c)模式制带砌块；(d)劈裂砌块；(e)水洗及酸洗砌块；(f)琢毛砌块；(g)毛石砌块

最常用的装饰砌块是劈裂砌块，它具有带毛石面的装饰效果。劈裂砌块是由成型机生产出来的连体砌块，经劈裂机将其一劈为二而成。图 2-9 为劈裂过程示意。

图 2-10 所示为液压传动劈裂机。劈裂砌块时，首先由手摇链传动，带动 4 个螺母在 4 个丝杠上做上下运动，把可调节的刀架，预先根据要加工砌块的高度调整好位置，而后将连体砌块由输送辊道送入到劈裂机中的劈裂位置定位。此后侧刀架从两侧向中间运动，至夹紧砌块为止。接着砌块支承台由下向上升起，当砌块碰到顶部劈刀时，侧劈刀与之同时加压，把砌块一劈为二。

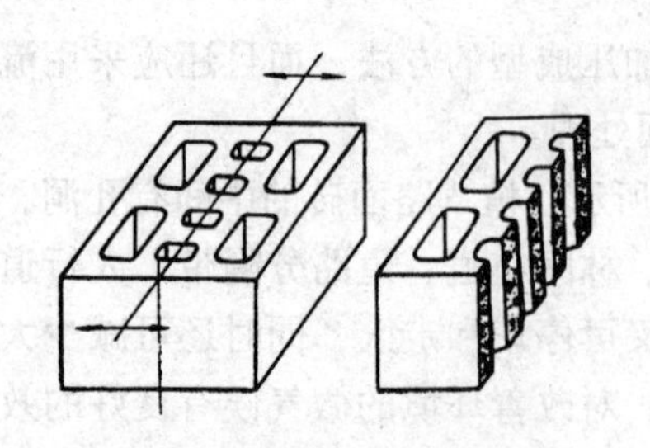

图 2-9　劈裂砌块劈裂过程示意

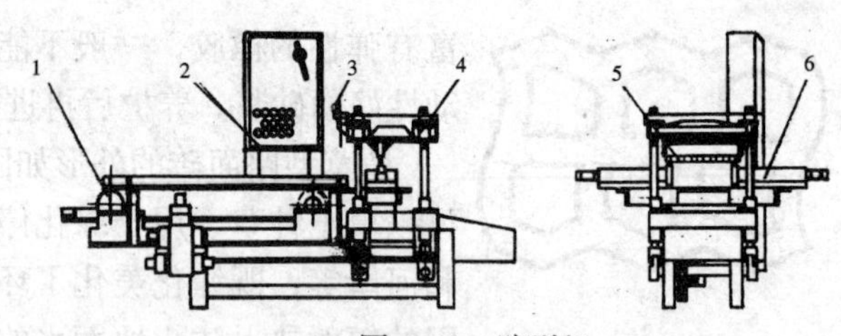

图 2-10　劈裂机

1—送块辊道；2—电控箱；3—手动调节链传动装置；4—上刀架；5—劈刀；6—侧刀架图

3. 彩色混凝土外墙挂板

彩色混凝土外墙挂板是一种新型的混凝土装饰材料，其造型灵活多样，具有独特的建筑艺术效果。一般用于框架结构建筑的外墙，做成轻质或夹心结构，使其具有能将隔热保温和装饰融为一体的功能。

彩色混凝土挂板是采用白水泥、粒径为 5～12mm 的豆石、细度模数为 2.7 的中砂、颜料、高效塑化剂等材料，采用反打振动成型制作。彩色混凝土挂板既要保证强度、耐久性等力学性能和防水抗渗、保温等物理性能满足要求，更要使其具有一定的装饰效果。墙面可以采用多种艺术装饰处理，表现不同的质感，如用塑料衬模成型出诸如毛石、琢石等质感，用露明粗细骨料，以及其他方式表现装饰面的质感。也可采用钢模生成的凹凸粗细线条或图案来装饰。原则上尺寸较大的构件采用规矩挺拔的线型，如窗套、翼肋、大的分格缝等。对于体量比较大的高层建筑，线型处理可适当粗犷一些。墙体表面形成线型和质感时，要有一定的凹凸程度，这部分混凝土不再起结构或热工作用，纯系装饰性的。

夹心挂板除具有以上各种装饰表面外，其墙体内设有一层聚苯板、矿棉板作为隔热保温层。内外层混凝土板通过联系钢筋连接，使内外层板和苯板连成一个整体。这种板材作为外墙挂板，应用广泛。

4. 彩色水泥瓦

彩色水泥瓦分为混凝土彩瓦和石棉水泥彩瓦两种，混凝土彩瓦的主要原材料为水泥、砂子、无机颜料、纤维、防水剂等。利用混凝土拌合物的可塑性，通过托板和成型压头将混凝土挤压或振动成产品。改变托板和压头形状，又可生产不同形状的产品。屋面瓦的形状有筒瓦、S 形瓦、平瓦、槽瓦等，如图 2-11 所示。此外还有屋脊瓦、屋檐瓦。混凝土彩瓦的颜色可以是整体着色，也可在硬化后的普通混凝土上采用涂料着色。石棉水泥彩瓦的主要原材料为水泥和石棉，利用抄取机生产。石棉水泥彩瓦主要为波瓦。波瓦一般采用喷涂着色。彩色水泥瓦色彩绚丽，从纯土色到色彩明快甚至闪光的颜色（包括琉璃瓦色效果）一应俱全。瓦的造型与颜色使屋面显得十分秀丽。彩色水泥瓦不仅有很好的装饰效果，而且抗风暴、雨雪甚至满足抗台风规范要求，在潮湿地区能防止发霉、腐烂、虫蛀；在干燥地区可防火；在寒冷地区可经受冻融的考验。彩色水泥瓦目前在英国、西欧、日本和南非等国都被列为主要屋面材料。在美国已成为目前使用量增长最快的混凝土制品之一。我国彩色石棉水泥瓦采用普通石棉水泥波瓦标准。混凝土彩瓦目前尚无国家标准，主要采用引进设备国家的标准，瓦形也是欧洲风格。国产设备生产的彩色混凝土平瓦采用国标 GB 8001—87，其规格和主要部位尺寸见表 2-24。我国已引进彩色水泥瓦自动化生产线多条，产品正在各类建筑物中推广应用。

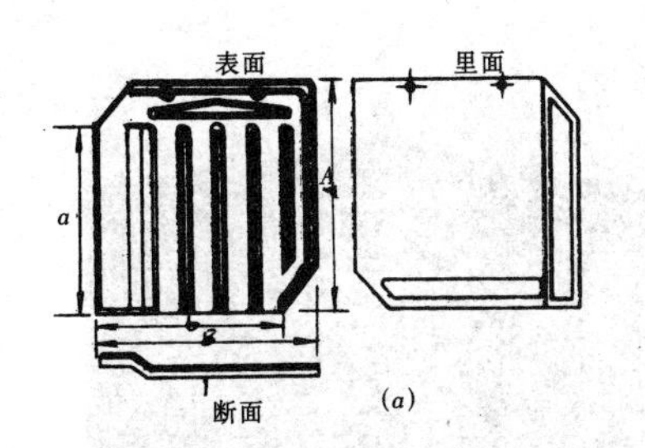

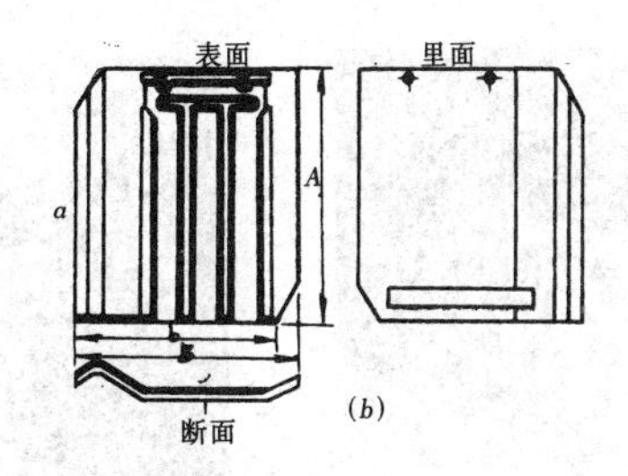

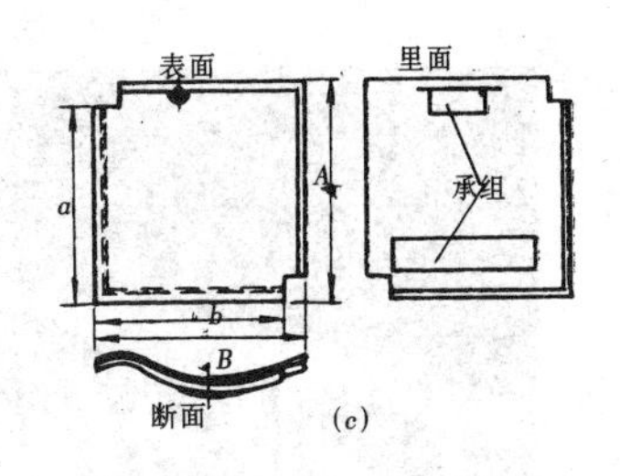

图 2-11 几种彩色水泥瓦

(a)平瓦；(b)S 形瓦；(c)波形瓦

混凝土平瓦的规格和主要部位尺寸 **表 2-24**

规　格(mm)	主要部位尺寸(mm)
标准尺寸:400×240 385×235 主体厚度:14(指除边缘以外的中间区域的厚度)	具有 4 个瓦爪,前爪外型及规格须使挂瓦时与瓦槽搭接合适,后爪的有效高度≮10 瓦槽深度≮10,边筋高度≮3,头尾搭接处长度为 60~80。内外槽搭接处宽度为 30~40

5. 园艺及仿真混凝土制品

混凝土凭借其自身的可染性、可塑性和可加工性，还可塑造出形态各异的园艺制品和仿真制品等。

仿真混凝土制品是模仿天然材料的外形和纹理的一种装饰混凝土制品。它可以仿制各种毛石、卵石，树的粗糙外皮和锯断面纹理，竹子的节等，配上与原来的材料同样的颜色，似石，似竹，似木，达到逼真的效果。仿真混凝土制品的制造工艺主要分为拓制仿真模型和成型仿真制品两部分。用人造橡胶或塑料，将欲仿造的天然材料的外形和纹理拓成隔模，这种模型多为可弯折的软质模型。制作制品时将其依附在刚性模板上以备待用。这种轻质模型脱模非常方便，不致损伤成型好的仿真表面，可以不用或少用脱模剂，并可重复使用。成型方法可以采用振动成型或离心成型（仿圆木）。成型时，混凝土拌合物要有好的可塑性，可以是整体着色或表面着色，浇筑成型后，养护、脱模等工序同普通混凝土一样。

仿真混凝土制品多用于小别墅、仿古建筑、园林的建筑小品、栏杆，以及墙壁的立面，增添田园气氛。图 2-12 所示为仿圆木预制品结构示意图，图 2-13 所示为仿圆木栅栏，图 2-14 所示为用仿圆木建成的凉亭。

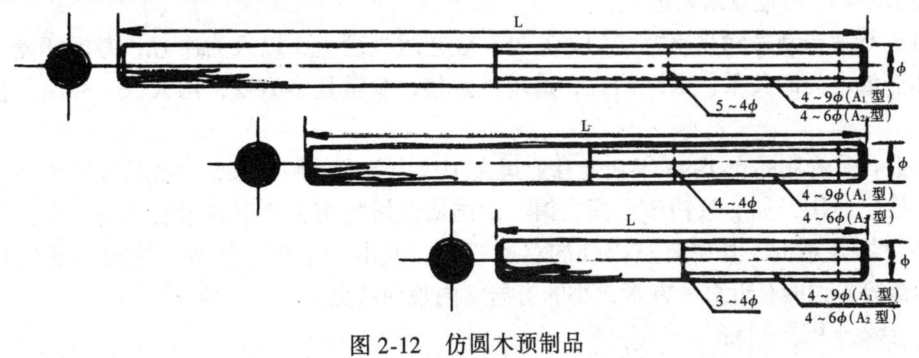

图 2-12 仿圆木预制品

图 2-13 仿圆木栅栏

图 2-14 仿圆木建成的凉亭

6. 再造石装饰制品

再造石制品是以水泥为胶凝材料，天然石碴为骨料通过模具成型的新型装饰制品。它具有较强的石材质感和艺术效果。目前采用的石膏制品和玻璃钢制品在室外应用寿命短，石雕制品和铸钢制品不够经济。再造石装饰制品在发挥水泥制品经济耐久的特点下，从设计到制作都进行了改革，形成了一套全新的工艺和设计风格，使制品工艺简洁实用，艺术风格自然随意、粗犷大方，造价合理。

再造石装饰制品是以模具成型的装饰材料，它与其他模具成型的制品相同的是需要一个从设计、制模到成型、脱模、整形的过程。它区别于一般的以模具成型的水泥制品的两个显著特点是：

（1）简化制模程序

传统制模程序是制作泥质阳模、石膏阴模、石膏阳模、成型阴模（如金属模具、玻璃钢模具、橡胶模具）共 4 道工序。再造石装饰制品的模具制作为一道工序，即用特殊的刀具在聚苯板上切割、雕琢、烧烫等方法制成成型阴模。它比传统的方法效率提高许多倍，成本下降，并可以表现丰富的自然效果。

（2）实现水泥制品石材化、艺术化

水泥制品表现石材质感的方法很多，有的采取面层处理技术，如喷射石艺漆等。再造石装饰制品主要采用暴露骨料的工艺，将不同的石材粉碎成粒状，在制品的面层一般以 1:2.5 比例配合，并加适当的河砂，制作过程中稍许延长振捣时间。脱模后进行打磨、剁毛处理，力求自然，粒度及疏密适宜。

再造石装饰制品除具有特殊的工艺外，在艺术处理上，以人为中心，考虑环境、建筑风格和体量之间的关系，因地制宜，追求不定格，少重复多型变，给人以一种回归自然的遐想。

再造石装饰制品自 1998 年在北京亚运会工程中首次使用以来，已先后在国内外几百项工程中推广应用，如北京钓鱼台国宾馆、中国历史博物馆、北京新东安市场、马达加斯加国家体育场等建筑。其中有室内外的浮雕壁画、假山、毛石、柱头、圆雕、套色艺术磨石、漏窗等。大的有近百平方米，小的有居室内陈列收藏。

7. 混凝土雕塑制品

混凝土雕塑制品是用混凝土塑造名人塑像，童话世界中的人物、鸟、兽、园林景观以及浮雕壁挂等。德国贝多芬纪念馆前的贝多芬塑像用了25t混凝土塑造。美国马里兰州杰曼顿一所小学校园的大型童话世界图案“爱丽思漫游奇境记”是由预制的彩色混凝土块拼成，有主人公爱丽思和小白兔，观赏效果好。英国伦敦一居住区的儿童游戏场塑造的童话人物都是用彩色混凝土制作。美国一预制构件厂把64种装饰混凝土制品巧妙地布置于喷泉、微型湖泊和数百种花草树木之间，精心建造成一个室外花园，成为一个用混凝土美化环境的试验基地和产品展销场所，颇受顾客赞赏。另一家公司用钢丝网水泥塑造人物与兽类，用丙烯纤维增强喷射混凝土制作人工湖壁和湖底，既美观又耐久。外国许多公司的假山池塘、长椅等也多采用装饰混凝土。用彩色混凝土压印或浇筑的浮雕壁挂制品，质感古朴、大方。

8. GRC装饰制品

所谓GRC是玻璃纤维增强水泥的英文字头缩写。它的主要组成材料是水泥和抗碱玻璃纤维。GRC是一种多功能的新型建筑材料，它具有防裂、抗冲、耐久、可塑性等特点，可以制成薄壁（最薄3mm）、高强多彩的装饰制品。这种材料能将美感、质感和力感一起体现，既是建筑材料，又是艺术雕塑材料，既可预制拼装，又可现浇雕塑。因此，已引起艺术界的瞩目。GRC的制造工艺可分为：喷射工艺、手糊工艺、层压工艺等。所采用的工艺与制品的外形有关。抗碱玻璃纤维作为配筋，有长纤维、切断的短纤维以及玻璃纤维织物，也可采用带有耐碱被覆层的普通玻璃纤维。水泥采用低碱水泥，目前市场有供应专为GRC生产的水泥。

GRC装饰制品的种类繁多，它几乎可做成任何形状。用得最多的是浮雕，威海市的体育运动浮雕面积达100m²。GRC园雕也有其特色，复制的敦煌“供养菩萨”，高1.82m坐于莲花宝座之上，形态逼真，犹如数千年的文物。其他还有仿古门脸、小品建筑等。图2-15为用GRC建成的园林小景。

图2-15　用GRC建成的园林小景

GRC作为装饰制品的另一种形式是GRC装饰模板。这种模板具有两种功能，既作为建筑物外墙的模板永久留在立面上，又兼作装饰面。它的特点是工厂预制，缩短施工周期，不用改变施工方法。GRC模板内可以放置隔热保温层，使墙体具有保温的功能。同时墙面有分散的玻璃纤维配筋，不致形成裂缝。在国外，GRC装饰模板主要用于外墙、内墙、梁、柱、顶板等。图2-16是用GRC装饰模板建筑的大楼。

图 2-16　用 GRC 装饰模板建筑的大楼

2.3　装饰砂浆

装饰砂浆是用于室外装饰，以增加建筑物美观为目的的一种建筑砂浆。装饰砂浆表面呈现各种色彩、线条和花纹，具有特殊的表面装饰效果。

2.3.1　装饰砂浆的组成材料

1. 胶凝材料

装饰砂浆常用的胶凝材料有石膏、石灰、白水泥、普通水泥，或在水泥中掺加白色大理石粉，使砂浆表面色彩更为明朗。

2. 骨料

装饰砂浆用骨料多为白色、浅色或彩色的天然砂、石屑（大理石、花岗岩等）、陶瓷碎粒或特制的色粒，有时为使表面获得闪光效果，可加入少量云母片、玻璃碎片或长石等。在沿海地区，也有在饰面砂浆中加入少量小贝壳，使表面发生银色闪光。骨料的粒径可分别为 1.2、2.5、5.0 或 10mm，有时也可用石屑代替砂石。

3. 颜料

彩色砂浆所用颜料性能应与彩色混凝土相同。见本章 2.2.1 节 3。

2.3.2　装饰砂浆的制作方法

装饰砂浆表面可进行各种艺术处理，按照制作手法的不同，可得到不同饰面效果的装饰砂浆。

1. 斩假石

斩假石也叫剁假石，是一种硬化后的水泥石屑砂浆经斩琢加工而成的人造石材。

(1) 原材料

制作斩假石所用的胶凝材料一般为强度等级不低于32.5的矿渣水泥，当制作浅黄、浅绿色假石时应采用白水泥；骨料为纯净的粗砂或中砂，天然碎石加工成的石屑(也称石砂或石碴)，由中八厘、小八厘和石粉级配而成。如果要制作假花岗岩石，则在石屑中掺加粒径为3~5mm的煤屑，使制成的斩假石呈现类似黑云母的黑色小点，并掺入适宜的无机矿物颜料。

(2) 制作方法

在外墙面（一般为砖或混凝土基面）上，抹1:3水泥砂浆底灰（厚15~25mm），随即抹1:1.5~1:2水泥石屑（厚8~10mm），如掺加煤棱，其掺量常为石屑的2%~3%。石屑浆抹好后，采取防晒措施养护一段时间，以水泥强度还不大，易于斩剁而石屑又不易被剁下的程度为宜。用剁斧将水泥石碴抹面层用剁斧剁琢变毛，使面层上呈现出像天然石料经过斩琢加工后的质感。一般在勒脚以下剁成较粗糙的质感，而在勒脚以上和花饰部分剁成较细致的质感。为了提高墙面的整体装饰效果，并便于施工操作，常按设计将墙面分成块体，施工时先按设计在底灰上弹出粉线，然后镶贴分块木线条，接着在木线条形成的框格中，逐块刮抹纯水泥浆和石屑水泥浆，再进行斩琢加工。

斩假石除了在现场制作外，也可在工厂预制。预制块体中应加配筋和预埋的铁件，以便安装。

(3) 斩假石的特点及应用

斩假石具有天然石材的质感，装饰效果朴实、自然、素雅、庄重。斩假石除用于外墙面外，更多地用于建筑物外部构造的装饰，如勒脚、柱面、柱基、台阶、花坛、栏杆、矮墙等。

2. 水刷石

水刷石是一种将水泥石碴浆抹在建筑物表面，在水泥初凝前用毛刷刷洗或用喷枪冲洗掉表面的水泥浆皮，使内部石碴半露出来的一种人造石材。

(1) 原材料

水刷石的原材料与斩假石基本相同。为了减少普通水泥的灰暗色调，可在水泥中掺入适量优质白石灰膏（冬季施工则不能掺）；在高级饰面工程中，特别是采用白石碴时，使用白水泥可取得更好的装饰效果。

(2) 制作方法

水刷石的基层做法与斩假石相似。水泥石碴浆的配合比按石碴粒径大小而定。通常按水泥体积为1时，用大八厘石碴1，中八厘石碴1.25，小八厘石碴1.5，要求水泥用量恰好能填满石碴之间的空隙，便于抹压密实。抹面层厚度一般为10~20mm。海边城市也可采用海滩白色或浅颜色的豆石来代替石碴，做成“水洗豆石粒”饰面砂浆层，装饰效果别具一格。冲洗是水刷石质量的重要工序。冲洗的目的是将水泥石碴面层上的水泥浆均匀地冲洗掉一层，使石碴显露出来。为了保证水刷石质量，施工时应掌握好以下几点：①冲洗应在水泥终凝之前进行，即在用手指轻按没有陷印时，就可用喷射器冲洗或用棕刷帚洗；②冲洗水压的大小、水量的多少，应随时控制适当；③必须把石子表面的水泥冲洗干净，否则表面颜色灰暗或发花；④冲洗后，边沿滴挂的浮水应及时吸去。

与斩假石一样，水刷石也可在工厂预制。方法见本章2.2.3节。

(3) 水刷石的性质和应用

水刷石的质感比斩假石略粗，装饰效果粗犷、自然、美观、淡雅、庄重。如用白水泥加颜料制成彩色水刷石，装饰效果更佳。水刷石主要用于外墙面、阳台、檐口腰线、勒脚、台坛等。

3. 干粘石

干粘石是在砂浆表面粘结洁净的彩色石碴而成。石碴粒径约为5mm。制作方法有人工粘结和机械喷粘两种，将石碴粘贴在砂浆层上，再拍平压实，石碴嵌入砂浆的深度不得小于粒径的1/2。粘结石碴的砂浆一般要掺加一些107胶，其优点是石碴粘结牢固，107胶能使砂浆缓凝，保水性好，砂浆层的厚度可减薄至4~5mm，解决了因砂浆层太厚，拍实石碴时，砂浆容易挤出溢到石碴表面，影响装饰效果的问题。

干粘石与水刷石的用途相同，但不宜用于房屋底层、勒脚等部位。

4. 拉毛灰

拉毛灰有石灰拉毛和条筋拉毛两种。

石灰拉毛的做法是，在1:2:9水泥石灰混合砂浆底灰上，抹2~3mm厚纸筋灰，用硬毛刷拉毛。石灰拉毛的优点是有一定的装饰质感，比平滑墙面有稍好的吸声效果。但易挂灰积尘，难清洗。

条筋拉毛的做法是，在底灰上先用棕刷将1:0.5:0.5水泥石灰砂浆拉出小拉毛，再用条刷将1:0.5:1水泥石灰砂浆刷出比拉毛面凸出2mm左右的条筋，最后喷刷色浆。条筋拉毛的质感类似树皮拉毛。

砂浆拉毛一般用于公共建筑内墙及顶棚处，装饰效果较好。

复习思考题

1. 石膏有哪些装饰制品？试叙述它们的主要性能和应用。
2. 彩色混凝土和砂浆用颜料有哪些性能要求？
3. 白色硅酸盐水泥与普通水泥相比有何特点？
4. 装饰混凝土主要有哪些优点？与普通混凝土相比，在组成材料上有哪些异同点？装饰混凝土有哪些应用前景？
5. 什么是装饰混凝土的“正打”和“反打”工艺？各有何特点？
6. 什么叫露骨料混凝土？它有哪些制作方法？
7. 彩色混凝土的盐霜现象是如何产生的？有何预防措施？
8. 试述斩假石的制作方法、性能特点和应用。

第3章 装 饰 石 材

装饰石材按材质的形成方式分为两大类：一类为天然石材，为自然力所形成；一类为人造石材，为人工所造就。

3.1 天然石材装饰制品

3.1.1 天然石材

天然石材是从各种岩石中开采出来经加工而成的。岩石是地壳构成的一部分，是矿物的集合体。矿物则是由于地壳中所进行的各种地质作用而产生的一种自然物体（自然元素或化合物），它具有一定的化学成分、物理性质和外形。

1. 岩石的分类

岩石按照其成因可以分为三类，即岩浆岩（火成岩）、沉积岩（水成岩）、变质岩。岩浆岩是熔融岩浆在地下或喷出地壳后冷却结晶而成的岩石，在地下深处形成者称为深成岩，在地下浅处形成者称为浅成岩，以火山形式喷出地表冷凝而成的，称为喷出岩。火成岩占地壳重量的89%，装饰石材中的花岗岩、安山岩、辉绿岩、片麻岩等均属岩浆岩类。

沉积岩是由露出地面的岩石在水、空气、阳光照射、雨雪及生物的交互作用下受到破坏，破坏后的产物堆积在原地或经水流、风吹和冰川等的搬运到其他地方堆积起来，经过长时间的成岩变化而形成的岩石。沉积岩虽只占地壳重量的5%，但其分布于地壳表面，约占地壳面积的75%，是一种重要的岩石，其主要特点是呈层状产出，常具层理，并往往含有动植物化石。建筑石材中，石灰石、白云岩、砂岩、贝壳岩等属于沉积岩，其中石灰石和白云岩常用作装饰石材。

火成岩、沉积岩和早期形成的变质岩，当受到温度、压力或其他外来物质的作用，其中所含矿物及其组织全部或部分改变，变成了一种新的岩石，称为变质岩。一般由火成岩变质成的称为正变质岩，由沉积岩变质成的称为副变质岩，按变质程度不同，又分为深变质岩和浅变质岩。

2. 岩石的物理力学性质

岩石由于成因不同，彼此之间的性能相差较大，即使是同一种岩石，性能之间的不均匀性也很明显。表3-1是建筑上常用的几种岩石的一般物理力学性能。

用作装饰材料的天然岩石，除了表3-1中所列的一般物理力学性能之外，还有耐久性、硬度、耐磨性、纹理、颜色及加工性能等。

天然岩石一般都具有较高的耐久性、硬度和耐磨性，但不同的岩石差别很大。一般而论，岩浆岩和变质岩的耐久性很高，而沉积岩的耐久性则要差一点；同样，岩浆岩和变质岩很硬，强度高，孔隙率低，而沉积岩则多孔，较轻，强度和硬度较低。

建筑上常用的几种岩石的一般物理力学性质　　表 3-1

岩石种类	岩石名称	主要成分	表观密度 (kg/m^3)	密度 (g/cm^3)	抗压强度 (MPa)	抗折强度 (MPa)
岩浆岩	花岗岩	SiO_2	2400～2500	2.61～2.70	107～212	10～21
变质岩	大理石	$CaCO_3$	2450～2530	2.64～2.72	120～344	8～24
	板岩	$CaCO_3$	2540～2620	2.74～2.82	69～103	62～89
	滑石	$CaCO_3$	2750	2.73	62～70	21～36
沉积岩	石灰石	$CaCO_3$	1950～2530	2.10～2.75	18～147	4～14
	砂岩	$CaCO_3$	2080～2470	2.14～2.66	28～441	10

天然岩石表面经过加工，一般均呈现出不同的光泽、颜色和纹理。这些光泽、颜色和纹理与岩石中的矿物组成有关。

除少数土状矿物外，大部分矿物对着光线都可以看到其表面的反光现象，这种反射光线的光彩特征，即为光泽。光泽一般分为金属光泽和非金属光泽两大类。金属光泽反射出金属那样的光亮，而非金属光泽根据其反射光彩的特征，又分为玻璃光泽、金刚石光泽、珍珠光泽、丝绢光泽、油脂光泽等多种。岩石的光泽与岩石的矿物组成有关，光线射入岩石表面，被位于较深处的矿物晶体反射，即形成光泽。矿物不同，反射出来的光泽不一样。

岩石的颜色同样也是由其内部的矿物组成决定的。青色来自石英晶体；红色和粉红色由长石所致；角闪石产生绿色和褐色；云母则是清澈透明的；蛇纹石带来浅绿色和黄色；钙元素则使岩石产生从白色到灰色之间的颜色变化等等。

不同的颜色的矿物在岩石中的排列与分布，形成了岩石的纹理。有些岩石具有极美丽的纹理，是装饰价值极高的天然石材，花岗岩和大理岩中有许多品种即属此类。

3. 岩石的加工

天然岩石必须经开采和加工成石材后才能在建筑上使用。石料从矿床中开采出来，可以是破碎的石头（毛石等），也可以是料石，用于建筑装饰的通常是从矿体中用各种方法开采分离出具有规则形状的石材，称为荒料。荒料尺寸要适应于加工设备的加工能力和产品规格的要求，同时也要考虑到起吊装卸设备的能力与运输条件。荒料还要求颜色基调一致，花纹协调，没有裂纹；用排眼劈裂法和凿岩法开采的荒料需要整形成规则的平行六面体。荒料随后运到石材加工厂进行其他工艺处理。这些工艺过程包括锯切、表面加工（研磨、抛光等）、磨边倒角、开沟槽等。

锯切是用锯石机将荒料锯成板材的作业。

表面加工通常有两种，一种为光面，一种为毛面。光面通常采用研磨、抛光、打蜡等工序。研磨是使石材表面平整和呈现出光泽的工艺，一般分为粗磨、细磨、半细磨和精磨几种。抛光是将石材表面加工成镜面光泽的加工工艺。板材经研磨后，用毡盘或麻盘加上抛光材料，对板面上的微细痕迹进行机械磨削和化学腐蚀，使石材表面具有最大的反射光线的能力以及良好的光滑度，并使石材本身固有的花纹、色泽最大程度地呈现出来。抛光后的表面有时还打蜡，使表面光滑度更高并起到保护表面的作用。磨光的产品有粗磨板、精磨板、镜面板等。

毛面是将原板石材加工成粗糙的表面。加工方式通常为剁斧处理。剁斧的产品，可分为麻面、条纹面等类型，还可以根据需要，加工成剔凿表面、蘑菇状表面等以取得不同的艺术效果。除了剁斧处理方式之外，毛面加工方式还有烧毛加工和琢石加工等。

烧毛加工，是将锯切后的板材，利用火焰喷射器进行表面烧毛，使其恢复天然表面，烧毛后的石板先用钢丝刷刷掉岩石碎片，再用玻璃渣和水的混合液高压喷吹，或者用尼龙纤维团研磨，使其表面色彩和触感都能满足特定要求。

琢石加工，是用琢石机加工经排锯锯切石材表面的方法，此法可以加工厚度在30mm以上的板材。

经表面加工的板材，一般都采用细粒金刚石小圆盘切割成一定的规格形状，经磨边倒角，有的背面还开出一定深度的沟槽，形成成品。

4. 岩石的应用

天然石材在建筑领域得到了广泛的应用。它与木材、泥浆粘土并称为人类使用最早的三种材料。19世纪末期以前的建筑史也就是这三种材料的应用史。石材可用作结构材料、内外装饰装修材料、地面材料，很多情况下还可作为屋顶材料，它还可用于挡土墙、道路、雕塑及其他装饰用途。目前，主要用作建筑物的内外装饰材料。

3.1.2 天然大理石建筑板材

1. 大理石定义

大理石有广义和狭义两种含义。广义上的大理石是指变质或沉积的碳酸盐类的岩石，如大理岩、白云岩、灰岩、砂岩、页岩和板岩等。通常所说的大理石是指其广义，因而其品种极多，如著名的汉白玉就是白云岩，雪浪为大理岩，杭灰为灰岩，丹东绿为蛇纹石化硅卡岩等。狭义上讲，大理石专指云南省大理县出产的并以大理城命名的石材。远古时代，大理地区是一片汪洋，后来由于地壳的不断运动，经过漫长的地质年代，海底逐渐上升，形成了苍山。此地原有的石灰岩和白云岩，在地壳的运动中变质成了大理岩。大理岩中有多种花纹，是在其变质过程中，由于一些矿物质的浸染而形成的。狭义上的大理石即指云南大理所产的大理石，属于变质岩的一种——大理岩，主要矿物成分为方解石、白云石。与石灰岩相似，但晶粒细小，结构密，强度高，见表3-1，但硬度不大，易于加工成型，表面经磨光和抛亮后，呈现出鲜艳的色泽和纹理。

2. 大理石的特性

(1) 装饰性

大理石最显著的特点在于，它经过加工后，表面有圆圈状和枝条状的多彩花纹，这些花纹通常映衬在单色背景上面，具有很高的装饰性。这一特点构成了大理石和花岗石的较明显的区别。

大理石色彩丰富，从白到黑都有，具有无数种的纹理与颜色组合。大理石经抛光后，表面呈现出美丽的光泽，这是由于射人大理石的光线，被位于较深处的晶体反射的结果。大理石的英文“marble”源于拉丁文“marmor”，意思就是“闪亮的石头”。

(2) 耐久性

大理石在干燥空气中或不接触雨水时是很耐久的。但如果暴露在恶劣气候或工业烟尘中，其表面会剥落粉碎。这是因为大理石的主要组成为$CaCO_3$，在大气中受CO_2、硫化物（如SO_2）及水汽作用转化为石膏，从而变得疏松多孔，易于溶蚀。如果是板材，则表面会变得晦暗无光。因此，一般说来，除少数几种质地较纯、杂质较少的汉白玉、艾叶青等用在室外比较稳定外，其他品种均不适宜用于室外。

各种颜色的大理石中，暗红色、红色最不稳定，绿色次之。白色的成分单一，比较稳定，不易变色和风化。

（3）力学性能

大理石的硬度较低，通常不宜用于人流量较大的过厅等处的地面装饰。

3. 天然大理石建筑板材的分类、等级和命名标记

（1）分类

天然大理石板材根据外形分为两大类：普型板材和异型板材。正方形或长方形的板材称为普型板材，代号 N；其他形状的板材，称为异型板材，代号 S。

（2）等级

按板材的规格尺寸允许偏差、平面度允许极限公差、外观质量、镜面光泽度分为优等品（A）、一等品（B）、合格品（C）三个等级。

（3）命名与标记

板材命名顺序：荒料产地地名、花纹色调特征名称、大理石（M）。板材标记顺序：命名、分类、规格尺寸、等级、标准号。如用北京房山白色大理石荒料生产的普型规格尺寸为 600mm×400mm×20mm 的一等品板材，其命名为：房山汉白玉大理石，标记为：房山汉白玉（M）N 600×400×20 B JC79。

4. 天然大理石建筑板材的质量要求

JC79—92 对天然大理石建筑板材的质量要求如下：

（1）规格尺寸允许偏差

普型板材规格尺寸允许偏差应符合表 3-2 的规定；异型板材规格尺寸允许偏差由供需双方商定；板材厚度小于 15mm 时，同一块板材上的厚度允许极差为 1.0mm；板材厚度大于 15mm 时，同一板材上的厚度允许极差为 2.0mm。

天然大理石普型板材尺寸允许偏差(mm) 表 3-2

部位		优等品	一等品	合格品
长、宽度		0 −1.0	0 −1.1	0 −1.5
厚度	≤15	±0.5	±0.5	±1.5
	>15	0.5 −1.5	1.0 −2.0	±2.0

（2）平面度允许极限公差

平面度允许极限公差应符合表 3-3 的规定。

天然大理石板材平面度允许极限公差 表 3-3

板材长度范围(mm)	允许极限公差值(mm)		
	优等品	一等品	合格品
≤400	0.20	0.30	0.50
>400～<800	0.50	0.60	0.80
≥800～<1000	0.70	0.80	1.00
≥1000	0.80	1.00	1.20

(3) 角度允许极限公差

角度允许极限公差应符合表 3-4 的规定。对于拼缝板材，正面与侧面的夹角不得大于 90°；异型板材的角度允许极限公差由供需双方商定。

天然大理石板材角度允许极限公差 表 3-4

板材长度范围(mm)	允许极限公差值(mm)		
	优等品	一等品	合格品
≤400	0.3	0.4	0.6
> 400	0.5	0.6	0.8

(4) 外观质量

同一批板材的花纹色调应基本调和；板材正面的外观应符合表 3-5 规定；板材允许粘接和修补。粘接或修补后应不影响板材的装饰效果和物理性能。

天然大理石板材的外观要求 表 3-5

<table>
<tr><th>缺 陷 名 称</th><th>优等品</th><th>一等品</th><th>合格品</th></tr>
<tr><td>翘 曲</td><td rowspan="8">不允许</td><td rowspan="8">不明显</td><td rowspan="6">有，但不能影响使用</td></tr>
<tr><td>裂 纹</td></tr>
<tr><td>砂 眼</td></tr>
<tr><td>凹 陷</td></tr>
<tr><td>色 斑</td></tr>
<tr><td>污 点</td></tr>
<tr><td>正面棱缺陷长≤8(mm)，宽≤3(mm)</td><td>1 处</td></tr>
<tr><td>正面角缺陷长≤3(mm)，宽≤3(mm)</td><td>1 处</td></tr>
</table>

(5) 物理性能

板材的抛光面应具有镜面光泽，能清晰地反映出景物。镜面光泽度是表示镜面光泽的物理量，它是指在规定的几何条件下，试样镜面反射光通量与相同条件下标准黑玻璃镜面反射光通量之比乘以 100。生产厂家按板材化学成分控制板材镜面光泽度，其数值不应低于表 3-6 规定。

天然大理石板材镜面光泽度的要求 表 3-6

<table>
<tr><th colspan="4">化学主成分含量(%)</th><th colspan="3">镜面光泽度，光泽单位</th></tr>
<tr><th>氧化钙</th><th>氧化镁</th><th>二氧化硅</th><th>灼烧减量</th><th>优等品</th><th>一等品</th><th>合格品</th></tr>
<tr><td>40 ~ 56</td><td>0 ~ 5</td><td>0 ~ 15</td><td>30 ~ 45</td><td rowspan="2">90</td><td rowspan="2">80</td><td rowspan="2">70</td></tr>
<tr><td>25 ~ 35</td><td>15 ~ 25</td><td>0 ~ 15</td><td>35 ~ 45</td></tr>
<tr><td>25 ~ 35</td><td>15 ~ 25</td><td>10 ~ 25</td><td>25 ~ 35</td><td rowspan="2">80</td><td rowspan="2">70</td><td rowspan="2">60</td></tr>
<tr><td>34 ~ 37</td><td>15 ~ 18</td><td>0 ~ 1</td><td>42 ~ 45</td></tr>
<tr><td>1 ~ 5</td><td>44 ~ 50</td><td>32 ~ 38</td><td>10 ~ 20</td><td>60</td><td>50</td><td>40</td></tr>
</table>

天然大理石建筑板材除了镜面光泽度要求之外，还有其他的物理性能要求：表观密度大于等于 2.60g/cm³，吸水率不大于 0.75%，干燥抗压强度不小于 20.0MPa，弯曲强度不小于 7.0MPa。

5. 天然大理石建筑板材的应用

天然大理石板材为高级饰面材料，主要用于建筑装饰等级要求高的建筑物。大理石适用于纪念性建筑、大型公共建筑，如宾馆、展览馆、影剧院、商场、图书馆、机场、车站等建筑物的室内墙面、柱面、地面、楼梯踏步等的饰面材料，也可用作楼梯栏杆、服务台、墙裙、窗台板、踢脚板等。用大理石边角料可以做成“碎拼大理石”墙面或地面，具有特殊的装饰效果，且造价低廉。

天然大理石及其板材通常不用于室外装饰。但少数质地纯正、相对稳定耐久的品种如汉白玉、艾叶青等也可用于外墙饰面。

3.1.3 花岗石建筑板材

1. 花岗石定义

花岗石亦有广义和狭义两种含义。广义的花岗石是指作为石材开采的各类岩浆岩，如花岗岩、安山岩、辉绿岩、辉长岩、片麻岩等。如北京白虎涧的白花花岗石是花岗岩，而济南青则是辉长岩，青岛的黑色花岗石则是辉绿岩。狭义的花岗石则是专指作为石材开采的花岗岩，俗名“麻石”、“豆渣石”。

2. 花岗石（岩）的特性

（1）装饰性

常呈整体的均粒状结构，其颜色主要视正长石的颜色和少量云母及深色矿物的分布情况而定，通常为肉红色、灰色或灰和红相间的颜色，在加工磨光后，便形成色泽深浅不同的美丽的斑点状花纹，花纹的特征是分布有小而均匀的黑点和闪闪发光的石英细晶体，而没有像大理石表面具有的圆圈形和枝条形花纹。这是花岗岩和大理石在外观上的重要区别。

花岗岩孔隙率小，打磨抛光后可以得到非常光滑的表面，使其极富装饰性。

（2）力学性能

花岗石属于岩浆岩，它在地壳的深处形成，由于冷却速度慢且均匀，冷却时还受到地壳极大的压力，因而有利于岩石内部的结晶形成，故花岗石的抗压强度高，硬度大，吸水率小，表观密度和导热性大。花岗岩按结晶颗粒大小不同，可分为细粒、中粒、粗粒和斑状等不同种类。结晶颗粒细而均匀的花岗岩比粗粒、斑状的花岗岩强度高，其强度可达 120~150MPa，花岗石有良好的耐磨性，外观稳重大方，是高级装修材料之一，且适用于地面以及室外装饰。

（3）耐久性

花岗石的耐久性很强。花岗石由长石、石英石、云母等矿物组成，其中长石含量为 40%~60%，石英占 20%~40%。整个花岗岩中二氧化硅含量占 67%~76%，属于酸性岩石，极耐酸性腐蚀，对碱类侵蚀也有较强抵抗力，抗冻性强，可经受 100~200 次冻融循环。“石烂千年”，指的即是花岗石。

（4）微量放射性

有些花岗石中含有微量放射性物质，大约每吨花岗石中含有铀 4g 和钍 12g，花岗石还会放出辐射氡气。常见的花岗石板材制品的放射性核元素有效浓度通常都在安全范围内。

(5) 其他性质

花岗石的表观密度大，使用在墙地面上会增加建筑物自重；此外，硬度大给开采与加工带来困难，因此成本也较高；它的耐火性也较差，温度在 800℃以上时会爆裂。

3. 花岗石建筑板材的分类、等级、命名标记与规格

花岗石建筑板材为花岗石经锯、磨、切等方式加工而成的建筑板材。

(1) 分类

花岗石建筑板材按形状分为普型板材（N）和异型板材（S）；按表面加工程度分为细面板材、镜面板材和粗面板材。表面平整、光滑的为细面板材（RB）；表面平整、具有镜面光泽的为镜面板材（PL）；表面平整、粗糙，具有较规则加工条纹的机刨板、剁斧板、锤击板、烧毛板等为粗面板材（RU）。

(2) 等级

按板材规格尺寸允许偏差、平面度允许极限公差、角度允许极限公差和外观质量分为优等品（A）、一等品（B）、合格品（C）三个等级。

(3) 命名与标记

花岗石板材的命名顺序：荒料产地地名、花纹色调特征名称、花岗石（G）；板材标记顺序：命名、分类、规格尺寸、等级、标准号。如用山东济南黑色花岗石荒料生产的 400mm×400mm×20mm、普型、镜面、优等品板材，其命名为：济南青花岗石，标记为：济南青（G）N PL 400mm×400mm×20mm A JC 205。

4. 花岗石建筑板材的技术质量要求

JC205－92 对花岗石建筑板材的技术质量要求如下：

(1) 规格尺寸允许偏差

普型板规格尺寸允许偏差应符合表 3-7 的规定；异型板材规格尺寸允许偏差由供需双方决定。当板材厚度小于或等于 15mm，同一块板材上的厚度允许极差为 1.5mm；当板材的厚度大于 15mm，同一块板材上的厚度允许极差为 3.0mm。

天然花岗石板材的规格尺寸允许偏差(mm) 表 3-7

分类		细面和镜面板			粗面板材		
等级		优等品	一等品	合格品	优等品	一等品	合格品
长、宽度		0	0		0	0	0
		-1.0	-1.5		-1.0	-2.0	-3.0
厚度	≤15	±0.5	±1.0	1.0			
				-2.0			
	≥16	±1.0	±2.0	2.0	1.0	2.0	2.0
				-3.0	-2.0	-3.0	-4.0

(2) 平面度允许极限公差

平面度允许极限公差应符合表 3-8 的规定。

天然花岗石板材的平面允许极限公差(mm)　　　　表 3-8

板材长度范围	细面和镜面板材			粗面板材		
	优等品	一等品	合格品	优等品	一等品	合格品
≤400	0.20	0.40	0.60	0.80	1.00	1.20
> 400 ~ <1000	0.50	0.70	0.90	1.50	2.00	2.20
≥1000	0.80	1.00	1.20	2.00	2.50	2.80

(3) 角度允许极限公差

普型板材的角度允许极限公差应符合表 3-9 的规定，异型板材的角度允许公差由供需双方商定。对于拼缝板材，其正面与侧面的夹角不得大于 90°。

天然花岗石板材的角度允许极限公差(mm)　　　　表 3-9

<table>
<tr><th rowspan="2">板材宽度范围</th><th colspan="3">细面和镜面板材</th><th colspan="3">粗面板材</th></tr>
<tr><th>优等品</th><th>一等品</th><th>合格品</th><th>优等品</th><th>一等品</th><th>合格品</th></tr>
<tr><td>≤400</td><td rowspan="2">0.40</td><td rowspan="2">0.60</td><td>0.80</td><td rowspan="2">0.60</td><td>0.80</td><td>1.00</td></tr>
<tr><td>> 400</td><td>1.00</td><td>1.00</td><td>1.20</td></tr>
</table>

(4) 外观质量

同一批板材的色调花纹应基本调和；板材正面的外观缺陷应符合表 3-10 的规定。

天然花岗岩的外观质量要求　　　　表 3-10

<table>
<tr><th>名称</th><th>规 定 内 容</th><th>优等品</th><th>一等品</th><th>合格品</th></tr>
<tr><td>缺棱</td><td>长度不超过 10mm(长度 <5mm 不计),周边每米长(个)</td><td rowspan="6">不允许</td><td rowspan="4">1</td><td rowspan="4">2</td></tr>
<tr><td>缺角</td><td>面积不超过 5mm × 2mm(面积 <2mm × 2mm 不计),每块板(个)</td></tr>
<tr><td>裂纹</td><td>长度不超过两端顺延至板边总长度的 1/10(长度 <20mm 的不计),每块板(条)</td></tr>
<tr><td>色斑</td><td>面积不超过 20mm × 30mm(面积 <15mm × 15mm 的不计),每块板(个)</td></tr>
<tr><td>色线</td><td>长度不超过两端顺延至板边总长度的 1/10(长度 <40mm 的不计),每块板(条)</td><td>2</td><td>3</td></tr>
<tr><td>坑窝</td><td>粗面板材的正面出现坑窝</td><td>不明显</td><td>出现,但不影响使用</td></tr>
</table>

(5) 物理性能

镜面板材的正面应具有镜面光泽，能清晰地反映出景物，其镜面光泽度应不低于 75 光泽单位，或按供需双方协议执行；板材的表观密度不小于 2.5g/cm^3；吸水率不大于 1.0%；干燥抗压强度不小于 60.0MPa；弯曲强度不小于 8.0MPa。

5. 天然花岗石板材的规格与应用

花岗石板材的规格尺寸很多，各厂家生产的规格尺寸也不尽相同。常用的长度和宽度范围为 300 ~ 1200mm，厚度一般为 20、15、12、10 和 8mm。

天然花岗石板材是高级装饰材料，由于其生产成本高，一般只能用于公共建筑和装饰装修等级要求较高的工程之中，在一般建筑物中，只宜局部点缀使用。花岗石剁斧板材多用于室外地面、台阶、基座等处；机刨板材一般用于地面、台阶、基座、踏步、檐口等处；粗磨板材常用于墙面、柱面、台阶、基座、纪念碑等处；磨光板材多用于室内外墙面、地面、柱面的装饰。

3.2 人造石材装饰制品

人造石材在国外已有数十年的历史，1948年意大利曼博公司就已生产水泥基人造大理石，1958年美国加州生产人造大理石平板。60年代末70年代初，人造大理石在前苏联、意大利、西班牙、英国、日本等国迅速发展起来，产品主要有各种装饰板材，也生产各种异型材料，甚至作卫生洁具。

人造石材种类很多，最常见的是人造大理石。

3.2.1 人造大理石分类

人造大理石按生产方法和所用原料不同，一般可分为以下四类：

1. 水泥型人造大理石

以硅酸盐水泥（白色硅酸盐水泥、彩色硅酸盐水泥或普通硅酸盐水泥）或铝酸盐水泥为胶结料，砂为细骨料，碎大理石、工业废渣等为粗骨料，经配料、搅拌、成型、养护、磨光、抛光等工序而制成。用铝酸盐水泥作胶结料的人造大理石在表面光洁度、花纹耐光、抗风化性、耐火性、防潮性等方面较硅酸盐水泥作胶结料的人造大理石为好。

2. 树脂型人造大理石

以不饱和聚酯树脂为胶结材料，与无机材料如石英砂、大理石碎粒、大理石粉、方解石粉等混合搅拌、浇筑成型，在固化剂作用下固化，再经脱模、烘干、抛光等工序制成。

3. 复合型人造大理石

制造过程中所用的胶结材料既有无机材料，又有有机高分子材料。先将无机填料用无机胶结材料胶结成型，养护后，再将坯体浸渍于具有聚合性能的有机单体中，使其聚合。无机胶结材料可用快硬水泥、普通水泥、矿渣水泥、粉煤灰水泥、白水泥、铝酸盐水泥以及半水石膏等。有机单体可用苯乙烯、甲基丙烯酸甲酯、丙烯腈等。

4. 烧结型人造大理石

将斜长石、石英、辉石、方解石粉和赤铁矿粉及部分高岭土等按一定的比例混合制成泥浆，用注浆法制成坯料，用半干法成型，经1000℃左右的高温焙烧而成。

目前，树脂型人造大理石生产得最多。

3.2.2 树脂型人造大理石的主要技术性能

1. 装饰性

树脂型人造大理石模仿天然石材的表面纹理加工而成，表面光泽度高、色泽均匀，花色可以自行设计。但在色泽和纹理上均不及天然石料美丽、自然、柔和。

2. 物理力学性能

与天然大理石相比，人造大理石的密度较小、强度高、吸水率低，表3-11示出了由196不饱和树脂生产的人造大理石的物理力学性能。

树脂型人造大理石的物理力学性能 表 3-11

抗折强度 (MPa)	抗压强度 (MPa)	冲击强度 (J/cm^2)	表面硬度 (布氏)	表面光泽度 (度)	密度 (g/cm^3)	吸水率(%)	线膨胀系数, $\times 10^{-5}$
≈38.0	>100	≈1.5	≈40	>100	≈2.10	<0.1	2~3

3. 耐久性

（1）骤冷、骤热（0℃，15min 与 80℃，15min）交替进行 30 次，表面无裂纹，颜色无变化。

（2）80℃烘 100h，表面无裂纹，色泽稍微变黄。

（3）室外暴露 300d，表面无裂纹，色泽稍微变黄。

（4）人工老化试验结果：196 聚酯树脂人造大理石 0h 和 1000h 的光泽度分别为 86 和 29，色差为 43.8 和 41。

3.2.3 树脂型人造大理石板材的应用

人造大理石饰面板材，用途与天然石材基本相同。主要用作宾馆、商店、办公楼、影剧院等的室内墙面、柱面及地面的装饰，也可用作医院、试验室、工厂的工作台等。

复习思考题

1. 为什么大理石、花岗石一般都具有美丽的光泽、颜色和纹理？
2. 用于室外装饰的大理石，有时会失去光泽和颜色，试解释原因。
3. 试比较大理石和花岗石在性能上的差别。

第4章　陶瓷装饰材料

我国是陶瓷制作的文明古国，早在新石器时代晚期，我国劳动人民就能制作陶瓷。到了魏晋南北朝时代，陶瓷制作技术已到了相当成熟的程度。英文“China”一词，就来源于中国制作的陶瓷。在近代，由于受半殖民地半封建势力的影响，我国现代陶瓷，特别是建筑装饰陶瓷制品的发展速度非常缓慢，已不能满足现代装饰工程的需要。80年代改革开放以后，我国从国外引进了先进的装饰陶瓷的生产技术和设备，开发了一系列陶瓷装饰产品，陶瓷装饰材料的花色、品种、性能都发生了极大的变化，被广泛用作建筑物内外墙、地面和屋面等部位的装饰和保护，以及环境艺术类的装饰。在现代建筑装饰工程中应用的陶瓷制品主要包括：釉面内墙砖、墙地（缸）砖、陶瓷锦砖、陶瓷壁画、琉璃制品和卫生陶瓷等。

4.1　陶瓷的基本知识

4.1.1　陶瓷制品的生产

1. 陶瓷制品的原料与生产

陶瓷坯体的主要原料有可塑性原料、瘠性原料和熔剂原料三大类。可塑性原料即粘土，它是陶瓷坯体的主体，常用的有高岭土、易熔粘土、难熔粘土和耐火粘土四种。瘠性原料可降低粘土的塑性，减少坯体的收缩，防止高温变形。常用的瘠性原料有石英砂、熟料和瓷粉，其中熟料是将粘土煅烧后磨细而成，瓷粉是用碎瓷磨细制成。熔剂原料用来降低烧成温度，它在高温下熔融后呈玻璃体，可溶解部分石英颗粒及高岭石的分解产物，并可粘结其他结晶相。常用的熔剂原料有长石、滑石以及钙、镁的碳酸盐等。

施釉的陶瓷制品还需使用釉原料和着色剂。釉的知识见4.1.2节中1。

陶瓷制品的着色剂大都是各种金属氧化物，它们多数不溶于水，可直接使坯体或釉着色。

陶瓷制品的生产工艺主要有坯体成型、上釉和烧成等工序。上釉制品根据焙烧次数分为一次烧成和二次烧成两种工艺。一次烧成是坯体干燥后即上釉，坯体与釉同时烧成；二次烧成是坯体干燥后，先素烧，然后再施釉入窑釉烧。图4-1所示为陶瓷生产工艺流程示意图。

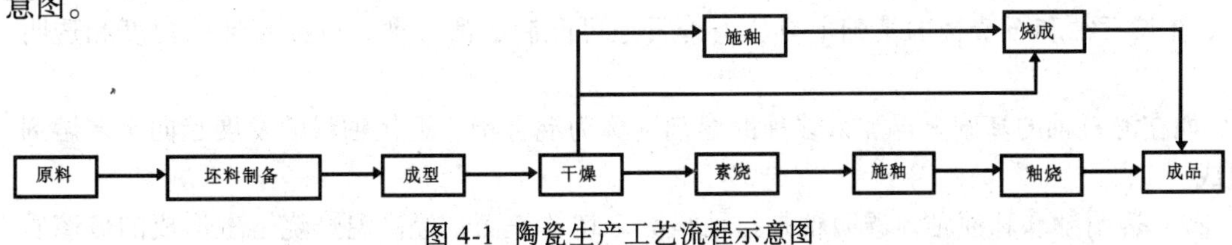

图4-1　陶瓷生产工艺流程示意图

2. 陶瓷制品的分类

按照陶瓷制品的主要原料粘土的品种以及坯体的致密程度陶瓷制品可分为陶器、炻器和瓷器三大类。

（1）陶器

陶器以可塑性较高的易熔或难熔粘土为原料。坯体烧结程度不高，呈多孔性，吸水率较大，常为9%～12%，高的可达18%～22%。制品断面粗糙无光，敲击时声粗、哑，可施釉或不施釉。根据所用粘土的杂质含量的不同，陶器又可分为粗陶和精陶两种。建筑陶瓷中的地砖、卫生洁具和内墙砖等多属于精陶。

（2）炻器

炻器以耐火粘土为主要原料，于1200～1300℃烧成。制品较致密，吸水率常为3%～5%。建筑上用的陶瓷锦砖、外墙面砖多属于此类。

（3）瓷器

瓷器以高岭土为原料，于1250～1450℃烧成。坯体致密呈半透明状，几乎不吸水，耐酸、耐碱、耐热性能好。色洁白，有一定的半透明性。高档墙地砖、日用瓷、艺术用品和电瓷多属于此类。

4.1.2 陶瓷制品的表面装饰

陶瓷制品除采用施釉方法进行表面处理达到艺术加工和改善性能的目的外，还可通过彩绘、彩饰及金属饰面等多种途径提高陶瓷制品的装饰性。

1. 施釉

（1）釉的原料与作用

釉是附着于陶瓷坯体表面的玻璃质薄层，具有一定的光泽和颜色，使制品获得优良的装饰效果。釉的原料与坯体原料相同，只是纯度要求较高且含有大量易熔组分。釉施于陶瓷坯体表面，经高温焙烧，与坯体发生反应形成一层玻璃质覆盖于陶瓷表面。釉层能提高制品的抗渗性、热稳定性、化学稳定性和机械强度，降低吸水率，增强陶瓷材料的使用功能，而且使表面平滑光亮，提高了陶瓷制品的装饰性，在釉层下画图案可在坯体上施乳浊釉、透明釉、结晶釉、裂纹釉、流动釉等不同品种的釉，还可使表面形成不同色彩图案和外形，从而提高艺术性。

（2）釉的品种与特性

釉的种类很多，组成复杂。施釉时若采用不同原材料、不同着色剂或添加剂、不同工艺方法，则可得到不同形式的施釉制品。

1）长石釉和石灰釉　长石釉和石灰釉是两种常用釉，均由石英、长石、石灰石、高岭土、粘土及废瓷粉等配制而成。其烧成温度在1250℃以上，属高温透明釉，为瓷器、炻器及精陶等使用最广泛的两种釉。长石釉的特点是透明，硬度大，光泽较强，有柔和感。石灰釉的特点是硬度大，透明，光泽强，有刚硬感，我国著名的青花瓷器就是用的石灰釉。

在长石釉和石灰釉的基础上再加入滑石还可配制成滑石釉，以提高釉的白度和透明度。

如在滑石釉的基础上再加入多种助熔剂则称为混合釉。近代釉料的发展趋向于多熔剂组成。

2）透明釉和乳浊釉　透明釉是指釉料涂于坯体表面，经高温焙烧熔融形成的玻璃质层，能透视坯体本身颜色的釉。有时为遮盖不够白的坯体本色，可在透明釉中加入一定量的乳浊剂，例如 SiO_2、ZrO_2、$ZrSiO_4$、TiO_2 等，使釉产生一定量的细微晶粒或细微的气泡，这就称为乳浊釉。

3）色釉　色釉是在釉料中加入各种着色氧化物或其盐类，烧成后可呈现各种色彩。例如，以铁为着色剂，并在还原焰中烧成可呈青色；以铜为着色剂，在还原焰中烧成则可呈红色。色釉因其操作方便、价廉、易制取五彩缤纷的颜色和装饰效果好而得到广泛应用。但也存在制品边角“露白”或出现颜色深浅不均的弊病。

4）特种釉　在釉料中加入添加剂，或改变釉烧时的工艺参数，都可以得到各种具有特殊性能的釉或釉饰，达到特殊的装饰效果。例如结晶釉、裂纹釉和流动釉等。

结晶釉是在含氧化铝低的釉料中加入 ZnO、MnO_2、TiO_2 等结晶形成剂，使其在严格的烧成过程中形成粗大的结晶釉层，釉层中晶体呈星形、冰花、晶簇、晶球、松针形、雪花形等各种天然的立体外形，具有很高的艺术装饰性。

裂纹釉是依据釉的热膨胀系数比坯体大，烧成后速冷，使釉面产生裂纹。按裂纹的形态，有鱼子纹、冰裂纹、鳝鱼纹等多种。按釉面裂纹颜色呈现技法的不同又有夹层裂纹与镶嵌裂纹釉之分。

改变釉烧时的工艺参数，则可形成不同的釉饰。上釉陶瓷烧成后采用缓慢冷却，可获得不强烈反光的釉面，其表面平滑，但无玻璃光泽，称为无光釉饰。这种釉表面能显示出丝状或绒状的光泽，具有一种特殊的艺术美。

若采用易熔釉，同时在烧成温度下过烧，使釉沿着坯体的斜面下流，从而形成一种自然活泼的条纹，流动釉通常均着色，故可形成多种色调的艺术饰釉。

2. 彩绘

彩绘是指在陶瓷制品表面绘上彩色图案、花纹，可自由地赋予陶瓷制品装饰性，以满足人们多种需求。按照彩绘的位置，可分为釉下彩绘和釉上彩绘两种。

1）釉下彩绘　釉下彩绘是在陶瓷生坯体上进行彩绘，然后施以透明釉，再釉烧而成。其特点是使用中不会被磨损，画面清秀光亮。但色彩不如釉上彩绘丰富，且多为手工绘画，不易实现机械化生产，因此生产效率低，价格较贵。

2）釉上彩绘　在已经釉烧的陶瓷釉面上再用低温彩料进行彩绘，然后再 600～900℃ 釉烧形成的饰面，称为釉上彩绘。釉上彩绘有古彩、粉彩和新彩三种技术。古彩的彩烧温度高，彩图坚硬耐磨，色彩经久不变。粉彩是在要求凸起部分先涂一层玻璃白，再施釉料以形成立体图案。新彩是采用人工合成颜料，故色彩丰富。目前广泛采用的贴花、刷花、喷花以及堆金，可认为是新彩的发展。现代贴花技术是采用塑料薄膜贴花纸、用清水把彩料移至釉面上，操作简易、质量好。

若采用釉上彩绘工艺，只是在经釉烧的陶瓷釉面上不施低温彩料，而是喷涂一层金属或金属氧化物彩料，就可形成光泽彩虹，称为光泽彩饰。

3. 贵金属装饰

对于高级细陶瓷制品，通常采用金、铂、银等贵金属在陶瓷釉上进行装饰，其中最常见的是饰金，如金边、画面描金等。用金装饰陶瓷有亮金、磨光金及腐蚀金等方法，其中亮金在陶瓷装饰中最为普遍。

亮金为采用金水作着色材料，彩烧后直接获得发光金属层的装饰。金膜薄，价格相对较低，但金膜易磨损；磨光金层中的含金量较亮金高得多，金膜较厚，故经久耐用。腐蚀金可形成发亮金面与无光金面互相衬托的艺术效果。

4.2 釉面内墙砖

根据国家标准 GB/T 4100—92《釉面内墙砖》规定，釉面内墙砖是用于建筑物内墙装饰的薄板状精陶制品，简称釉面砖，俗称“瓷砖”。生产釉面砖的主要原料是烧后呈白色的耐火粘土、叶蜡石或高岭土。

4.2.1 釉面砖的品种、形状及规格

釉面砖按釉面颜色分为单色（含白色）、花色和图案砖三种；按正面形状分为正方形、长方形和异形配件砖，异型配件砖的形状和尺寸要求如图 4-2 所示，见表 4-1。

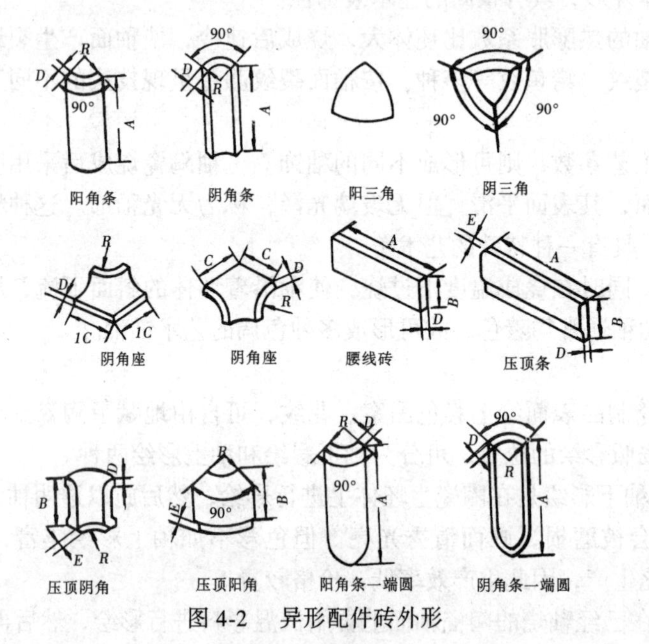

图 4-2 异形配件砖外形

异形配件砖尺寸要求(mm) 表 4-1

B	C	E	R,SR
$1/4A$	$1/3A$	3	22

釉面砖的侧面形状如图 4-3 所示。

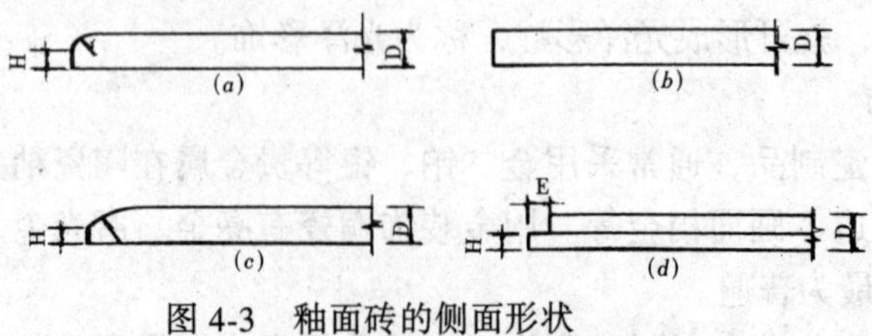
图 4-3 釉面砖的侧面形状
(a)小圆边；(b)平边；(c)大圆边；(d)带凸缘边

为增强粘贴力，釉面砖背面做有凹槽纹，背纹深度应不小于0.2mm。釉面砖的厚度一般为5mm，长与宽的规格尺寸有297mm×247mm至98mm×98mm等多种，异形配件砖的外形及规格尺寸更多，可根据需要选配。

4.2.2 釉面砖的主要技术要求

1. 尺寸允许偏差

釉面砖的尺寸允许偏差应符合表4-2的规定。异形配件砖的尺寸允许偏差，在保证匹配的前提下，由生产厂家自定。

釉面砖的尺寸允许偏差(mm) 表4-2

	尺寸	允许偏差
长度或宽度	≤152	±0.5
	>152 ≤250	±0.8
	>250	±0.1
厚度	≤5	+0.4 -0.3
	>5	厚度的±8%

2. 外观质量

根据外观质量，釉面砖分为优等品、一级品和合格品三个等级。其表面缺陷及色差允许范围应符合表4-3的规定。平整度应符合表4-4的规定（对尺寸大于152mm的釉面砖，其平整度数值以对角线长度的百分数表示）。对尺寸大于152mm的釉面砖，其边直度和直角度应符合表4-5的规定。各等级白色釉面砖的白度不小于73度，白度指标也可以由供需双方商定。

釉面砖表面缺陷允许范围 表4-3

缺陷名称	优等品	一级品	合格品
开裂、夹层、釉裂	不允许		
背面磕碰	深度为砖厚的1/2	不影响使用	
剥边、落脏、釉泡、斑点、坯粉釉缕、桔釉、波纹、缺釉、棕眼、裂纹、图案缺陷、正面磕碰	距离砖面1m处目测无可见缺陷	距离砖面2m处目测无可见缺陷	距离砖面3m处目测无可见缺陷
色差	基本一致	不明显	不严重

釉面砖平整度允许偏差 表4-4

尺寸(mm)	平整度	优等品	一级品	合格品
≤152	中心弯曲度(mm)	+0.4 -0.5	+1.8 -0.8	+2.0 -1.2
	翘曲度(mm)	0.8	1.3	1.5
>152	中心弯曲度(%)	+0.5	+0.7	+1.0
	翘曲度(%)	-0.4	-0.6	-0.8

釉面砖边直度和直角度允许偏差　表 4-5

	优等品	一级品	合格品
边直度(%)	+0.8 -0.3	+1.0 -0.5	+1.2 -0.7
直角度(%)	±0.5	±0.7	±0.9

3. 物理化学性能

(1) 吸水率　吸水率不大于 21%。

(2) 弯曲强度　弯曲强度平均值不小于 16MPa，当厚度大于或等于 7.5mm 时，弯曲强度平均值不小于 13 MPa。

(3) 耐急冷急热性　经耐急冷急热试验后，釉面无裂纹。

(4) 抗龟裂性　经抗龟裂试验后，釉面无裂纹。

(5) 釉面抗化学腐蚀性　需要时由供需双方商定级别。

4.2.3　釉面砖的特点及应用

釉面砖具有许多优良性能，其强度高，防潮，抗冻，耐酸碱，绝缘，抗急冷急热，表面光滑，易于清洗。是主要用作厨房、浴室、卫生间、实验室、医院等室内的墙面、台面等部位的装饰材料。

釉面砖属多孔的精陶坯体，其吸水率较大。在长期与空气中水分的接触过程中，会吸收大量水分而产生吸湿膨胀现象。而釉的吸湿膨胀非常小，当坯体湿膨胀增长到使釉面处于张应力状态，特别是当应力超过釉的抗拉强度时，釉面会产生开裂。如果用于室外，经长期冻融，更易出现剥落掉皮现象。所以釉面砖只能用于室内，而不应用于室外。

釉面砖在铺贴前，必须先放入清水中浸泡，浸泡到不冒泡为止，且不少于 2h，然后取出晾干至表面阴干无明水，才可进行铺贴施工。没有经过浸泡的釉面砖吸水率较大，铺贴后会迅速吸收砂浆中的水分，影响粘结质量；而没阴干的釉面砖，由于表面有一层水膜，铺贴时会产生面砖浮滑现象，不仅操作不便，且因水分散发会引起釉面砖与基体分离自坠，造成空鼓或脱落现象。阴干的时间视气温和环境湿度而定，一般为半天左右，即以饰面砖表面有潮湿感，但手按无水迹为准。目前施工时常在砂浆中掺入一定量的 107 胶，不仅可改善砂浆的和易性，延缓水泥凝结时间，以保证铺贴时有足够的时间对所贴面砖进行拨缝调整，也有利于提高铺贴质量，提高工效、缩短工期。

4.3　外墙砖和地面砖

外墙砖和地面砖包括建筑物外墙装饰贴面用砖和室内外地面装饰铺贴用砖，由于目前这类砖的发展趋向为产品可墙、地两用，故称为墙地砖。生产墙地砖的主要原料是优质陶土。墙地砖按其表面是否施釉，可分为彩色釉面陶瓷墙地砖（简称彩釉砖）和无釉陶瓷墙地砖两类。

墙地砖的表面质感多种多样，通过调整原料配比和改变制作工艺，可制成平面、麻面、毛面、磨光面、抛光面、纹点面、仿花岗岩面、压花浮雕面、无光釉面、有光釉面、金属光泽面、防滑面、耐磨面，其形状有正方形、矩形、六角形、八角形和叶片形等。釉面墙地砖通过釉面着色可制成红、蓝、绿等各种颜色，通过丝网印刷可获得丰富的套花图案。无釉陶瓷地砖可利用原料中含有的天然矿物（如赤铁矿）进行自然着色，或在泥料中加入各种金属氧化物进行人工着色。通常在墙地砖背面加工有凹凸条纹，以利于墙地砖与水泥砂浆之间的粘贴。

4.3.1 彩色釉面陶瓷墙地砖

国家标准 GB 11947—89《彩色釉面陶瓷墙地砖》规定了彩釉砖的规格尺寸、等级、技术要求等。

1. 产品等级与规格尺寸

彩色釉面陶瓷墙地砖按表面质量和变形允许偏差，分为优等品、一级品和合格品三个等级。主要规格尺寸见表 4-6，其他规格和异形产品，可由供需双方商定。

彩釉砖的主要规格尺寸（mm）　　**表 4-6**

100×100	300×300	200×150	115×60
150×150	400×400	250×150	240×60
200×200	150×75	300×150	130×65
250×250	200×100	300×200	260×65

2. 墙地砖的主要技术要求

（1）尺寸允许偏差

彩色釉面陶瓷墙地砖的尺寸允许偏差应符合表 4-7 的规定。

彩釉砖的尺寸允许偏差(mm)　　**表 4-7**

基本尺寸		允许偏差
边　长	<150	±1.5
	150～250	±2.0
	＞250	±2.5
厚　度	<12	±1.0

（2）表面与结构质量要求

彩色釉面陶瓷墙地砖的表面质量应符合表 4-8 的规定。最大允许变形应符合表 4-9 的规定。各级彩釉砖均不得有结构分层(坯体中有夹层或有上下分离现象称为分层)。凸背纹的高度和凹背纹的深度均不小于 0.5mm。

彩釉砖的表面质量要求　　**表 4-8**

缺陷名称	优等品	一级品	合格品
缺釉、斑点、裂纹、落脏、棕眼、熔洞、釉缕、釉泡、烟熏、开裂、磕碰、波纹、剥边、坯粉	距离砖面 1m 处目测，有可见缺陷的砖数不超过 5%	距离砖面 2m 处目测，有可见缺陷的砖数不超过 5%	距离砖面 3m 处目测，缺陷不明显
色　差	距离砖面 3m 目测不明显		

注：1．在产品的侧面和背面，不准有妨碍粘结的明显附着釉及其他影响使用的缺陷。

2．釉面上人为装饰效果不算缺陷。

彩釉砖的最大允许变形　表 4-9

变形种类	优等品	一级品	合格品
中心弯曲度(%)	±0.50	±0.60	0.80 -0.60
翘曲度(%)	±0.50	±0.60	±0.70
边直度(%)	±0.50	±0.60	±0.70
直角度(%)	±0.60	±0.70	±0.80

(3) 物理化学性能

1) 吸水率　吸水率应不大于10%，吸水率越小，抗冻性越好，寒冷地区应选用吸水率较低的产品。

2) 耐急冷急热性　经三次急冷急热循环不出现炸裂或裂纹。

3) 抗冻性　经20次冻融循环不出现破裂、剥落或裂纹。

4) 弯曲强度　平均值不低于24.5MPa。

5) 耐磨性　只对铺地的彩釉砖进行耐磨试验，依据釉面出现磨损痕迹时的研磨转数将砖分为四级。

6) 耐化学腐蚀性　耐酸、耐碱性能各分为AA、A、B、C、D五个等级。

4.3.2 无釉陶瓷地砖

无釉陶瓷地砖（简称无釉砖）JC 501—93 规定了其吸水率为3%~6%，并规定了半干压成型的无釉陶瓷地砖的规格尺寸、等级、技术要求、试验方法等。

1. 产品等级、规格尺寸

无釉陶瓷地砖按产品的表面质量和变形偏差分为优等品、一级品和合格品三种。产品主要规格尺寸见表4-10。其他规格和异形产品，可由供需双方商定。

无釉砖主要规格尺寸 (mm)　表 4-10

50×50	100×50	100×100	108×108
150×150	150×75	152×152	200×100
200×50	200×200	300×200	300×300

2. 技术要求

(1) 尺寸允许偏差

无釉砖尺寸允许偏差应符合表4-11的规定。

无釉砖尺寸允许偏差 (mm)　表 4-11

	基本尺寸	允许偏差
边长 L	$L<100$	±1.5
	$100\leq L\leq 200$	±2.0
	$200<L\leq 300$	±2.5
	$L>300$	±3.0
厚度 H	$H\leq 10$	±1.0
	$H>10$	±1.5

(2) 表面质量及变形

无釉砖的表面质量、色差及变形应符合表 4-12 的规定。无釉砖表面凸背纹的高度和凹背纹的深度均不得小于 0.5mm。任一级的无釉砖均不允许有夹层，即产品内部的分层。

无釉砖的表面质量及变形 表 4-12

缺陷名称	优等品	一级品	合格品
斑点、起泡、熔洞、磕碰、坯粉、麻面、图案模糊	距离砖面 1m 处目测；无可见缺陷	距离砖面 2m 处目测，缺陷不明显	距离砖面 3m 处目测；缺陷不明显
裂缝	不允许		总长不超过对应边长的 6%
开裂			正面≯5mm
色差	距砖面 1.5m 处目测不明显		距砖面 1.5m 处目测不严重
平整度(%)	±0.5	±0.6	±0.8
边直角(%)	±0.5	±0.6	
直角度(%)	±0.6	±0.7	

(3) 物理力学性能

1) 吸水率　无釉砖吸水率为 3%～6%。

2) 耐急冷急热性　经三次急冷急热循环，不出现炸裂或裂纹。

3) 抗冻性能　经 20 次冻融循环，不出现破裂或裂纹。

4) 弯曲强度　弯曲强度平均值不小于 25MPa。

5) 耐磨性　磨损量平均值不大于 345mm³。

3. 墙地砖的特点及应用

墙地砖质地较致密，强度高，吸水率小，易清洗，耐腐蚀，热稳定性、耐磨性及抗冻性均较好。一般铺地用砖较厚，而外墙饰面用砖较薄。墙地砖的色彩和形状多种多样，是装饰餐厅、影剧院、候车（机）厅、商业售货厅等建筑物外墙及地面的常用材料，具有装饰美化建筑物和保护建筑结构的双重作用。

与釉面砖相同，墙地砖在铺贴前也应进行浸泡处理。铺贴时也可以在砂浆中掺入一定量的 107 胶，以提高粘结质量。此外，在铺贴时应注意砖的排列问题。墙地砖的镶贴排缝种类很多，原则上按设计要求进行。矩形砖分长边水平或垂直两种排列方式，砖缝又可取错缝或齐缝排列，而接缝宽度又有密缝与离缝之分，或采取密缝和离缝组合排列。不同的排列方式，可获得完全不同的装饰效果。

4.3.3 新型墙地砖

随着陶瓷工业的飞速发展，近年来在装饰材料市场上出现了一批新型墙地砖，如劈离砖、彩胎砖（瓷质砖）、麻面砖、金属光泽釉面砖和陶瓷艺术砖等，这些新型墙地砖品种多，性能良好，装饰性强，用于地面还有很好的防滑耐磨作用。

1. 劈离砖

劈离砖又称为劈裂砖，分彩釉和无釉两种。其名称来自于制造方法，即：将一定配比的原料，经粉碎、炼泥、真空挤压成型、干燥、高温烧结而成。成型时为双砖背联坯体，烧成后再劈离成两块砖。劈离砖的种类很多，色彩丰富，表面质感多样，细质的清秀，粗质的浑厚；表面上釉的光泽晶莹、富丽堂皇；表面无釉的质朴典雅大方，无反射弦光。

劈离砖主要规格有：240mm×52mm×11mm、240mm×115mm×11 mm、194mm×94mm×11mm、190mm×190mm×13mm、240mm×115/52mm×13mm、194mm×94/52mm×13mm 等。

劈离砖坯体密实，强度高，其抗折强度不低于 20MPa；吸水率小，低于 6%；表面硬度大，耐磨、防滑，耐腐蚀、抗冻、耐急冷急热性能均好，耐酸碱能力强。背面凹槽纹与粘结砂浆形成楔形结合，可保证铺贴时粘结牢固，如图 4-4 所示。

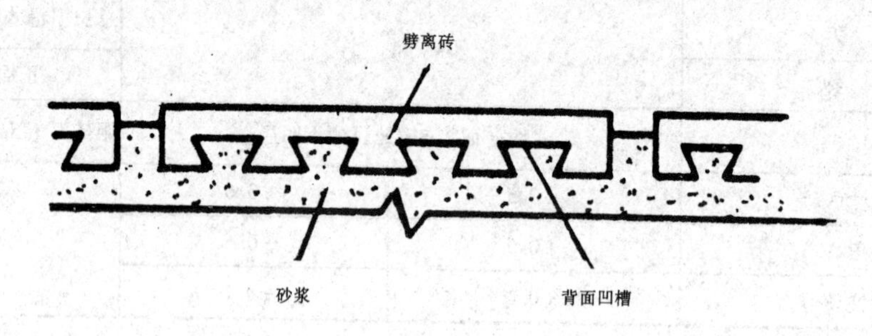

图 4-4 劈离砖与砂浆的楔形结合

劈离砖适用于各类建筑物的外墙装饰，也适合用于办公楼、图书馆、商场、车站、候车室、餐厅等室内地面及楼梯的铺设。厚砖可用于广场、公园、停车场、走廊、人行道等露天地面的铺设，也可用作游泳池、浴池池底和池岸的贴面材料。

2. 彩胎砖

彩胎砖是一种本色无釉瓷质饰面砖，又称同质砖。系采用彩色颗粒土原料混合配料，压制成多彩坯体后，经一次烧成即呈多彩细花纹的表面，具有天然花岗岩的纹理，颜色有红、绿、黄、蓝、灰、棕等多种基色，多为浅色调，纹理细腻，色调柔和，质朴高雅。主要规格有：200mm×200mm、300mm×300mm、400mm×400mm、500mm×500mm、600mm×600mm 等，最小尺寸为 95mm×95mm，最大尺寸为 600mm×900mm。

彩胎砖表面有平面和浮雕型两种，又有无光与磨光、抛光之分。吸水率小于 1%，抗折强度大于 27MPa，表面硬度为 7~9 莫氏硬度，耐酸碱侵蚀，抗冻，耐磨性好，图案质感好。特别适合于铺设于人流量大的商场、影剧院、宾馆等公共场所的地面，也可用于镶贴住宅厅堂的墙地面，既美观又耐用。

3. 麻面砖

麻面砖是采用仿天然岩石色彩的配料，压制成表面凹凸不平的麻面坯体后，经一次烧成的炻质面砖。砖的表面酷似人工修凿过的天然岩石面，纹理自然，有白、黄、红、灰、黑等多种颜色。主要规格有：200mm×100mm、200mm×75mm、100mm×100mm 等。麻面砖吸水率小于 1%，抗折强度大于 20MPa，防滑耐磨。薄型砖适用于装饰建筑物外墙，厚型砖适用于铺设广场、停车场、码头、人行道等地面。广场砖还有外形为梯形和三角形的，可拼贴成各种图案，以增加广场地坪的艺术感。

4. 陶瓷艺术砖

陶瓷艺术砖的坯体采用优质粘土、石英、无机矿物等为原料，生产方法与普通瓷砖相似。所不同的是要进行图案的设计，最后按设计的图案要求压制成不同形状和尺寸的单块瓷砖。为取得立面凹凸变化及艺术造型，瓷砖的色彩及厚薄尺寸等都可能不同，一幅完整的立面图案一般由许多类型的单块瓷砖组成。所以陶瓷艺术砖的制作工艺较复杂，造价也较高。

陶瓷艺术砖主要用于建筑物内外墙面的装饰，具有夸张性，空间组合自由性大。它充分利用砖的高低、色彩、粗细、大小及环境光线等因素组合成各种抽象的或具体的图案壁画，给人以强烈的艺术感受。

陶瓷艺术砖吸水率小、强度高、抗风化、耐腐蚀、质感强，适用于宾馆、会议厅、艺术展览馆、酒楼、公园及公共场所的墙壁装饰。

5. 金属光泽釉面砖

金属光泽釉面砖是采用钛的化合物，以真空离子溅射法，将釉面砖表面处理成金黄、银白、蓝、黑等多种色彩，光泽灿烂辉煌，给人以坚固、豪华的感觉。金属光泽釉面砖抗风化、耐腐蚀、经久耐用，适用于商店柱面和门面的装饰。

4.4 陶 瓷 锦 砖

陶瓷什锦砖简称陶瓷锦砖，俗称“陶瓷马赛克”（外来语），以优质瓷土为主要原料，加入适量着色剂制成。产品边长小于40mm，又因其有多种颜色和多种形状的花色品种故称为锦砖。其表面有挂釉和不挂釉两种，目前的产品多不挂釉。陶瓷锦砖的计量单位是联，它是将制成正方形、长方形、六角形等形状的小块瓷砖，按设计图案反贴在牛皮纸上，组成0.093m^{2}为一联。每40联为一箱，可铺约3.7m^2。

4.4.1 陶瓷锦砖的基本形状和规格

陶瓷锦砖的基本形状和规格见表4-13。陶瓷锦砖的几种拼花图案如图4-5所示。锦砖按质量要求的不同，分为优等品和合格品两个等级。

陶瓷锦砖的基本形状和规格(mm) 表4-13

基本形状								
名称		正方				长方（长条）	对角	
		大方	中大方	中方	小方		大对角	小对角
规格	a	39.0	23.6	18.5	15.2	39.0	39.0	32.1
	b	39.0	23.6	18.5	15.2	18.5	19.2	15.9
	c	——	——	——	——	——	27.9	22.8
	d	——	——	——	——	——	——	——
	厚度	5.0	5.0	5.0	5.0	5.0	5.0	5.0

基本形状					
名称		斜长条(斜角)	六角	半八角	长条对角
规格	a	36.4	25	15	7.5
	b	11.9	——	15	15
	c	37.9	——	18	18
	d	22.7	——	40	20
	厚度	5.0	5.0	5.0	5.0

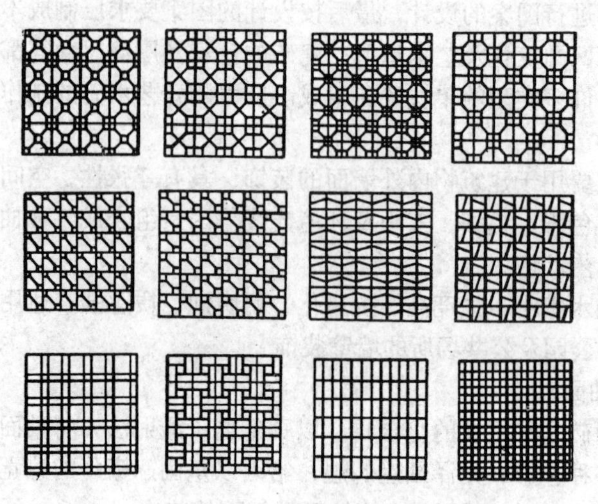

图 4-5 陶瓷锦砖的拼花图案

4.4.2 陶瓷锦砖的主要技术要求

1. 尺寸允许偏差

单块锦砖的尺寸允许偏差，应符合表 4-14 的规定。每联锦砖线路（两块锦砖之间的距离称为“线路”）、联长的尺寸允许偏差，应符合表 4-15 的规定。

单块锦砖尺寸允许偏差(mm)　　表 4-14

项　目	尺　寸	允许偏差	
		优等品	合格品
边　长	≤25.0	±.05	±1.0
	>25.0		
厚　度	4.0	±0.2	±0.4
	4.5		
	>4.5		

角联锦砖线路、联长尺寸及允许偏差(mm)　　表 4-15

项　目	尺　寸	允许偏差	
		优等品	合格品
线　路	2.0~5.0	±0.6	±1.0
联　长	284.0 295.0 305.0 325.0	+2.5 -0.5	+3.5 -1.0

2. 外观质量

陶瓷锦砖的外观质量应符合 JC456—92 规定的缺陷允许范围。

3. 物理化学性能

(1) 吸水率　无釉锦砖吸水率应不大于0.2%，有釉锦砖吸水率应不大于1.0%。

(2) 抗压强度　15~25MPa。

(3) 耐急冷急热性　有釉锦砖经急冷急热试验应无裂纹，无釉锦砖对急冷急热性不作要求。

(4) 耐酸碱性　耐酸度大于95%，耐碱度大于84%。

(5) 成联质量　锦砖与铺纸应粘结牢固，不得在运输或铺贴施工时脱落，但在浸水后应脱纸方便，脱纸时间不应大于40min。优等品在联内的锦砖及联间锦砖，目测应基本无色差，合格品目测可稍有色差。

4.4.3　陶瓷锦砖的特点及应用

陶瓷锦砖具有色彩丰富，色泽稳定，图案美观，质地坚实，抗压强度高，耐污染、抗腐蚀、耐火、耐磨、不吸水、不滑、易清洗等特点，可用于工业与民用建筑的清净车间、门厅、走廊、浴室、卫生间、餐厅、厨房、实验室等的内墙和地面，也可用作高级建筑物的外墙饰面材料。施工时可以用不同花纹和不同色彩的锦砖拼成多种美丽图案。

4.5　陶　瓷　壁　画

陶瓷壁画是以陶瓷面砖、锦砖、陶板等为原料而制作的具有较高艺术欣赏价值的现代建筑装饰材料，具有单块面积大、厚度薄、强度高、平整度好、吸水率小、抗冻、抗化学腐蚀、耐急冷急热、符合建筑要求、施工方便等特点，同时具有绘画艺术、书法、条幅等多种功能，产品的表面可以做成平滑或各种浮雕花纹图案。陶瓷壁画的面积可小至1~2m^2，大至2000m^{2}以上。这种壁画既可镶嵌在高层建筑物的外墙面上，也可铺设在一些公共场所如候车（机）室、大型会议室、会客室、园林风景区的地面或墙面、廊厅、立柱上，给人以艺术享受。

4.5.1　陶瓷壁画的制作

陶瓷壁画不是原画的简单复制，而是艺术的再创造。它巧妙地将绘画艺术和陶瓷技术相结合，经过放大、制版、刻画、配釉、施釉、烧成等一系列工序，采用多种施釉技艺和烧窑工艺而产生出神形兼备、巧夺天工的艺术效果。陶瓷壁画的制作方式有这样几种。

1. 釉上彩壁画和釉下彩壁画

釉上彩壁画是以白釉砖为载体，运用低温陶瓷颜料和调和剂绘制，经700~800℃烧成。绘制操作方便，各种颜色可以互相调配使用，彩烧前后颜色基本一致；釉下彩壁画是将矿物质陶瓷颜料绘制在生坯或素坯上，然后施透明釉，经1300℃高温烧成。操作技法：先用浓颜料勾线，然后在形象轮廓内填上各种所需色料，俗称“分水”。釉下彩壁画具有色彩典雅、釉色饱满的特点，画面抗腐耐磨。

2. 唐三彩壁画

唐三彩壁画是直接以流动性极好的多彩低温釉作彩料，在精陶坯体上绘制，经900℃左右烧成的一种技法传统而形式新颖的陶瓷壁画。唐三彩壁画釉质莹润，色彩绚丽明亮，风格古朴，浮雕感强，适用于室内装饰。

3. 高温花釉壁画

高温花釉壁画是采用炻质或瓷质砖生坯或素坯作载体，以高温颜色釉当彩料绘制，经1200～1300℃烧成的一种陶瓷壁画。这种壁画釉色沉着浑厚，格调古朴庄重，统一和谐。

4. 微晶多彩窑变壁画

微晶多彩窑变壁画是以精陶质或炻质素坯砖作载体，以各种微晶多彩釉作绘画色料绘制，在1150℃下焙烧而成。技法特点是巧妙地利用流动的无光釉作底色，用金砂、珠光、虹彩、金光等窑变釉填绘形象，烧成后，可获得锦缎般的艺术效果。

5. 浮雕陶瓷壁画和镶嵌陶瓷壁画

浮雕陶瓷壁画分为素面浮雕壁画、釉面浮雕壁画及二者结合的浮雕壁画三种，具有立体感强、气魄宏大的装饰效果；镶嵌陶瓷壁画是运用普通小四方或异形陶瓷锦砖，或利用各种颜色碎瓷片，裁成所需形状来镶嵌的一种平面、古老、耐久的陶瓷壁画，适合于远距离观赏的装饰部位。

陶瓷壁画还有由两种或两种以上的陶瓷装饰方法集于一体的壁画形式。如釉上彩、釉下彩与浮雕结合的陶瓷壁画，或镶嵌与彩绘融于一体的陶瓷壁画，其形式新颖，风格独特。

4.5.2 我国著名的陶瓷壁画作品

1979年我国第一幅大型高温花釉陶板壁画《科学的春天》出现在首都国际机场的候机大厅里，面积为67m^2，受到国际友人的高度赞扬。1984年，我国迄今为止最大的一幅高温花釉陶板壁画（面积达180 m^2）《天文纵横》被镶嵌在北京地铁的建国门车站。它是中国磁州窑艺术陶瓷厂的制品，该厂至今已成功烧制了2000 m^{2}的陶瓷壁画，镶嵌在北京、上海、天津和香港等许多地方。其中包括镶嵌在北京燕京饭店的《丝绸之路》、香港双鱼艺瓷公司的《山间小路》、上海植物园的《阳光、大地、生命》等优秀作品。

镶嵌在人民大会堂辽宁厅的彩陶壁画《满族风情》长29.43m，宽4.65m，由2260块拼成。这是我国第一幅从多角度描绘满族生活习俗的大型彩陶壁画，画面逼真，栩栩如生。

镶嵌在上海龙柏饭店进厅内的《上海城隍庙湖心亭、九曲桥》壁画是由广东石湾建筑陶瓷厂首创的陶瓷锦砖壁画作品。用锦砖镶拼壁画时，由于锦砖的尺寸小，画面的失真程度也小，其装饰性和艺术效果都好。

4.6 琉璃制品

琉璃制品是一种带釉陶瓷，是我国陶瓷宝库中的古老珍品。用难熔粘土制成，其坯体泥质细净坚实。烧好的产品质细致密，表面光滑，不易剥釉，不易褪色，色彩绚丽，造型古朴，富有我国传统的民族特色。

琉璃制品主要有琉璃瓦、琉璃砖、琉璃兽，以及琉璃花窗、栏杆等各种装饰制件，还有陈设用的建筑工艺品，如琉璃桌、绣墩、鱼缸、花盆、花瓶等。其中琉璃瓦是我国用于古建筑的一种高级屋面材料。琉璃瓦品种繁多，造型各异，主要有板瓦（底瓦）和筒瓦（盖瓦）。筒瓦断面呈半圆形，铺设时向下覆盖在左右两块断面成弧形的板瓦上；当屋面铺成后，筒瓦搭接成隆起的棱，而板瓦则搭接成凹陷的沟；铺在檐口处的一块筒瓦有圆盖盖没，称为勾头，铺在檐口处的一块板瓦前端下边连着舌形板，称为滴水。另外还制有飞禽走兽、龙纹大吻等形象，及用作屋脊和檐头的各种装饰物。琉璃瓦的色彩艳丽，常用的有金黄、翠绿、宝蓝等色。

国家标准 GB 9197—88《建筑琉璃制品》规定了建筑琉璃制品的尺寸允许偏差、外观质量和物理性能。表 4-16 列出了对琉璃制品的物理性能要求。

建筑琉璃制品的物理性能要求　　**表 4-16**

项　目	优等品	一级品	合格品
吸水率(%)	≤12		
抗冻性	冻融循环 15 次		冻融循环 10 次
	无开裂、剥落、掉角、掉棱、起鼓现象。因特殊需要，冷冻最低温度，循环次数可由供需双方商定		
弯曲破坏荷重(N)	≥1177		
耐急冷急热性	3 次循环，无开裂、剥落、掉角、掉棱、起鼓现象		
光泽度(度)	平均值≥50，根据需要也可由供需双方商定		

琉璃瓦因价格昂贵，且自重大，故主要用于具有民族色彩的宫殿式房屋，以及少数纪念性建筑物上，也常用以建造园林中的亭、台、楼、阁，以增加园林的景色。目前，常用琉璃檐点缀建筑物立面，以美化建筑造型。这种做法在我国西安、北京、成都、苏州等地应用较多。

复习思考题

1. 釉面砖的特点和用途有哪些？
2. 为什么釉面砖只能用于室内，而不能用于室外？
3. 墙地砖的特点和用途有哪些？
4. 墙地砖的物理力学性能有哪些？
5. 陶瓷锦砖的基本形状有哪些？
6. 陶瓷壁画有什么特点？适用于什么样的场所？

第5章 装 饰 玻 璃

玻璃在现代建筑中是一种重要的装饰材料，它也是古老的材料品种。玻璃的历史大约有五千年之久，早期的玻璃主要用作珠宝装饰和容器，这说明玻璃本身具有装饰性。18世纪后期开始的产业革命，给玻璃业的发展带来了划时代的影响，纯碱技术的发明，玻璃熔炉和玻璃成型机械的研制成功，大大提高了玻璃产品的规模，高质量的大块平板玻璃得以制造出来。进入20世纪以后，玻璃成型机械的飞速进步成为玻璃工业的显著特征，玻璃广泛地运用到汽车业、建筑业等支柱产业，这些产业反过来促进了玻璃工业的革新和进步。1902年，美国的J. H. Luubbers发明了吹制法，之后的20年间，现在仍驰名的平板法和垂直引上法相继出现，汽车大王亨利福特又创造了压延法。特别是1959年英国的皮尔金顿兄弟发明了浮法生产工艺，这是目前生产玻璃最先进的方法。

玻璃具有独特的透明性，优良的机械力学性能和热工性质，还有艺术装饰的作用。随着建筑业发展的需要，现代玻璃已具有采光、防震、隔声、绝热、节能和装饰等许多功能。玻璃的品种越来越多，功能也越来越强。目前在建筑中使用的有平板玻璃、装饰玻璃、安全玻璃等几大类，还有很多种新型建筑玻璃以及玻璃砖、玻璃纤维制品等。

5.1 玻璃的基本知识

5.1.1 玻璃的生产

玻璃是以石英砂，纯碱、长石及石灰石等为原料，再加入适量的辅助材料，在1550~1660℃高温下熔融后，采用机械及手工成型、退火冷却后制成。

玻璃制品的制作方法有压制、吹制、吹压制、拉制、辊制和注模浇制等。

5.1.2 玻璃的组成与分类

1. 玻璃的组成

玻璃的组成很复杂，其主要化学成分为SiO_2、Na_2O、CaO，另外还含有少量的Al_2O_3、MgO等。为使玻璃具有某种特性或改善玻璃的工艺性能，还可加入少量的助熔剂、脱色剂、着色剂、乳浊剂和发泡剂等。玻璃的化学成分、相对含量以及制造工艺对玻璃的性质有很大的影响。

2. 玻璃的分类

玻璃的种类很多，按其化学组成分为以下几类：

（1）钠玻璃　又称钠钙玻璃或普通玻璃。它的主要成分是SiO_2、Na_2O和CaO等。这种玻璃的杂质含量较多，因而制品颜色常为绿色。钠玻璃的力学性质、热性质、光学性质和化学稳定性较差。主要用于建筑窗用玻璃和日用玻璃器皿。

（2）钾玻璃　又称硬玻璃。它是以K_2O代替钠玻璃中的部分Na_2O，并提高SiO_2的含量而制成。钾玻璃的硬度、光泽度和其他性能比钠玻璃好，可用来制造高级玻璃制品和化学仪器。

（3）铝镁玻璃　由 SiO_2、CaO、MgO 和 Al_2O_3 等组成的一类玻璃。这种玻璃的软化点低，力学性能、光学性能和化学稳定性均强于钠玻璃。一般用于制作高级建筑玻璃。

（4）铅玻璃　又称重玻璃或晶质玻璃，其化学成分为 PbO、K_2O 和少量 SiO_2。铅玻璃光泽透明，质软而易加工，光折射和反射性强，化学稳定性高。铅玻璃用于制造光学仪器、高级器皿和装饰品等。

（5）硼硅玻璃　又称耐热玻璃。主要成分为 B_2O_3、SiO_2 及少量 MgO。硼硅玻璃具有较好的光泽和透明度，较好的力学性能、耐热性能、绝缘性能和化学稳定性。用于制造光学仪器和绝缘材料。

（6）石英玻璃　其组成为 SiO_2。具有优越的力学性能、光学性能和热性能，它的化学稳定性好，并能透过紫外线。可用以制造耐高温仪器及杀菌灯等特殊用途的仪器和设备。

玻璃按其在建筑中的功能，又可分为普通建筑玻璃、安全玻璃和特种玻璃等几类。具体品种及要求将在后面介绍。

5.1.3　玻璃的基本性质

玻璃是高温熔融物经急冷处理而得到的一种无机材料，在常温下呈固体状态。在凝结过程中，由于粘度急剧增加，原子来不及按一定的晶格有序的排列，所以玻璃是无定形的非结晶体，是一种各向同性的材料。

1. 密度

玻璃内几乎无孔隙，属于致密材料。它的密度与化学组成有关，也随温度升高而减小。普通玻璃的密度为 $2.5 \sim 2.6\ g/cm^3$。

2. 光学性质

光线投射到玻璃时，一部分发生反射，一部分被吸收，还有一部分会透过玻璃。反射光能、吸收光能和透过的光能与投射总光能之比，分别称为反射系数、吸收系数和透过系数，用以表示这三种作用的大小。玻璃反射、吸收和透过光线的能力与玻璃表面状态、折射率、入射光线的角度以及玻璃表面是否镀有膜层和膜层的成分、厚度有关。3mm 厚的普通窗玻璃在太阳光直射下，反射系数为 7%，吸收系数为 8%，透过系数为 85%。

普通窗玻璃最明显的光学性质是对可见光的高透明性。常用玻璃对可见光的透过率为 85%～95%，紫外光透不过大多数玻璃。

光线在玻璃中通过，还要产生折射，折射率是玻璃光学性质的一个重要指标，它随玻璃的组成和结构而变化。玻璃中折射率的某些微小偏差会产生光的散射现象。

将透过 3mm 厚标准透明玻璃的太阳辐射能量作为 1.0，其他玻璃在同样条件下透过太阳辐射能的相对值称为遮光系数。遮光系数越小，说明透过玻璃进入室内的太阳辐射能越少，光线越柔和。

3. 热性质

玻璃的导热性较小，其导热系数小于 $0.69W/(m \cdot K)$。玻璃的组成和颜色会影响其导热性，温度升高，导热性增大。

玻璃受热会变软。软化点温度为 500～1100℃，在 15～100℃ 范围内，玻璃比热为 $(0.33 \sim 1.05) \times 10^3\ J/(kg \cdot K)$。

玻璃受热时体积膨胀。玻璃的热膨胀性取决于它的化学组成及纯度。纯度越高，热膨胀性越小。平板玻璃的热膨胀系数为$(9.0 \sim 10.0) \times 10^{-6}/℃$。

玻璃在受热或冷却时，内部会产生温度应力。温度应力可以使玻璃破碎。玻璃经受剧烈的温度变化而不破坏的性能称为玻璃的热稳定性，它是一系列物理性质的综合表现，如热膨胀系数、弹性模量、导热系数、比热、抗拉强度等。一般以玻璃能承受的温度来表示热稳定性。玻璃的热膨胀系数愈小，其热稳定性就愈好，所能承受的温度差愈大。玻璃的表面上出现擦痕或裂纹以及各种缺陷都能使热稳定性变差。玻璃表面经抛光或酸处理后能提高其热稳定性。淬火能使玻璃的热稳定性提高 1.5~2 倍。玻璃经受急热要比经受急冷好，热稳定性试验通常是在急冷的情况下进行的。

4. 力学性能

玻璃的力学性质与其化学组成、制品形状、表面性质和制造工艺有关。凡含有未熔杂物、结石、节瘤或具有微细裂纹的玻璃制品，都会造成应力集中，从而急剧降低其机械强度。

玻璃的抗压强度高，一般为 600~1200MPa，而抗拉强度很小，为 30~90MPa，故玻璃在冲击力作用下易破碎，是典型的脆性材料。玻璃在常温下具有弹性，普通玻璃的弹性模量一般为 45000~90000MPa，泊松比为 0.11~0.30。玻璃的莫氏硬度一般为 6~7。

5. 化学稳定性

玻璃具有较高的化学稳定性。一般情况下，对水、酸、碱以及化学试剂或气体等具有较强的抵抗能力，能抵抗除氢氟酸以外的各种酸类的侵蚀。但如果玻璃组成中含有较多易蚀物质，在长期受到侵蚀介质的作用时，化学稳定性将变差。

5.1.4 玻璃的表面加工

玻璃表面经加工后可改变玻璃的外观，改善其表面性质，使玻璃具有各种装饰效果。玻璃的加工有冷加工、热加工和表面加工三大类。

1. 冷加工

玻璃的冷加工是指在常温状态下，用机械的方法改变玻璃的外形和表面状态的操作过程。冷加工的常见方法有研磨抛光、喷砂、切割和钻孔。

（1）研磨抛光　玻璃的研磨是指采用比玻璃硬度大的研磨材料，如金刚石、刚玉、石英砂等，将玻璃表面粗糙不平或成型时余留部分的玻璃磨掉，使其满足所需的形状或尺寸，获得平整的表面。玻璃在研磨时首先用粗磨料进行粗磨，然后用细磨料进行细磨和精磨，最后用抛光材料，如氧化铁、氧化铈和氧化铬等进行抛光，从而使玻璃的表面光滑透明。

（2）喷砂　喷砂是利用高压空气通过喷嘴时形成的高速气流，挟带石英砂或金刚砂等喷吹到玻璃表面，玻璃表面在高速小颗粒的冲击作用下，形成毛面。喷砂可用来制作毛玻璃或在玻璃表面制作图案。

（3）切割　玻璃的切割是利用玻璃的脆性和残余应力，在切割点处加一道刻痕造成应力集中后，使之易于折断。对于厚度在 8mm 以下的玻璃可用玻璃刀具进行裁切。厚度较大的玻璃可用电热丝在所需切割的部位进行加热，再用水或冷空气在受热处急冷，使之产生很大的局部应力，从而形成裂口进行切割。厚度更大的玻璃用金刚石锯片和碳化硅锯片进行切割。

（4）钻孔　玻璃表面钻孔的方法有研磨钻孔、钻床钻孔、冲击钻孔和超声波钻孔等。

在装饰施工时，以研磨钻孔和钻床钻孔方法使用较多。研磨钻孔是用铜或黄铜棒压在玻璃上转动，通过碳化硅等磨料和水的研磨作用，使玻璃形成所需要的孔，孔径范围为3~100mm。钻床钻孔的操作方法与研磨钻孔相似，它是用碳化钨或硬质合金钻头，钻孔速度较慢，可用水、松节油等进行冷却。

2. 热加工

玻璃的热加工是利用玻璃粘度随温度改变的特性以及玻璃的表面张力、导热系数等因素来进行的。玻璃的热加工方法有烧口、火焰切割或钻孔以及火抛光。

玻璃的烧口是用集中的高温火焰将其局部加热，依靠玻璃表面张力的作用使玻璃在软化时变得圆滑。

火焰切割与钻孔是用高速的火焰对制品进行局部集中加热，使受热处的玻璃达到熔化流动状态，此时用高速气流将制品切开。

火抛光是利用高温火焰将玻璃表面的波纹、细微裂纹等缺陷进行局部加热，并使该处熔融平滑，玻璃表面的这些细微缺陷即可消除。

3. 表面处理

玻璃的表面处理有化学蚀刻、表面着色和表面镀膜等。

（1）化学蚀刻　玻璃的化学蚀刻是利用氢氟酸能腐蚀玻璃这一特性来进行处理的。经氢氟酸处理的玻璃能形成一定的粗糙面和腐蚀深度。在装饰工程中，可用氢氟酸腐蚀玻璃，使玻璃的表面形成一定的图案和文字。

（2）表面着色　玻璃表面着色是在高温下用着色离子的金属、熔盐、盐类的糊膏涂覆在玻璃表面上，使着色离子与玻璃中的离子进行交换，扩散到玻璃表层中使玻璃表面着色。

（3）表面镀膜　玻璃的表面镀膜是利用各种工艺使玻璃的表面覆盖一层性能特殊的金属薄膜。玻璃的镀膜工艺有化学法和物理法。化学法包括热喷镀法、电浮法、浸镀法和化学还原法。物理法有真空气相沉积法和真空磁控阴极溅射法。目前用得较多的是真空磁控阴极溅射法。

真空磁控阴极溅射法是在真空中（一般为10^{-1}~10^{-3}Pa），阴极在荷能离子（如气体正离子）的轰击下，阴极表面的原子全逸出，逸出的原子一部分受到气体分子的碰撞回到阴极，另一部分则沉积于阴极附近的玻璃表面产生镀膜。

5.2 平　板　玻　璃

平板玻璃为板状无机玻璃的统称。从化学成分上讲，平板玻璃是钠钙硅酸盐玻璃，但平板玻璃及其加工制品的种类非常繁多，从大的方面可分为一次制品和二次制品。本节主要讨论一次平板玻璃制品，按照生产方法进行划分。

平板玻璃的生产有引拉法、浮法等。传统的平板玻璃多采用引拉法生产。引拉法有平拉法和引上法两种，引上法是将熔融的玻璃液用引砖从玻璃液槽中引出拉起，经过多对石棉辊的辊压和冷却形成平板状玻璃固体，再按所需尺寸裁截成片，如图5-1所示。

浮法技术是1959年由英国的皮尔金顿兄弟发明的。1963年浮法玻璃用到建筑上，由于其能满足普通平板玻璃的全部性能要求，很快成为普通平板玻璃的取代品。浮法工艺也是我国目前厂家采用较多的一种方式。浮法玻璃是将高温熔融的玻璃液流入锡槽，经锡槽的浮抛，液面自由摊平，退火冷却后切割而成。浮法玻璃的厚度由熔融状玻璃的流速和流量控制，宽度则仅由融锡的最大宽度控制，由于浮槽的长度可以做得很长，因而可以制造出尺寸满足需要的玻璃。图 5-2 表示了浮法玻璃的生产工艺过程。

引上法生产的平板玻璃厚度不易控制，平整度一般，还易产生波筋；浮法工艺生产的平板玻璃表面光滑平整、厚薄均匀，不产生光学畸变，具有机械磨光玻璃的质量。

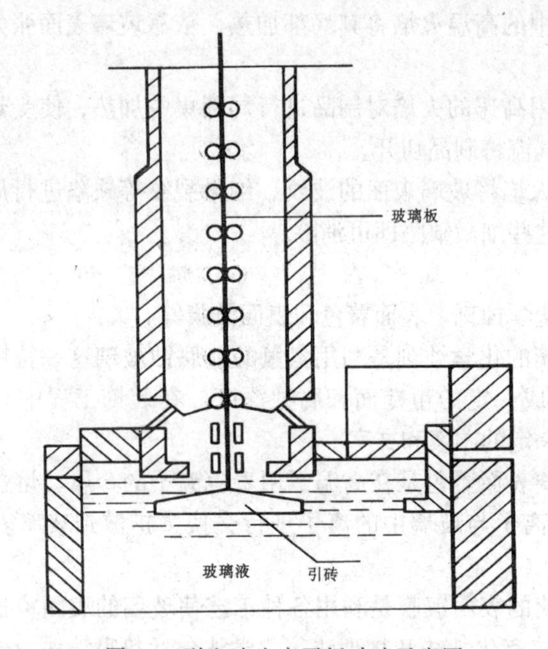

图 5-1　引上法生产平板玻璃示意图

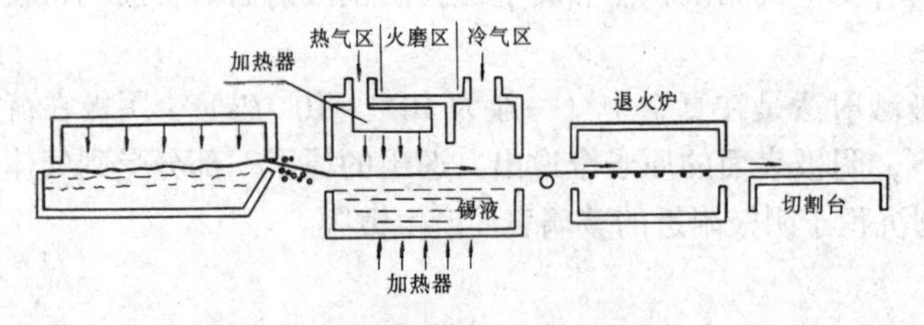

图 5-2　浮法玻璃的生产示意图

5.2.1　普通平板玻璃

普通平板玻璃是最为普及的玻璃制品，属于钠钙硅酸盐玻璃，它具有原始抛光表面。

由于生产方法的影响，普通平板玻璃表面平整度一般。通过普通平板玻璃透视物体时，几乎没有什么问题，但一观察它的反射现象，就会发现其表面有波筋，通常波筋或拉伸畸变纵穿玻璃向一个方向延伸。波筋是普通平板玻璃外观质量的一个重要方面。

外观质量除波筋外，玻璃中还可能夹杂有气泡、砂粒、疙瘩等，亦有可能被划伤。根据 GB 4871—95 规定，普通平板玻璃按外观质量分为特选品、一等品和二等品三类，各等级质量要求见表 5-1。

平板玻璃的外观等级(GB 4871—95)　　　表 5-1

缺陷种类	说　明	特等品	一等品	二等品
波筋(包括波纹辊子花)	允许看出波筋的最大角度	30°	45° 50mm 边部,60°	60° 100mm 边部,90°
气泡	长度 1mm 以下的	集中的不允许	集中的不允许	不限
	长度 > 1mm 的,每平方米面积允许个数	≤6mm, 6	≤8mm, 8 8～12mm, 2	≤10mm, 10 10～20mm, 2
划伤	宽度 0. 1mm 的,每平方米面积允许条数	长度≤50mm 4	长度≤100mm 4	不限
	宽度 0. 1mm 的,每平方米面积允许条数	不许有	宽 0. 1～0. 4mm 长 <100mm 1	宽 0. 1～0. 8mm 长 <100mm 2
砂粒	非破坏性的,直径为 0. 5～2mm, 每平方米面积允许个数	不许有	3	10
疙瘩	非破坏性的透明疙瘩,波及范围直径不超过 3mm,每平方米面积允许个数	不许有	1	3
线道		不许有	30mm 边部允许有宽 0. 5mm 以下的 1 条	宽 0. 5mm 以下的 2 条

注：1. 集中气泡是指 100mm 直径圆面积内超过 6 个；

2. 砂粒的延续部分，90°角能看出者当线道论。

由于生产厚的普通平板玻璃较困难，市场上供应的通常有 2、3、4、5、6mm 五个品种。我国株洲玻璃厂等厂家亦生产 7～20mm 的普通平板玻璃。GB 4871—95 规定了普通平板玻璃的尺寸偏差、外观质量及透光率，见表 5-2。

普通平板玻璃的尺寸偏差、外观质量及透光率(GB 4871—95)　　　表 5-2

<table>
<tr><th rowspan="2">项目</th><th colspan="3">允许偏差(mm)</th><th rowspan="2">形状</th><th rowspan="2">最小尺寸(mm)</th><th rowspan="2">长宽比</th><th rowspan="2">弯曲度(%)</th><th rowspan="2">边部凸出或残缺尺寸(mm)</th><th rowspan="2">缺角(个/片)</th><th rowspan="2">透光率(%)</th><th rowspan="2">附着物</th></tr>
<tr><th>厚度</th><th>允许偏差</th><th>其他尺寸允许偏差(含偏斜)</th></tr>
<tr><td rowspan="5">要求与指标</td><td>2</td><td>±0. 15</td><td rowspan="5">±3</td><td rowspan="5">矩形</td><td rowspan="2">≥400×300</td><td rowspan="5">≤2. 5</td><td rowspan="5">≤0. 3</td><td rowspan="5">≤3</td><td rowspan="5">≤1
且
≤5mm</td><td>≥88</td><td rowspan="5">玻璃表面不得有擦不掉的白雾状或棕黄色附着物</td></tr>
<tr><td>3</td><td>±0. 20</td><td rowspan="2">≥86</td></tr>
<tr><td>4</td><td>±0. 20</td><td rowspan="3">≥600×400</td></tr>
<tr><td>5</td><td>±0. 25</td><td rowspan="2">≥82</td></tr>
<tr><td>6</td><td>±0. 30</td></tr>
</table>

注:缺角尺寸为沿原角等分线测量值。

平板玻璃以箱为单位出厂，“箱”这一单位与玻璃厚度无关，而是根据玻璃片数和面积计算的。“箱”分为重量箱和标准箱两种，以厚度为 2mm 的平板玻璃，每 10m² 定为一标准箱，一标准箱的重量(50kg)为一重量箱。其他厚度规格的玻璃需按表 5-3 进行标准箱和重量箱的换算。

普通平板玻璃在贮存时，应注意通风防潮，不能与其他有侵蚀性的化学品同库贮存，否则会产生发霉粘片现象。玻璃箱码垛时必须立放,箱垛与仓库墙壁之间应留有空隙,垛底与墙壁间应留有1m的距离。玻璃箱与玻璃箱之间应留有空隙,垛底应高出地面约100mm以上,垛角垛底均须用木板条钉好封牢,以免倒垛。

普通平板玻璃重量箱折算系数 表5-3

玻璃厚度(mm)	重量箱		重量箱折算系数	每重量箱玻璃的平方米数	计算举例
	每10平方米玻璃重量(kg)	折合重量箱数(箱)			
2	50	1	1.0	10.00	例:3mm厚的普通平板玻璃25m², 折合多少重量箱? 答:折合重量箱 =(25/10)×1.5 =3.75(箱)
3	75	1.5	1.5	6.667	
4	100	2	2.0	5.00	
5	125	2.5	2.5	4.00	
6	150	3	3.0	3.333	
8	200	4	4.0	2.50	
10	250	5	5.0	2.00	
12	300	6	6.0	1.667	

玻璃装运时应直立放置，不能平放或斜放。堆码应靠紧，严防动摇。码顶须用木板条钉牢，以防倾倒。运输车辆须有棚布遮盖，以免雨淋。

裁割时，其实际尺寸应比门窗所用的实际尺寸小3mm左右，以利于安装。裁厚玻璃时，应在裁割处先涂煤油一道，再进行裁割。

5.2.2 浮法玻璃

1. 浮法玻璃的分类

浮法玻璃按厚度分为3、4、5、6、8、10、12mm等七类。尺寸一般应不小于1000mm ×1200mm，不大于2500mm×3000mm.，亦可由供需双方协商。

浮法玻璃按等级分为优等品、一等品和合格品三等。

2. 浮法玻璃的技术要求

GB 11614—89对浮法玻璃的技术要求作出了规定。

(1) 厚度允许偏差　3、4mm厚度的为±0.20；5、6mm厚度的为+0.20，-0.30；8、10mm厚度的为±0.35；12mm厚度的为±0.40。一般玻璃厚薄差不得大于0.3mm。

(2) 尺寸偏差　应符合表5-4的规定。

浮法玻璃尺寸允许偏差(mm) 表5-4

厚　度	允许偏差	
	≤1500	>1500
3,4,5,6	3	5
8,10,12	4	6

(3) 弯曲度　不得超过0.3%。

（4）凸出、残缺深度　边部凸出或残缺部分及缺角深度不得超过表 5-5 的规定。

浮法玻璃凸出或残缺部分及缺角深度允许限值　　表 5-5

厚　度(mm)	凸出或残缺	缺角深度
3,4,5,6	3	5
8,10,12	4	6

（5）透光率　应不小于表 5-6 规定数值。

浮法玻璃透光率要求　　表 5-6

厚度(mm)	3	4	5	6	8	10	12
透光率(%)	87	86	84	83	80	78	75

（6）外观质量　应符合表 5-7 的要求，并且玻璃不允许有裂口存在。对有特殊要求的玻璃可由供需双方协商解决。

浮法玻璃外观质量等级要求　　表 5-7

缺陷名称	说　明	优等品	一级品	合格品
光学变形	光入射角	厚 3mm, 55° 厚≥4mm, 60°	厚 3mm, 55° 厚≥4mm, 55°	厚 3mm, 55° 厚≥4mm, 62°
气泡	长 0.5～1mm, 每平方米允许个数	3	5	10
	长> 1mm, 每平方米允许个数	长 1～1.5mm 2	长 1～1.5mm 3	长 1～1.5mm 4 长> 1.5～5mm 2
夹杂物	长 0.3～1mm, 每平方米允许个数	1	2	3
	长> 1mm, 每平方米允许个数	长 1～1.5mm 50mm 边部 1	长 1～1.5mm 1	长 1～1.5mm 2
划伤	长≤0.5～5mm, 每平方米允许条数	长≤mm 1	长≤mm 2	长≤mm 6
	长> 0.5～6mm, 每平方米允许条数	不许有	宽 0.1～0.5mm, 长≤50mm 1	宽 0.1～1mm, 长≤100mm 3
线道	正面可以看到的，每片玻璃允许条数	不许有	50mm 边部 1	50mm 边部 2
雾斑(沾锡、麻点与光畸变点)	表面擦不掉的点状或条纹斑点，每平方米允许数	肉眼看不出		斑点状，直径 2mm 4 个 条纹状，宽≤2mm, 长≤50mm 2 条

随着建筑业的发展和物质文化水平的不断提高，以及节约能源、改善舒适生活环境条件的需要，浮法玻璃在规格、品种和性能等方面都有迅速的发展和提高，应用范围也越来越广泛。浮法玻璃除可作为采光和装饰材料外，还向控制光线、调节热量、节约能源、防止噪声以及降低建筑物自重、改善环境条件等多方向发展。目前，直接应用浮法玻璃原片的愈来愈少，而是将浮法玻璃经过深加工，成为新型玻璃产品使用。窗玻璃、厚平板玻璃、颜色玻璃、钢化玻璃、镜面玻璃、隔热隔声玻璃、吸热玻璃、夹层玻璃不少是由浮法玻璃加工而成。

5.3 平板玻璃的深加工制品

5.3.1 节能玻璃

1. 中空玻璃

(1) 中空玻璃的定义

中空玻璃是两片或多片平板玻璃，用边框隔开，四周边用胶接、焊接或熔接的方法密封，中间充入干燥空气或其他气体的玻璃制品。

中空玻璃可根据不同用途采用不同品种和规格的高质量玻璃原片制成,其原片有各种厚度和尺寸的无色透明玻璃、钢化玻璃、夹层玻璃、夹丝玻璃、压花玻璃、热反射玻璃等许多品种。采用这些原片可进一步改善性能和加强隔热效果。制成的中空玻璃产品主要用于隔热、保温、防寒、隔声、防盗等。一种中空玻璃可能具有多种功能。

(2) 中空玻璃的特点

中空玻璃的隔热性能好。一般来说，普通的12mm双层中空玻璃的传热系数为3.59W/(m^2·K)，与传热系数为3.26W/(m^2·K)的100mm厚混凝土墙相当。采用中空玻璃可以节约能源。据罗马尼亚统计，采用双层中空玻璃，冬季采暖的能耗可降低25%~30%；在日本东京地区的标准建筑上，用18mm普通双层中空玻璃代替3mm普通透明玻璃，其空调能耗可以降低21%，如果中空玻璃原片采用吸热或热反射玻璃，则空调能耗将进一步降低。

根据所选用的玻璃原片种类，中空玻璃可以具有各种不同的光学性能：可见光透过率为10%~80%，光反射率为25%~80%，总透过率为25%~50%。

中空玻璃能有效降低噪声，其效果与噪声的种类、声源强度等因素有关，一般可以使噪声下降30~44dB，对交通噪声可降低31~38dB，即可将街道噪声降到学校教室的安静程度。

中空玻璃窗除保温隔热、减少噪声外，还可以避免冬季窗户结露。通常情况下，中空玻璃接触到室内高湿度空气的时候，内层玻璃表面温度较高，而外层玻璃虽然温度低，但接触到的空气的温度也低，所以不会结露，并能保持一定的室内湿度。中空玻璃内部空气的干燥度是中空玻璃最重要的质量指标。

(3) 中空玻璃的规格和技术要求

中空玻璃的常用形状与最大尺寸见表5-8，其他形状和尺寸由供需双方协商确定。

中空玻璃的常用形状与最大尺寸(mm) **表5-8**

原片玻璃厚度	空气层厚度	方形尺寸	矩形尺寸
2	6,9,12	1200×1200	1200×1500
4		1300×1300	1300×1500, 1300×1800, 1300×2000
5		1500×1500	1500×2400, 1600×2400, 1800×2500
6		1800×1800	1800×2000, 2000×2500, 2200×2600

中空玻璃用原片玻璃应满足相应技术标准要求，且普通平板玻璃应为优等品，浮法玻璃应为优等品或一等品。

中空玻璃的内表面不得有妨碍透视的污迹及胶粘剂飞溅现象，且技术性能应满足

GB 11944—89 的要求，见表 5-9。

中空玻璃的技术要求（GB 11944—89） 表 5-9

试验项目	试验条件(按 GB 11944—89 进行)	性能要求
密　　封	在试验压力低于环境气压（10±0.5）kPa，厚度增长必须≥0.8mm，在该气压下保持 2.5h 后，厚度增长偏差 <15% 为不渗漏	全部试样不允许有渗漏现象
露　　点	将露点仪温度降到≤－40℃，使露点仪与试样表面接触 3min	全部试样内表面无结露或结霜
紫外线照射	紫外线照射 168h	试样内表面不得有结雾或污染的痕迹
气候循环及高温、高湿	气候试验经 320 次循环，高温、高湿试验经 224 次循环，试验后进行露点测试	总计 12 块试样，至少 11 块无结露或结霜

(4) 中空玻璃的应用

中空玻璃主要用于需要采暖、空调、防止噪声或结露以及需要无直射阳光的建筑物的门窗、幕墙等，它可明显降低冬季和夏季的采暖和制冷费用。由于中空玻璃的价格相对较高，目前主要用于饭店、宾馆、办公楼、学校、医院、商店等需要室内空调的场合。

选择中空玻璃时，主要考虑采用的是何种玻璃原片，由于这些玻璃原片使中空玻璃的物理性能（强度、透光性、透射光的类型等）产生了较大的差异。

2. 热反射玻璃

热反射玻璃又称镀膜玻璃，是有较高的热反射能力的而又保持良好透光性的平板玻璃，是一种具有遮阳、隔热、防眩、装饰等效果的节能采光材料。

(1) 热反射玻璃的定义、生产与分类

热反射玻璃的生产方法有热分解法、真空法或化学镀膜法，这些方法是在玻璃表面涂以金、银、铜、铝、铬、镍、铁等金属或金属氧化薄膜或非金属氧化物薄膜；也可采用电浮法、等离子交换法，这些方法是向玻璃表面层渗入金属离子以置换玻璃表面层原有的离子而形成热反射膜。

用热分解方法生产的热反射玻璃，其可见光透光率为 45%～55%，反射率为 30%～40%，遮光系数为 0.6～0.8，具有良好的耐磨性、耐化学腐蚀性及耐气候性能。

用真空镀膜法等生产的热反射玻璃，其透光率为 20%～80%，反射率为 20%～40%，遮光系数为 0.3～0.4，辐射率为 04～0.7，具有良好的遮光性和隔热性能。

热反射玻璃按生产工艺分为真空磁控阴极溅射、电浮法、真空离子镀膜三类。按厚度分为 3、4、5、6、8、10、12mm 七种规格。

(2) 热反射玻璃的特点

热反射玻璃对太阳辐射有较高的反射能力。普通平板玻璃的辐射热反射率为 7%～8%，热反射玻璃则达 30% 左右。热反射玻璃在日晒时，室内温度仍可保持稳定，且光线柔和，并可改变建筑物内的色调，避免眩光，改善室内环境。

镀金属膜的热反射玻璃，具有单向透像的特性。镀膜热反射玻璃的表面金属层极薄，使它的迎光面具有镜子的特性，而在背面则又如窗玻璃那样透明。即在白天能在室内看到室外景物，而在室外却看不到室内的景象，对建筑物内部起到遮蔽及帷幕的作用。而在晚上的情形则相反，室内的人看不到外面，而室外却可清楚地看到室内。这对商店等的装饰很有意义。用热反射玻璃作幕墙和门窗，可使整个建筑变成一座闪闪发光的玻璃宫殿。由于热反射玻璃具有这两种功能，所以它为建筑设计的创新和立面的处理、构图提供了良好的条件。

(3) 热反射玻璃的技术要求

我国的《热反射玻璃》标准，适用于磁控真空阴极溅射、电浮法、真空离子镀膜工艺生产的用于建筑、采光和装饰以及其他方面的热反射玻璃。热反射玻璃所用的原片玻璃为浮法玻璃。

1）规格与型号　热反射玻璃按厚度分为3、4、5、6、8、10、12mm七种规格。热反射玻璃的长度、宽度不作规定，目前生产的最大尺寸可达2000mm×3000mm。

热反射玻璃型号由四部分构成，前三部分为字母，分别代表生产工艺（M为磁控真空阴极溅射、E为电浮法、I为真空离子镀膜）、膜层的主要着色元素、玻璃的颜色（Si为银色、Gr为灰色、Go为金色、Bl为蓝色、Ea为土色、Br为茶色），最后的数字表示可见光透射比。如MCrBl－20代表用磁控真空阴极溅射法生产的玻璃，其主要着色元素为Cr（铬），蓝色，可见光透射比为20%。

2）外观质量　磁控真空阴极溅射、真空离子镀膜产品的外观质量应满足标准对针孔（空洞）、斑纹、斑点、划伤等缺陷的规定，且原片玻璃应符合浮法玻璃的一级品或优等品的要求。电浮法产品除光学变形、气泡、夹杂物、划伤等项应符合浮法玻璃的规定外，还应满足标准规定的擦伤和条纹数量的要求。

3）物理性能　热反射玻璃的物理性能包括光学性能、色差、耐磨性能等，应满足规范的要求。

(4) 热反射玻璃的应用

热反射玻璃主要用于避免由于太阳辐射而增热及设置空调的建筑物。适用于建筑物的门窗、汽车和轮船的玻璃窗，常用作玻璃幕墙及各种艺术装饰。热反射玻璃还常用作生产中空玻璃或夹层玻璃的原片，以改善这些玻璃的绝热性能。

由于吸收和放出热量时产生温度应力，某些型材产生的温度应力相当高，甚至于超过风荷载产生的应力值。因此，在安装热反射玻璃时应留有余量，允许型材在垂直和水平方向自由膨胀，或是采取措施使其温差控制在较小范围内。

3. 吸热玻璃

(1) 吸热玻璃的定义与生产

吸热玻璃是能吸收大量红外线辐射能量而又保持良好可见光透过率的平板玻璃。吸热玻璃的生产方法分本体着色法和表面喷涂法（镀膜法）。前者是采用改变玻璃化学组成的办法，在普通钠－钙硅酸盐玻璃中引入起着色作用的氧化物，如氧化铁、氧化镍、氧化钴等，使玻璃着色而具有较高的吸热性能；后者是在玻璃表面喷涂氧化锡、氧化锑、氧化铁、氧化钴等着色氧化物薄膜而制成。

利用玻璃液通过锡槽的过程，在玻璃表面放置金属，通以直流电作为正极，锡液本身接负极，进行电解而使离子进入玻璃表层。如用银－铋合金作正极，能得到黄色吸热玻璃，如用镍－铋合金作正极，即得到红色玻璃，此法称为电浮法。

(2) 吸热玻璃的特点

吸热玻璃对太阳的辐射热有较强的吸收能力。当太阳光照射在吸热玻璃上时，相当一部分的太阳辐射能被吸热玻璃吸收，被吸收的热量可向室内、室外散发。因此，6mm 蓝色吸热玻璃能挡住 50% 左右的太阳辐射热。吸热玻璃的颜色和厚度不同，对太阳的辐射热吸收程度也不同。吸热玻璃的这一特点，使得它可明显降低夏季室内的温度，避免了由于使用普通玻璃而带来的暖房效应（由于太阳能过多进入室内而引起的室温上升的现象）。

吸热玻璃也能吸收太阳的可见光。6mm 厚的普通玻璃能够透过太阳可见光的 78%，而 6mm 古铜色镀膜玻璃仅能透过可见光的 26%，能使刺目的阳光变得柔和，起到良好的防眩作用。特别是在炎热的夏天，能有效地改善室内照明，使人感到舒适凉爽。

吸热玻璃还能吸收太阳的紫外线。它可以显著减少紫外线的透射对人体与物体的损害，可以防止室内家具、日用器具、商品、档案资料与书籍等因紫外线照射而造成的褪色和变质现象。

吸热玻璃具有一定的透明度，能清晰地观察室外景物。此外，吸热玻璃的色泽不易发生变化。

(3) 吸热玻璃的技术要求

《吸热玻璃》（JC/T 536—94）对本体着色吸热玻璃作了技术规定。

1）外观缺陷和尺寸偏差　吸热普通平板玻璃和吸热浮法玻璃的尺寸偏差规定与相应的普通平板玻璃和浮法玻璃的规定一致。吸热玻璃按外观质量分为优等品、一等品和合格品。

吸热玻璃的颜色均匀性应小于 3NBS（NBS 为色差单位）。

2）规格　吸热玻璃的厚度分为 2、3、4、5、6、8、10、12mm，其长度和宽度与普通平板玻璃和浮法玻璃的规定相同。

3）光学性质　吸热玻璃的光学性能，用可见光透射比和太阳光直接透射比来表示，两者的数字换算成为 5mm 标准厚度的值后，应满足表 5-10 的规定。

吸热玻璃的光学性质　　表 5-10

颜　色	可见光透射比(%)，≮	太阳光直接透射比(%)，≯
茶　色	42	60
灰　色	30	60
蓝　色	45	70

(4) 吸热玻璃的用途

吸热玻璃在建筑工程中应用广泛，凡既需采光又需隔热之处均可采用。尤其是用于炎热地区需设置空调、避免眩光的建筑物门窗或外墙体以及火车、汽车、轮船挡风玻璃等，起隔热、空调、防眩作用。采用各种不同颜色的吸热玻璃，不但能合理利用太阳光，调节室内与车船内的温度，节约能源费用，而且能创造舒适优美的环境。

吸热玻璃还可以按不同用途进行加工，制成磨光、钢化、夹层、镜面及中空玻璃。在外部围护结构中用它配置彩色玻璃窗，在室内装饰中，用它镶嵌玻璃隔断、装饰家具、增加美感。

5.3.2　安全玻璃

1. 夹层玻璃

(1) 夹层玻璃的定义与生产

两片或多片平板玻璃之间嵌夹一层或多层透明塑料膜片，经加热、加压粘合成平面的或弯曲面的复合玻璃制品，称为夹层玻璃。

生产夹层玻璃的平板玻璃可以是普通平板玻璃、浮法玻璃、磨光玻璃、彩色玻璃或反射玻璃，但品质要求较高。

中间的塑料夹层柔软而强韧，具有防水和抗日光老化作用。塑料层的质量很重要，因为有些塑料随时间增加，颜色会发生变化，性能也会降低。最早试制夹层玻璃遭到失败，就是塑料夹层的质量不能满足要求所致。

常用的夹层为赛璐珞塑料，这种塑料易受潮破坏，并且在日光长期作用下逐渐发黄而降低透明度，这种夹层玻璃仅供一般使用。另一种常用的是聚乙烯醇缩丁醛树脂，厚度约为0.5mm左右，性能比较好。

(2) 夹层玻璃的技术要求

1) 分类与规格　夹层玻璃按形状分为平面夹层玻璃、曲面夹层玻璃。按抗冲击性、抗穿透性分为Ⅰ类、Ⅲ类夹层玻璃，其特性应满足GB 9962—88的规定。

夹层玻璃的长度、宽度和厚度由供需双方商定，但长度和宽度一般不大于2400mm，厚度以原片玻璃的总厚度计，一般为5～24mm。

2) 外观质量　夹层玻璃按外观质量分为优等品、合格品，各等级的外观质量应满足表5-11的规定。夹层玻璃的尺寸偏差应满足GB 9962—88的要求。

夹层玻璃的外观质量要求　　表5-11

缺陷名称	优等品	合格品
胶合层气泡	不允许存在	直径300mm圆内,允许长度1～2mm以下的胶合层杂质2个
胶合层杂质	直径500mm圆内，允许长度2mm以下的胶合层杂质2个	直径500mm圆内,允许长度3mm以下的胶合层杂质4个
裂痕	不允许存在	
爆边	每平方米玻璃允许有长度不超过20mm,自玻璃边部向玻璃表面延伸深度不超过4mm,自板面向玻璃厚度延伸深度不超过厚度的一半	
	4个	6个
叠差	不得影响使用,可由供需双方商定	
磨伤		
脱胶		

3) 物理力学性能　夹层玻璃的耐热性、耐辐射性、抗冲击性和抗穿透性应满足GB 9962—88的规定。

(3) 夹层玻璃的性能和应用

夹层玻璃为一种复合材料，它的抗弯强度和冲击韧性，通常要比普通平板玻璃高出好几倍；当它受到冲击作用而开裂时，由于中间塑料层的粘结作用，仅产生辐射状裂纹，碎片不会飞溅。嵌有三层塑料片的四层夹层玻璃，具有防弹作用，实质上就是防弹玻璃。此外，这种玻璃还有透明性好，耐光、耐热、耐湿和耐寒作用。

夹层玻璃一般用于有特殊安全要求的建筑物门窗、隔墙，工业厂房的天窗，安全性要求比较高的窗户，商品陈列橱窗，大厦地下室，屋顶及天窗等有飞散物落下的场所。

使用夹层玻璃时，特别是在室外使用时，要特别注意嵌缝化合物对玻璃或塑料层的化学作用，以防引起老化现象。

2. 夹丝玻璃

(1) 夹丝玻璃的定义与生产

内部嵌有金属丝或金属网的平板玻璃称为夹丝玻璃。夹丝玻璃用连续压延法制造。当玻璃经过压延机的两辊中间时，从玻璃上面或下面连续送入经过预处理的金属丝或金属网，使其随着玻璃从辊中经过，从而嵌入玻璃中。金属丝网预先加工成六角形、菱形、正方形或帧线型，要求其热膨胀系数与玻璃相接近，不易起化学反应，有较高的机械强度，一定的磁性，表面清洁无油垢。

(2) 夹丝玻璃的特性

夹丝玻璃具有防火性能。一般的玻璃在火灾作用下，温度发生剧变而产生破裂，不能起到防止火灾扩大的作用。夹丝玻璃则不然，受火灾作用产生开裂或破坏后并不散开，起到隔绝火势的作用。实际上，夹丝玻璃的发明是防火材料研究的结果，因此，夹丝玻璃又称为防火玻璃。

夹丝玻璃具有耐冲击作用，在大的冲击荷载作用下，即使开裂或破坏仍连在一起而不散开。夹丝玻璃还有一定的装饰性，其表面可以压花或磨光，有各种颜色，还有其他各种修饰。

夹丝玻璃为非匀质材料。由于在玻璃中嵌入了金属夹入物，破坏了玻璃的均一性，也降低了机械强度。以同样厚度玻璃的抗折强度为例，平板玻璃为 86MPa，夹丝玻璃则为 67MPa。因此，在使用时要注意尽量避免将其用于两面温差较大、局部受热或冷热交替的部位，由于金属丝与玻璃的热学性能差别较大，上述环境会导致其产生较大的内应力而破坏。

(3) 夹丝玻璃的技术要求

JC 433—91 规定了夹丝玻璃的技术要求。

1) 品种与规格　夹丝玻璃分为夹丝压花玻璃和夹丝磨光玻璃。夹丝压花玻璃在一面压有花纹，因而透光不透视。夹丝磨光玻璃是对其表面进行磨光的夹丝玻璃，可透光透视。

夹丝玻璃的种类除有平板夹丝玻璃外，还有波纹夹丝玻璃及有槽型夹丝玻璃，后两种称为异型夹丝玻璃，其强度通常较平板夹丝玻璃为高。

夹丝玻璃的厚度分为 6、7、10mm。长度和宽度一般由生产厂家自定，通常产品的尺寸不小于 600mm × 400mm，不大于 2000mm × 1200mm。

2) 外观质量　夹丝玻璃按外观质量分为优等品、一等品和合格品三个质量等级。夹丝玻璃除了一般玻璃可能有的缺陷外，还可能出现杂色、压辊线等缺陷。夹丝玻璃的外观质量见表 5-12。

3) 防火性　对用于防火门、窗等的夹丝玻璃，其防火性能应达到《高层民用建筑设计防火规范》(GBJ 50045—93)的规定。

此外,夹丝玻璃的弯曲度、尺寸偏差等也应满足 JC 433—91 的规定。

夹丝玻璃的外观质量要求 **表 5-12**

项目	说明	优等品	一等品	合格品
气泡	直径 3~6mm 的圆泡,每平方米面积允许个数	5	数量不限,但不允许密度	
	长泡,每平方米面积内允许个数及长度	长 6~8mm 2	长 6~10mm 10	长 6~10mm 10 长 10~20mm 4
花纹变形	花纹变形程度	不许有明显的花纹变形		不规定
异物	破坏性的	不允许		
	直径 0.5~2mm 非破坏性的,每平方米面积内允许的个数	3	5	10
裂纹	/	目测不能识别		不影响使用
磨伤	/	轻微	不影响使用	
金属丝	金属丝夹入玻璃内状态	应完全夹入玻璃内,不得露出表面		
	脱焊	不允许	距边部 30mm 内不限	距边部 100mm 内不限
	断线	不允许		
	接头	不允许	目测看不见	

(4)夹丝玻璃的应用

夹丝玻璃做为防火材料,通常用于防火门窗;做为非防火材料,可用于易受到冲击的地方或者玻璃飞溅可能导致危险的地方,如震动较大的厂房、顶棚、高层建筑、公共建筑的天窗、仓库门窗、地下采光窗等。

3. 钢化玻璃

(1)钢化玻璃的定义与生产

钢化玻璃又称为强化玻璃,是指经强化处理,具有良好的机械性能和耐热、防震性能的玻璃制品的统称。

强化处理方式分为两大类:一类是物理强化,包括风淬火、油淬火及熔盐淬火等;另一类是化学强化,包括表面离子交换、表面结晶、酸处理、涂层以及热中子照射等。

按照强化方式不同,钢化玻璃可分为两种:化学强化玻璃和物理强化玻璃。化学强化玻璃系用化学方法处理的钢化玻璃的总称,通常采用离子交换树脂和表面晶体化方法处理。在浮法玻璃、平板玻璃或压花玻璃的一面作一陶瓷涂层(釉层),就成了热钢化玻璃(釉面玻璃)。施釉时,先将玻璃加热,施釉后进行冷却,在冷却的过程中,玻璃表层受压,内部受拉,形成了预加应力,具有与淬火钢化玻璃相似的性能。强度约为浮法或平板玻璃的两倍,亦不能钻孔或切割。这种玻璃是不透明的,颜色通常与釉料颜色一致。某些釉涂层表面还施有一层铝箔,起到保护釉层的作用,同时还使其具有热反射性能。

物理强化玻璃常见的是风淬火玻璃，是用风淬火方法处理的平板玻璃制品。平板玻璃在加热炉（钢化炉）中，控制加热温度至其软化点附近时，迅速从炉内移出，用高速风吹其两面使玻璃骤冷就得到风淬火玻璃。

（2）淬火钢化玻璃的特性

淬火处理方式，使冷却速度较快的玻璃外表面于受压状态，而玻璃内部则处于受拉状态，这相当于给玻璃施加了一定的预加应力，因而这种玻璃在性能上就有了一定的特点。

首先是机械性能好。淬火钢化玻璃具有较高的抗弯强度，比普通玻璃要高 3～5 倍；抵抗冲击和温度变化的能力也高出普通玻璃 3 倍；在一定荷载下的变形与普通玻璃相同，但在扭转、弯曲时可产生较大变形；抗拉应力比普通玻璃在破坏前的极限应力高得多。钢化玻璃的表面硬度与非钢化制品并无差别。

其次，这种玻璃可产生偏振光。完全退火且不受任何外力作用的玻璃在光学上是等方体，而钢化玻璃因其内部存在应力，显示出双折射。当阳光以某一角度入射时，玻璃内的应变图形显现出来，就像某些情况下的彩虹一样。因此，可用偏光性来定性地判断玻璃是否获得了钢化。此外，用偏振仪等可测得钢化玻璃内部的应力值。因为有内应力存在，所以钢化玻璃不能切割。

脆性也是钢化玻璃所具有的，如果刨削或冲眼，玻璃的边缘或其他平坦的表面会散开。但由于破碎后的碎片不带尖锐棱角，因而可减少对人的伤害。由于此原因，淬火玻璃不能进行切削和钻孔加工。另外，此种玻璃在加热时会导致内外应力不一样，表面稍有翘曲，不如平板玻璃平整。风淬火玻璃产品都是定型的，不能在现场加工，玻璃上所用到的各种配件也是预先加工好的。

（3）物理钢化玻璃的分类与技术要求。

《钢化玻璃》（GB 9963—88）规定了物理钢化玻璃的分类与技术要求

1）物理钢化玻璃的分类　钢化玻璃按用途分为建筑、铁路机车车辆、工业装备用钢化玻璃，汽车用钢化玻璃和船用钢化玻璃等。建筑、铁路机车车辆、工业装备用钢化玻璃按形状可分为平面钢化玻璃和曲面钢化玻璃，按原片玻璃分为浮法钢化玻璃、普通钢化玻璃，按碎片状态分为Ⅰ类、Ⅱ类、Ⅲ类钢化玻璃。钢化玻璃可以是透明的和彩色的。

钢化玻璃的规格是按需加工订制的，目前国内能生产的最大尺寸可达 3000mm × 2500mm。其厚度见表 5-13。

钢化玻璃的厚度(mm)　　**表 5-13**

种　类	厚　度	
	浮法玻璃	普通玻璃
平面钢化玻璃	4,5,6,8,10,12,15,19	4,5,6
曲面钢化玻璃	5,6,8	5,6

2）物理钢化玻璃的技术要求　物理钢化玻璃在外观质量上通常存在波筋、气泡、砂粒、疙瘩、线道、磨伤、爆边、缺角等，不同等级的钢化玻璃的要求见表 5-14。物理钢化玻璃的物理力学性能应满足 GB 9963—88 的规定。此外，钢化玻璃的尺寸偏差、弯曲度等也应满足国家标准的要求。

钢化玻璃的外观质量要求 **表 5-14**

缺陷名称	说明	允许缺陷数	
		优等品	合格品
爆边	每片玻璃每米边长允许有长度不超过 20mm，自玻璃边部向玻璃板表面延伸深度不超过 6mm，自板面向玻璃厚度延伸，深度不超过厚度一半的爆边	1个	3个
划伤	宽度在 0.1mm 以下的轻微划伤	距离玻璃表面 600mm 处观察不到的不限	
	宽度在 0.1～0.5mm 之间，每 0.1m² 面积内允许存在的条数	1条	4条
缺角	玻璃的四角残缺以等分角线计算，长度在 5mm 范围之内	不允许有	1个
夹钳印	玻璃的挂钩痕迹中心与玻璃边缘的距离	不得大于 12mm	
结石	/	均不允许存在	
波筋、气泡、线道、疙瘩、砂粒	/	优等品不得低于 GB 11614 一等品的规定 合格品不得低于 GB 4871 合格品的规定	

（4）钢化玻璃的应用

钢化玻璃主要用作建筑物的门窗、隔墙和幕墙以及电话亭、车、船、设备等门窗、观察孔、采光顶棚等。钢化玻璃可做成无框玻璃门。钢化玻璃用作幕墙时可大大提高抗风压能力，防止热炸裂，并可增大单块玻璃的面积，减少支承结构。

5.3.3 装饰玻璃

1. 压花玻璃

压花玻璃又称为花玻璃或滚花玻璃。是用压延法生产的表面带有花纹图案的无色或彩色平板玻璃。将熔融的玻璃液在冷却中通过带图案花纹的辊轴辊压，可使玻璃单面或两面压出深浅不同的各种花纹图案。在压花玻璃有花纹的一面，用气溶胶法对其表面进行喷涂处理，玻璃可呈浅黄色、浅蓝色、橄榄色等。经过喷涂处理的压花玻璃，可提高强度 50%～70%。

压花玻璃有普通压花玻璃，还有真空镀膜压花玻璃和彩色膜压花玻璃。

真空镀膜压花玻璃是经真空镀膜加工而成。这种玻璃给人一种素雅、美丽、清新的感觉，花纹的立体感较强，并且有一定的反光性能，是室内比较理想的高档装饰材料。

彩色膜压花玻璃是采用有机金属化合物和无机金属化合物进行热喷涂而成。这种玻璃具有较好的热反射能力，且花纹图案比一般压花玻璃和彩色玻璃更丰富，给人一种富丽堂皇和华贵的感觉。

压花玻璃具有透光不透视的特点，它的一个表面或二个表面因压花产生凹凸不平，当光线通过玻璃时产生漫射，所以从玻璃的一面看另一面物体时，物像显得模糊不清。不同品种的压花玻璃表面的图案花纹各异，花纹的大小、深浅亦不同，具有不同的遮断视线的效果。且可使室内光线柔和悦目，在灯光照射下，显得晶莹光洁，具有良好的装饰性。

压花玻璃厚度通常为 2～6mm，抗拉强度可达 60MPa，抗压强度达 200MPa，抗弯强度达 40MPa，透光率为 60%～70%。

压花玻璃主要用于室内的间壁、窗门、会客室、浴室、洗脸间等需要透光装饰又需要遮断视线的场所，并可用于飞机场候机厅、门厅等作艺术装饰。

2. 磨砂、喷砂玻璃

磨砂玻璃是采用普通平板玻璃，以硅砂、金刚砂、石英石粉等为研磨材料，加水研磨而成。喷砂玻璃是采用普通平板玻璃，以压缩空气将细砂喷至玻璃表面研磨加工而成。这种玻璃也叫毛玻璃。

毛玻璃具有透光不透视的特点。由于毛玻璃表面粗糙，使光线产生漫射，透光不透视，室内光线眩目不刺眼。

适用于需要透光不透视的门窗、卫生间、浴室、办公室、隔断等处，也可用作黑板面及灯罩等。

3. 磨花、喷花玻璃

用磨砂玻璃或喷砂玻璃的加工方法，将普通平板玻璃表面预先设计好的花纹图案、风景人物研磨出来，这种玻璃，前者叫磨花玻璃，后者叫喷花玻璃。

磨花玻璃、喷花玻璃具有部分透光透视、部分透光不透视的特点，由于光线通过磨花玻璃或喷花玻璃后形成一定的漫射，使其具有图案清晰、美观的装饰效果。适用于作玻璃屏风、桌面、家具等。

4. 冰花玻璃

是一种表面具有冰花图案的平板玻璃。是在磨砂玻璃的毛面上均匀涂布一薄层骨胶水溶液，经自然或人工干燥后，胶液因脱水收缩而龟裂，并从玻璃表面剥落而制成。剥落时由于骨胶与玻璃表面的粘结，可将部分薄层玻璃带下，从而在玻璃表面上形成许多不规则的冰花图案。胶液的浓度越高，冰花图案越大，反之则越小。

冰花玻璃的特点是具有闪烁的花纹，立体感强，有较好的艺术装饰效果。对光线有漫散射作用，如用作门窗玻璃，犹如蒙上一层纱帘，看不清室内的景物，却有良好的透光性能。

冰花玻璃适用于宾馆、饭店、住宅等建筑物的门窗、屏风、壁墙、吊顶板等处的装饰，还可作灯具、工艺品的装饰玻璃。

5. 饰刻玻璃

是以氢氟酸溶液按预先设计好的风景字画、花鸟虫鱼、人物建筑、花纹图案在平板玻璃上加以腐蚀加工而成。

这种玻璃表面粗糙，光线透过时产生漫射，具有透光不透视的特点，并具有良好的艺术装饰效果。适于作门窗玻璃、家具玻璃、屏风玻璃、灯具玻璃及其他装饰玻璃之用。

6. 彩印玻璃

彩印玻璃，即胶板摄影印刷彩色平板玻璃。它采用特殊电脑分色和高密（精）度强化、乳化程序制造而成。它能将水彩画、油画以及摄影自然彩色照片，在保持92%以上色彩还原率（扩大或缩小）的条件下直接印刷在玻璃面上。

彩印玻璃按用途分为通用型彩印装饰玻璃和专用型彩印装饰玻璃两种。通用型彩印装饰玻璃以其明快的色调、规则的图案而产生出强烈的节奏感、音乐感。其画面尺寸可任意分割而保持完整性，适用于所有使用普通白玻璃与茶色玻璃的场所。专用型彩印装饰玻璃要专门设计并具有专门的用途，如用于屏风、顶棚、幕墙等处。

彩印玻璃具有图案色彩丰富、立体感强、附着力好、耐酸碱、耐高低温、透光不透视的特点。适用于建筑室内顶棚、屏风、墙幕和广告灯箱、灯饰等，是现代家居、宾馆、餐厅、商场等新型、高雅的装饰装修材料。

7. 镜面玻璃

镜面玻璃是采用高质量平板玻璃、彩色平板玻璃为基材，经清洗、镀银、涂面层保护漆等工序而制成。制造镜面玻璃的方法有手工涂饰和机械化涂饰两种。一般说来，机械化硝酸银镀膜镜与手工镀银镜相比，具有镜面尺寸大、成像清晰逼真、抗盐雾、抗湿热性能好、使用寿命长等特点。

镜面玻璃多用在有影像要求的部位，如卫生间、穿衣镜、梳妆台等。镜面玻璃也是装饰中常用的饰面材料，在厅堂的墙面、柱面、吊顶等部位，利用镜子的影像功能，令室内空间产生“动感”，不仅扩大了空间，同时也使周围的景物映到镜子上，起到景物互相借用，丰富空间的艺术效果。

8. 釉面玻璃

釉面玻璃是在普通平板玻璃基体上冷敷一层彩釉，然后加热到彩釉的熔融温度，经退火或钢化等不同的热处理方式制成。玻璃基片可用普通平板玻璃、压延玻璃、磨光玻璃或玻璃砖等。

釉面玻璃耐酸、耐碱、耐磨和耐水，色彩多样，装饰效果好。适用于建筑物墙体饰面及防腐、防污要求较高部位的表面装饰。如可用作食品工业、化学工业、商业、公共食堂等的室内饰面层，也可用作教学、行政和交通建筑物的房间、门厅和楼梯饰面层。尤其适用于建筑物立面的外饰面层。

9. 光栅玻璃

又称为激光玻璃、镭射玻璃，是在光源照射下能产生七彩光的玻璃。它是以平板玻璃为基材，采用特种工艺处理玻璃背面而得到的全息光栅或其他几何光栅。在光源照射下，形成衍射光，经金属层反射后，会出现艳丽的七色光。并且同一感光点或感光面，因光源的入射角或视角的不同出现不同的色彩变化，使被装饰物显得华贵高雅、富丽堂皇。

光栅玻璃主要适用于酒店、宾馆及各种商业、文化、娱乐设施的装修，如内外墙面、商业门面、招牌、地砖桌面、隔断、柱面、顶棚、电梯间、艺术屏风、高级喷水池、大小型灯饰和其他轻工电子产品外观装饰。

5.4 玻璃锦砖、玻璃砖和U型玻璃

5.4.1 玻璃锦砖

1. 玻璃锦砖的定义和生产

玻璃锦砖又称玻璃马赛克或玻璃皮砖，是一种小规格的彩色饰面玻璃。马赛克一词是由外语音译而得。历史上马赛克泛指带有艺术的镶嵌制品，后来马赛克指一种由不同色彩的小块镶嵌而成的平面装饰。

玻璃锦砖的生产一般采用熔融法和烧结法生产。熔融法是用石英砂、石灰石、长石、纯碱、着色剂、乳化剂等为主要原料，经高温熔化后用对辊压延法或链板式压延法成型、退火而成。烧结法工艺类似瓷砖的生产工艺，是以废玻璃为主，加上工业废料或矿物废

料、胶粘剂和水等，经压块、干燥（表面染色）、烧结、退火而成。

2. 玻璃锦砖的结构与特点

玻璃锦砖内部结构由晶体、石英骨架和网状气泡三部分组成。玻璃锦砖的原料和熔制温度均适宜玻璃晶化，加之生成的气泡在液体中形成了相界面，降低了结晶活化能，使玻璃易于结晶。石英骨架是玻璃生料中表面溶解的石英粒子冷却后形成的，此骨架提高了马赛克的强度。网状气泡是在生产过程中因气体逸出困难而停留在玻璃体中形成的。因此，玻璃锦砖的结构与玻璃的结构不一样，它是一种多晶体的混合物。这种非均质结构，因对光的折射率不同而造成了光散射，使产品质感柔和而保持有玻璃光泽。同时，气泡的存在也减轻了自重，能提高与胶结材料的粘结强度。

玻璃锦砖是乳浊状半透明玻璃质材料，这也与玻璃不同。玻璃锦砖与陶瓷锦砖也不相同，主要区别在于：陶瓷锦砖系由瓷土制成的不透明陶瓷材料，而玻璃锦砖则为乳浊状半透明玻璃质材料。玻璃锦砖在外形上基本与陶瓷饰砖相似，但有改进之处。其正面是平面，背面有沟纹，并略向里凹，周边成楔形。之所以设计成这样，主要是为了在粘贴时提高粘结强度。因为玻璃锦砖比陶瓷锦砖的吸水率低，当用水泥浆粘结时，不宜粘牢。玻璃锦砖在价格上低于陶瓷锦砖，只有它的1/2～1/4。

玻璃锦砖的花色品种非常多，有透明的、半透明的、不透明的，还有带金色、银色斑点或条纹的，尤其是色调丰富，据不完全统计，世界上玻璃锦砖有25000种色调，这是任何其他饰面材料所无法相比的。同时，利用不同颜色锦砖，不同比例混合贴面，或组成各种色块的图案，可获得立体感很强的装饰壁画等。

玻璃锦砖的质地坚硬，表观密度小，化学稳定性、热稳定性好，具有不变色、不积尘、下雨时能自涤等特性。

3. 玻璃锦砖的应用

玻璃锦砖主要用作宾馆、医院、办公楼、礼堂、住宅等建筑物的内外墙装饰材料或大型壁画的镶嵌材料。使用时，要注意应一次订货订齐，后追加部分，色彩会有差异，特别是用废玻璃生产的玻璃锦砖，每批颜色差别较大。粘贴时，浅颜色玻璃锦砖应用白水泥粘结，因为装饰后的色调由锦砖和粘结砂浆的颜色综合决定。另外，在运输期间，应注意防潮。

5.4.2 玻璃砖

玻璃砖为块状玻璃制品，有空心和实心的两种。空心玻璃砖是将两块模压成凹形的玻璃熔接或胶接为一整体。由于经高温熔化后退火，空腔内干燥空气的气压降到2/3大气压左右。有时空腔内还填入一层玻璃纤维布或玻璃薄膜，将空腔一隔为二，因而称为双腔构造的玻璃砖，否则称为单腔构造的玻璃砖。实心玻璃砖是将两块玻璃压制成一整体，是一种压制玻璃制品。两种玻璃砖所用玻璃的化学组成同普通平板玻璃和浮法玻璃的组成是一样的。

玻璃砖形状多样，有正方形、矩形以及各种异型产品。玻璃砖内外表面可以都是光面的，也可压成各种凹凸花纹，表面可涂有一层釉，釉料可有各种颜色，还可以采用有色玻璃制作。

玻璃砖内外表面做成各种花纹，可使入射光扩散，也可使入射光沿一定方向折射。玻璃砖侧面涂层的反射及砖光面花纹引起的折射，使其对直射阳光有遮蔽作用，能防止眩目的直射阳光进入室内。依靠窗户采光的室内照度分为两种，一种是直接照度，即光源从窗口直接射入的照度，另一种是间接照度，是指从顶棚及墙壁等室内反射光的照度。采用玻璃砖时，与一般窗用平板玻璃相比，间接照度较大，因而光线比较柔和。

空心玻璃砖内部有稀薄的干燥空气，因而其隔声、隔热性能较好，双腔玻璃砖中增加了一层玻璃纤维，其隔热、隔声性能更好，特别是在隔绝高频声波（噪声）方面有着突出的优越性能。

玻璃砖内部不会出现结露现象，即使是在室内外温差较大的冬季，也不会结露，还能节约能源。

玻璃砖主要用于透光、隔热、隔声、能量损失大和防眩要求高的地方，如用于砌筑透光墙壁、建筑物的非承重内外隔墙、淋浴隔断、门厅、通道等。

5.4.3 U 型玻璃

U 型玻璃又称槽型玻璃，是用先压延后成型的方法连续生产而得，因其横截面呈“U形”而得名。U 型玻璃有理想的透光性、隔热性、保温性和较高的机械强度，施工简便，有着独特的装饰效果。

1. U 型玻璃的种类

从强度上分，U 型玻璃有普通的和用金属丝或金属网增强的两种；从表面状态上分，有普通的和带花纹图案的两种；从颜色上分，有无色的和带颜色的两种。带颜色的又分本体着色的和镀膜的两种。

2. U 型玻璃的性能

（1）光学性能　U 型玻璃与普通压花玻璃一样有着较好的透光性，无色 U 型玻璃的透光率可达 80%；表面压有花纹图案的 U 型玻璃还有光漫射性能。在 U 型玻璃的腹面镀一层有遮阳功能的金属氧化物膜，就能使其具有遮阳功能。这类镀膜 U 型玻璃能反射入射的太阳光线，既能起到遮阳作用，又不影响房间的照明，还能有效地阻挡紫外线透过。

（2）热传导性　用单排 U 型玻璃做的建筑物围护结构，其热传导性与 5mm 单层平板玻璃相同。用 U 型玻璃镶的窗户或墙面，其连接处均有严实的密封，不透气，所以隔热效果较理想，翼高为 41mm、带有遮阳镀膜的双排安装的 U 型玻璃，其传热系数可达 1.8 W/$(m^2 \cdot K)$。

（3）隔声性能　不同规格的 U 型玻璃，其隔声性能差别不是很大。通常，5～6mm 厚的 U 型玻璃，在单排安装的情况下，其隔声能力与相同厚度的单片平板玻璃大体相同。双排安装的U 型玻璃的隔声效果要比单排安装的好得多。一般情况下，双排安装的比单排安装的减声效果要高 10dB 以上。如昆明 SQ 型 U 型玻璃的隔声能力，单排安装为 27dB，双排安装时可达38dB。

此外，U 型玻璃具有特殊的横截面，在厚度相同的情况下，其机械强度比普通平板玻璃要高；U 型玻璃还能有效地防止由于室内外温度差而引起的结露现象。

3. U 型玻璃的应用

U 型玻璃用作建筑物的围护结构和采光材料，能有效地改善建筑物内的卫生与照明条件，提高建筑的艺术表现力；夹丝 U 型玻璃作为天窗或屋顶的结构材料，能有效地扩大采光面积，节约照明用电；U 型玻璃作为内部隔断材料，既可增加建筑物的使用面积，又不需要抹泥灰或做其他饰面，还能有效地隔声、隔热；U 型玻璃还可用于化工厂等有侵蚀的环境中，作为采光和隔断墙材料，能有效地抵抗酸、碱和高湿度的侵蚀，而无须采取其他防腐措施。

复习思考题

1. 简述玻璃的一般性质。
2. 浮法玻璃与普通平板玻璃有什么不同?
3. 试述中空玻璃、热反射玻璃、夹丝玻璃和钢化玻璃的特性。

第6章　金属装饰材料

金属作为建筑装饰材料，有着源远流长的历史，例如，颐和园中的铜亭、泰山顶上的铜殿、昆明的金殿等都是古代留下的珍贵遗产。在现代建筑装饰工程中，金属装饰制品用得越来越多。如柱子外包不锈钢板或铜板，墙面和顶棚镶贴铝合金板，楼梯扶手采用不锈钢管或铜管，用铝合金做门窗等。由于金属装饰制品坚固耐用，装饰表面具有独特的质感，同时还可制成各种颜色，表面光泽度高，庄重华贵，且安装方便，因此在一些装饰要求较高的公共建筑中，都不同程度地利用金属装饰材料进行装修。

6.1　铝、铝合金及其型材

铝为银白色，属于有色金属。随着炼铝技术的提高，目前铝和铝合金已成为一种被广泛应用的金属装饰材料。铝合金在建筑装饰工程中的应用也越来越多。

6.1.1　铝及其特性

铝的冶炼是先从铝矿石中提炼出三氧化二铝（Al_2O_3），由三氧化二铝通过电解得到金属铝，再通过提纯，分离出杂质，制成铝锭。铝属于有色金属中的轻金属，密度为2.7g/cm³，铝的熔点较低，为660℃。铝的导电性和导热性均很好。铝在空气中，其表面易生成一层氧化铝薄膜，对下面的金属起保护作用，因铝具有一定的耐腐蚀性，故铝在大气中耐腐性较强。但这层氧化铝膜极薄，一般小于0.1μm，且呈多孔状，因而其耐腐蚀性有一定限度。纯铝不能与元素氯、溴、碘等接触，也不能和盐酸、浓硫酸、氢氟酸接触，否则将受腐蚀。铝的电极电位较低，在使用或保管中，如与电极电位高的金属接触，并且有电介质（水、汽等）存在时，会形成微电池而很快受到腐蚀。因此，用于铝合金门窗等铝制品的连接件，应当采用不锈钢件。铝具有良好的塑性，易加工成板、管、线及箔（6～25μm）等。铝的强度和硬度较低，常用冷压法加工成制品。铝在低温环境中的塑性、韧性和强度不降低，常作为低温材料用于航空、航天工程及制造冷冻食品的储运设备等。

6.1.2　铝合金及其特性

在铝中加入铜（Cu）、镁（Mg）、硅（Si）、锰（Mn）、锌（Zn）等合金元素，制成各种类别的铝合金。铝合金既提高了铝的强度和硬度，同时又保持了铝的轻质、耐腐蚀、易加工等优良性能。在建筑工程中，特别是在装饰领域中，铝合金的应用越来越广泛。

与碳素钢相比，铝合金的弹性模量约为钢的1/3，而铝合金的比强度为钢的2倍以上。由于弹性模量较低，铝合金的刚度和承受弯曲的能力较小。铝合金与碳素钢的性能比较，见表6-1。

6.1.3　铝合金的分类与牌号

1. 铝合金的分类

铝合金与碳素钢的性能比较　　表 6-1

项　目	铝 合 金	碳 素 钢
密度(g/cm^3)	2.7～2.9	7.8
弹性模量(MPa)	$(6.3\sim8.0)\times10^4$	$(2.1\sim2.2)\times10^5$
屈服点 σ_s(MPa)	210～500	210～600
抗拉强度 σ_b(MPa)	380～550	320～800
比强度 σ_s/ρ(MPa)	73～190	27～77
比强度 σ_b/ρ(MPa)	140～220	41～98

铝合金根据其化学成分及生产工艺，可分为变形铝合金和铸造铝合金两类。变形铝合金指可以进行热态或冷态压力加工的铝合金；铸造铝合金指用液态铝合金直接浇铸而成的各种形状复杂的制件。

变形铝合金又可分为不能热处理强化的铝合金和可以热处理强化的铝合金。不能热处理强化的铝合金，一般通过冷加工过程而达到强化。它们具有适宜的强度和优良的塑性，易于焊接，并有很好的抗腐蚀性，被称为“防锈铝合金”。可以热处理强化的铝合金，其机械性能主要靠热处理来提高，而不是靠冷加工强化。热处理能大幅度提高强度，但不降低塑性。用冷加工强化虽然能提高强度，但会使塑性降低。

2. 铝合金的牌号

目前，应用的铸造铝合金有铝硅（Al－Si）、铝铜（Al－Cu）、铝镁（Al－Mg)及铝锌(Al－Zn)四个组系。按规定，铸造铝合金的牌号用汉语拼音字母“ZL”(铸铝）和三位数字表示，如 ZL101、ZL102、ZL201 等。三位数字中的第一位数（1～4）表示合金的组别，其中 1 代表铝硅合金，2 代表铝铜合金，3 代表铝镁合金，4 代表铝锌合金。后面两位数字表示该合金的顺序号。

变形铝合金可分为防锈铝合金、硬铝合金、超硬铝合金、煅铝合金和特殊铝合金等几种，分别用汉语拼音字母“LF”、“LY”、“LC”、“LD”、“LT”表示代号。变形铝合金的牌号用其代号加顺序号表示，如 LF10、LD8 等，顺序号不直接表示合金元素的含量。

在建筑工程中，铝和铝合金材料可用于建筑结构、门窗、五金、吊顶、隔墙、屋面防水和室内外装饰等方面。目前，铝合金材料在装饰工程中的应用已越来越多，如玻璃幕墙的结构、铝合金门窗、铝合金板材等。

6.1.4 铝合金型材

铝合金型材是将铝合金锭坯按需要长度锯成坯段，加热到 400～450℃，送入专门的挤压机中，连续挤出型材。挤出的型材冷却到常温后，在液压牵引整形机上校直矫正，切去两端料头，在时效处理炉内进行人工时效处理，消除内应力，使内部组织趋于稳定，经检验合格后再进行表面氧化和着色处理，最后制成成品。

常用铝合金型材的截面形状如图 6-1 所示。

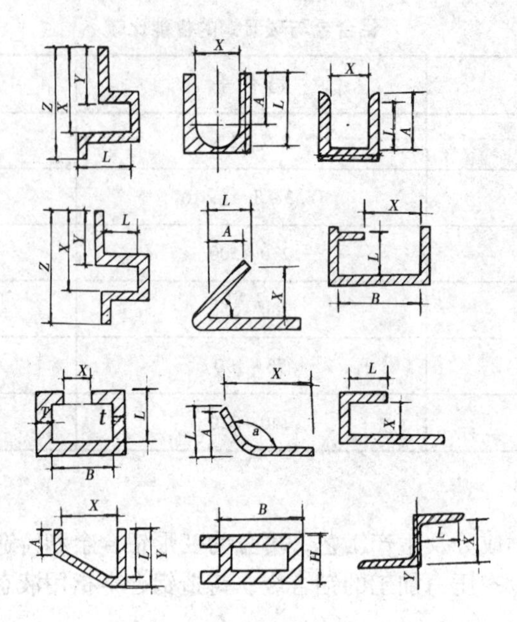

图 6-1 常用铝合金型材的截面形状

铝合金型材的尺寸偏差、氧化膜层的厚度应符合《铝合金建筑型材》GB/T 5237—93的规定。铝合金型材表面应清洁，不允许有裂纹、起皮、腐蚀，装饰面上不允许有气泡。型材的角度允许偏差、平面间隙允许偏差、弯曲度允许偏差和扭拧度允许偏差应在GB/T 5237—93规定的范围内。图6-2表示了铝合金型材的平面间隙、弯曲和扭拧的状态。

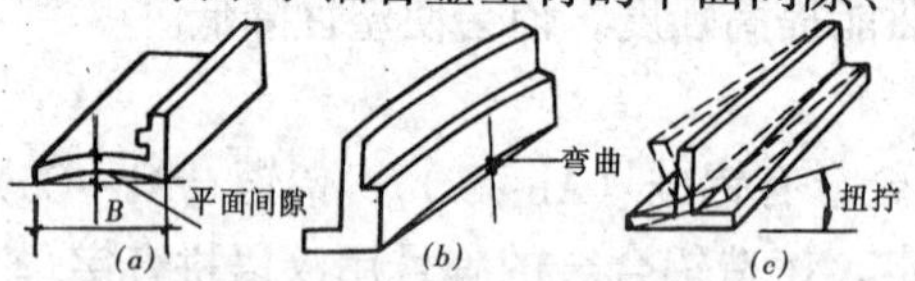

图 6-2 铝合金型材的变形状态

(*a*) 型材平面与直尺之间的间隙；(*b*) 型材弯曲度；(*c*) 型材扭拧度

铝合金型材的截面形状及尺寸是根据型材的使用要求、用途、构造及受力等因素确定的。铝合金型材经下料、打孔、铣槽、攻丝、组装等工艺，则可制作成各种铝合金制品，用于建筑装饰工程中。

6.2 铝合金门窗

在建筑中采用铝合金门窗，尽管其造价比普通钢门窗高3~4倍，但由于其长期维修费用低，性能好，可节约能源，特别是富于装饰性，所以世界各地应用日益广泛。我国的铝合金门窗起始于70年代末期，近十几年来，发展十分迅速，生产厂家已经遍布全国各地，并已能生产中、高层甚至200m以上的超高层建筑门窗。

铝合金门窗是将按特定要求成型并经表面处理的铝合金型材，经下料、打孔、铣槽、攻丝等，加工、制成门窗料构件，再加连接件、密封件、开闭五金等一切组合装配而成。按其结构与开启方式，可分为推拉窗（门）、平开窗（门）、悬挂窗、回转窗（门）、百叶窗、纱窗等。

6.2.1 铝合金门窗的特点

铝合金门窗与普通钢、木门窗相比，具有下列特点：

1. 质量轻

铝合金门窗用材省，每 $1m^2$ 耗用铝型材量平均只有 8～12kg，而每 $1m^2$ 钢门窗耗钢量平均为 17～20kg，重量较钢门窗轻 50%左右。

2. 密封性能好

铝合金门窗的突出优点是气密性、水密性、隔声性和隔热性，都比普通门窗有显著提高。因此，对防尘、隔声、保温、隔热有特殊要求的建筑，适宜采用铝合金门窗。

3. 耐腐蚀，使用维修方便

铝合金门窗不需要涂漆，不褪色、不脱落，表面不需要维修。铝合金门窗强度高，坚固耐用，零件使用寿命长，启闭轻便灵活，无噪声。

4. 色调美观

铝合金门窗框料型材的表面既可保持铝材的银白色，也可根据需要制成各种柔和的颜色或带色的花纹，还可以在表面涂一些聚丙烯酸树脂装饰膜，使其表面光亮，便于和建筑物外观、自然环境以及各种使用要求相协调。铝合金门窗造型新颖大方，线条明快，色调柔和，增加了建筑物立面和内部的美感。

5. 便于进行工业化生产

铝合金门窗的加工、制作、装配、试验都可以在工厂进行大批量工业化生产，有利于实现产品设计标准化、产品系列化、零配件通用化以及产品的商品化。

但是，目前铝合金门窗仍存在着生产投资大、造价偏高等问题。

6.2.2 平开及推拉铝合金门窗

1. 产品代号

按铝合金门窗的国家标准，其产品代号见表 6-2。

铝合金门窗的代号　　表 6-2

产品名称	平开铝合金窗		平开铝合金门		推拉铝合金窗		推拉铝合金门	
	不带纱扇	带纱扇	不带纱扇	带纱扇	不带纱扇	带纱扇	不带纱扇	带纱扇
代　号	PLC	APLC	PLM	SPLM	TLC	ATLC	TLM	STLM

产品名称	滑轴平开窗	固定窗	上悬窗	中悬窗	下悬窗	主转窗
代　号	HPLC	GLC	SLC	CLC	XLC	LLC

2. 品种规格

根据国家标准《平开铝合金门》GB 8478—87、《平开铝合金窗》GB 8479—87、《推拉铝合金门》GB 8480—87、《推拉铝合金窗》GB 8481—87 规定，平开及推拉铝合金门窗的品种规格应符合表 6-3 规定。

平开及推拉铝合金门窗的品种规格(mm)　　表 6-3

名　称	洞口尺寸		厚度基本尺寸系列
	宽	高	
平开铝合金门	800, 900, 1000, 1200, 1500, 1800	2100, 2400, 2700	40, 45, 50, 55, 60, 70, 80
推拉铝合金门	1500, 1800, 2100, 2400, 3000	2100, 2400, 2700, 3000	70, 80, 90
平开铝合金窗	600, 900, 1200, 1500 1800, 2100	600, 900, 1200, 1500, 1800, 2100	40, 45, 50, 55, 60, 65, 70
推拉铝合金窗	1200, 1500, 1800, 2100, 2400, 2700, 3000	600, 900, 1200, 1500, 1800, 2100	40, 55, 60, 70, 80, 90

安装铝合金门窗采用预留洞口然后安装的方法，预留洞口尺寸应符合《建筑门窗洞口尺寸系列》GB 5825—86 的规定。因此，在设计选用平开及推拉铝合金门窗时，应注明门窗的规格型号。规格型号是以门窗的洞口尺寸来表示的。如洞口的宽和高分别为 1800mm 和 2100mm 的门，其规格型号为“1821”；若洞口的宽和高均为 600mm 的窗，其规格型号则为“0606”等。

3. 主要技术要求

(1) 强度、气密性和水密性指标

平开及推拉铝合金门窗的强度、气密性和水密性分别用风压强度、空气渗透性能和雨水渗漏性能三项指标表示，根据其值大小可将门窗分为 A、B、C 三类，每类又分为优等品、一等品和合格品三个等级，各级制品的性能指标应符合表 6-4 的规定。

风压强度、空气渗透和雨水渗漏性能指标　　表 6-4

门窗	类　别	等　级	综合性能指标值		
			风压强度性能 (Pa), ≥	空气渗透性能 $m^3/h \cdot m$, (10Pa) ≤	雨水渗漏性能 (Pa), ≥
平开铝合金门	A类(高性能门)	优等品(A1级)	3000	1.0	350
		一等品(A2级)	3000	1.0	300
		合格品(A3级)	2500	1.5	300
	B类(中性能门)	优等品(B1级)	2500	1.5	250
		一等品(B2级)	2500	2.0	250
		合格品(B3级)	2000	2.0	200
	C类(低性能门)	优等品(C1级)	2000	2.5	200
		一等品(C2级)	2000	2.5	150
		合格品(C3级)	1500	3.0	150

续表

门　窗	类　别	等　级	综合性能指标值		
			风压强度性能(Pa),≥	空气渗透性能 m³/h·m,(10Pa)≤	雨水渗漏性能(Pa),≥
推拉铝合金门	A类(高性能门)	优等品(A1级) 一等品(A2级) 合格品(A3级)	3000 3000 2500	1.0 1.5 1.5	300 300 250
	B类(中性能门)	优等品(B1级) 一等品(B2级) 合格品(B3级)	2500 2500 2000	2.0 2.0 2.5	250 200 200
	C类(低性能门)	优等品(C1级) 一等品(C2级) 合格品(C3级)	2000 2000 1500	2.5 3.0 3.5	150 150 100
平开铝合金窗	A类(高性能窗)	优等品(A1级) 一等品(A2级) 合格品(A3级)	3500 3500 3000	0.5 0.5 1.0	500 450 450
	B类(中性能窗)	优等品(B1级) 一等品(B2级) 合格品(B3级)	3000 3000 2500	1.0 1.5 1.5	400 400 350
	C类(低性能窗)	优等品(C1级) 一等品(C2级) 合格品(C3级)	2500 2500 2000	2.0 2.0 2.5	350 250 250
推拉铝合金窗	A类(高性能窗)	优等品(A1级) 一等品(A2级) 合格品(A3级)	3500 3000 3000	0.5 1.0 1.0	400 400 350
	B类(中性能窗)	优等品(B1级) 一等品(B2级) 合格品(B3级)	3000 2500 2500	1.5 1.5 2.0	350 300 250
	C类(低性能窗)	优等品(C1级) 一等品(C2级) 合格品(C3级)	2500 2000 1500	2.0 2.5 3.0	250 150 100

(2) 启闭性能

试验用门窗在使用状况下，门窗呈关闭状态。对其活动扇边梃的中间部位施加不大于50N的启闭力进行试验，其活动扇应能灵活开启。

(3) 空气声隔声性能

有隔声要求的铝合金门窗除对强度、气密性和水密性有要求外，还要求门窗有一定的空气隔声性能。该性能以音响透过损失表示，即响声透过门窗后，声级降低的数值，该值不应低于25dB。对门窗的隔声性能要求越高，音响透过损失值越大，见表6-5。

空气声隔声性能指标　　表6-5

级　别	Ⅱ	Ⅲ	Ⅳ	Ⅴ
空气声计权隔声量(dB)≥	40	35	30	25

(4) 保温性能

有保温隔热要求的铝合金门窗除对强度、气密性和水密性有要求外，还要求门窗有一定的保温性能。通常用门窗的热对流阻抗值来表示保温性能，根据该值大小，可将门窗的保温性能分为三级，见表6-6。

保温性能指标 表 6-6

级别	Ⅰ	Ⅱ	Ⅲ
传热阻值($m^2 \cdot K/W$)≥	0.50	0.33	0.25

(5) 表面处理

对铝合金型材达到表面处理方法分阳极氧化法和阳极氧化复合表膜法。其膜的厚度应满足表 6-7 和表 6-8 规定。

阳极氧化膜厚度分级 表 6-7

级别	Ⅰ	Ⅱ	Ⅲ
阳极氧化膜厚度(μm),≥	20	15	10

阳极氧化复合表膜厚度分级 表 6-8

级别	$T_Ⅰ$	$T_Ⅱ$
阳极氧化复合表膜厚度(μm),≥	12	7

4. 产品标记

平开及推拉铝合金门窗产品以下列标记形式表示：

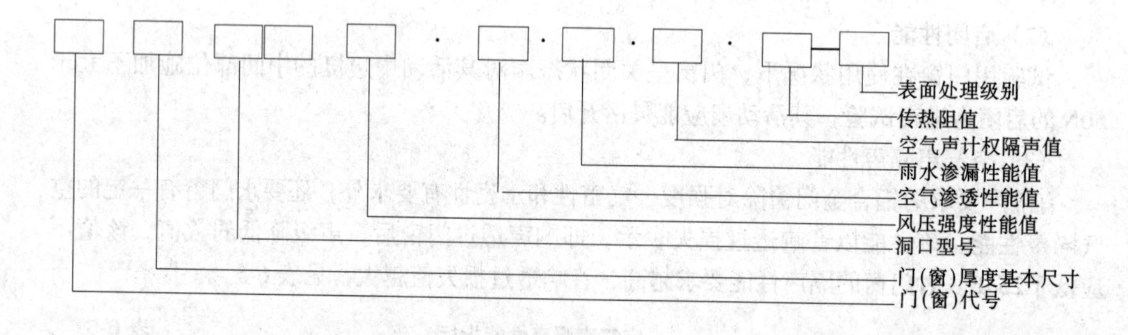

以平开铝合金门的产品标记为例，PLM70－1521－2500·20·300·25·0.33 － Ⅲ

其中：PLM——平开铝合金门，不带纱扇；

70——门厚度基本尺寸为 70mm;

1521——洞口宽度为 1500mm，洞口高度为 2100mm;

2500——风压强度性能值为 2500Pa;

2.0——空气渗透性能值为 2.0 $m^3/(h \cdot m)$；

300——雨水渗漏性能值为 300Pa;

25——空气声计权隔声值为 25dB;

0.33——传热阻值为0.33 $m^2 \cdot K/W$;

Ⅲ——阳极氧化膜厚度为第Ⅲ级。

5. 铝合金门窗的应用

铝合金门窗主要用于各类建筑物的内外门窗，它可以加强建筑物的立面造型，使建筑物富有层次，因此广泛用于高层建筑或高档次建筑中。随着人民生活水平的提高，近年来，铝合金门窗在民用住宅中亦有较普遍的应用。

6.2.3 其他形式铝合金门窗

1. 折叠铝合金门

折叠铝合金门是一种多门扇组合的上吊挂下导向的较大型铝合金门。适用于礼堂、餐厅、会堂、舞厅和仓库等门洞口宽而又不需要频繁启闭的建筑，也可作为大厅的活动隔扇，使大厅的功能更趋于完备。

2. 旋转铝合金门

旋转铝合金门由固定扇、活动扇和圆顶组成。具有外观华丽、造型别致、密封性好等特点，是高级宾馆、医院、俱乐部、银行等的豪华型用门。其结构严紧，旋转轻快，门扇在任何位置均具有良好的防风性，是节能保温型用门。只可作为人流出入用门，不适于货物的进出。

3. 铝合金自动门

铝合金自动门是由铝合金型材和玻璃组成的门体结构及控制自动门的指挥系统组成。具有外观新颖、结构精巧、运行噪声小、启动灵活等特点，适用于高级宾馆、饭店、医院、候机楼、车站、贸易楼、办公大楼、计算机房等建筑设施的启闭。

4. 铝合金卷帘门

铝合金卷帘门是卷帘门的一种。具有不占地面面积、外形美观、启闭方便、坚固耐用等特点，适用于工矿企业、仓库、宾馆、商店、影剧院、码头、车站等建筑门面，是经常频繁开启的高大洞口的装潢设施。铝合金卷帘门按传动方式分，有电动、手动、遥控电动、电动及手动等四种形式；按性能分，有普通型、防火型和抗风型等。

6.3 铝合金装饰板

铝合金装饰板具有质量轻、强度高、刚度好、施工方便、经久耐用的特点。表面有光面、纹面、波纹、压型和冲孔等多种形状；且经过阳极氧化、烤漆、喷砂等表面处理的方法，颜色有本色、古铜色、茶色、金黄色、青铜色等，色彩丰富，色调柔和；铝合金装饰板防火、防潮、防腐蚀。用铝合金装饰板进行墙面装饰时，可在适当部位与玻璃幕墙式大玻璃窗配合使用，使易碰、形状复杂的部位得以顺利过渡，更使建筑物线条流畅。铝合金装饰板还常用于商业建筑中的门脸、柱面、招牌的衬底，使建筑物的风格更显突出。在影剧院、商场等公共建筑中使用铝合金冲孔板吊顶，内部衬以吸声材料，则具有降低噪声和装饰双重功能的作用。

6.3.1 铝合金花纹板

铝合金花纹板是采用防锈铝合金等坯料，采用一定的花纹轧辊轧制而成。花纹美观大方，筋高适中，不易磨损，防滑性好，防腐蚀性强，便于冲洗。通过表面处理可以获得各种花色。花纹板板材平整，裁剪尺寸精确，便于安装，广泛应用于现代建筑的墙面、车辆、船舶、飞机的楼梯踏板等处的防滑或装饰部位。

铝合金花纹板的花纹图案，有 1 号方格形花纹、2 号扁豆形花纹、3 号五条形花纹、4 号三条形花纹、5 号指针形花纹和 6 号菱形花纹等。图 6-3 是铝合金花纹板的两种常见花型。《铝及铝合金花纹板》GB 3618—89 对花纹板的代号、合金牌号、状态、规格及花纹板的室温力学性能做了相应的规定。

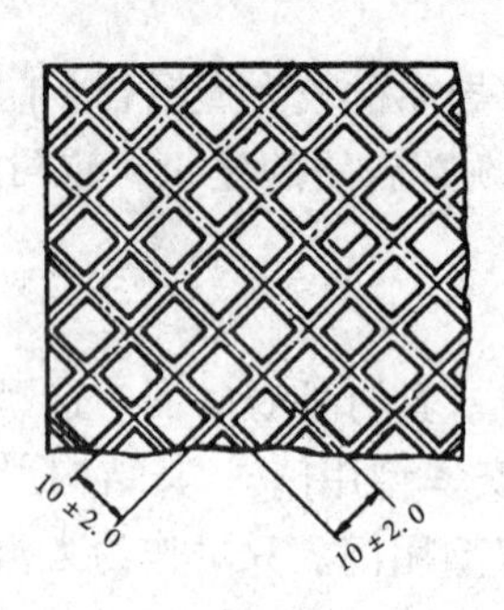

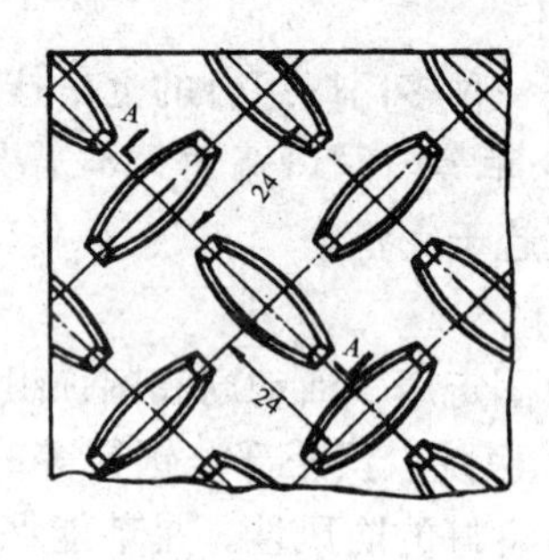

图 6-3　铝合金花纹板的表面花型

6.3.2　铝合金浅花纹板

铝合金浅花纹板是优质的建筑装饰材料之一。它具有花纹精巧别致，色泽美观大方，比一般普通铝板刚度提高 20%，抗污垢、抗划伤、擦伤能力均有提高的优异性能，尤其是增加了立体图案和美丽的色彩，更使建筑物生辉。

铝合金浅花纹板对白光的反射率达 75% ~90%，热反射率达 85% ~95%。在氨、硫、硫酸、磷酸、亚磷酸、浓硝酸、浓醋酸中耐蚀性能好。通过表面处理可得到不同色彩的浅花纹板。表 6-9 中表示了铝合金花纹板、铝合金浅花纹板的规格和技术性能。

铝合金花纹板、浅花纹板的规格和技术性能　　**表 6-9**

品　种	规　格(mm)			技 术 性 能
	长	宽	厚度	
铝合金花纹板	2000 ~ 10000	1000 ~ 1600	1.5 ~ 7.0	1. 抗拉强度:40 ~ 120MPa 2. 伸长率:3% ~ 15%
铝质浅花纹板	1500 ~ 2000	150 ~ 400	0.2 ~ 1.5	1. 抗拉强度:75 ~ 185MPa 2. 伸长率:2% ~ 40% 3. 对白光反射率:75% ~ 90% 4. 热反射率:85% ~ 95%

6.3.3　铝及铝合金波纹板

铝及铝合金波纹板横切面的图形是一种波纹形状，是用机械轧辊将板材轧成一定的波形后制成的。波纹板有银白等多种颜色，既有一定的装饰效果，也有很强的光反射能力。这种制品经久耐用，在大气中可使用 20 年不需更换，适用于工程的围护结构，也可用于墙面和屋面的装修。图 6-4 为波纹板的板型图。

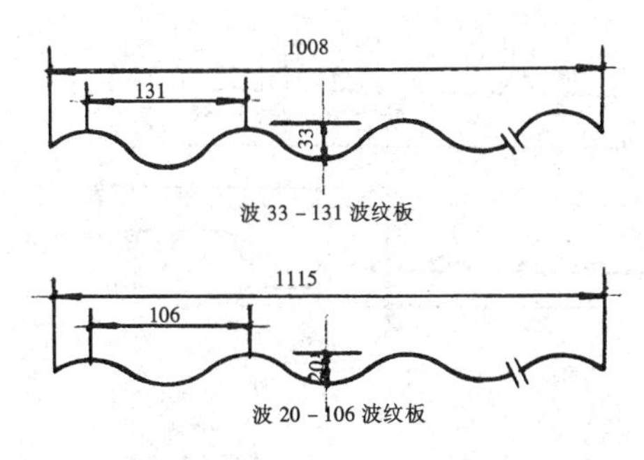

图 6-4 铝及铝合金波纹板的板型

波纹板的牌号、状态和规格及力学性能应符合国家标准 GB 4438—84《铝及铝合金波纹板》的规定。见表 6-10、表 6-11。

波纹板的合金牌号、状态和规格(GB 4438—84)　　表 6-10

合金牌号	状态	波型代号	规格(mm)				
			厚	长	宽	波高	波距
L1－L6 LF21	Y	波 20－106 波 33－131	0.6～1.0 0.6～1.0	2000～10000 2000～10000	1115 1008	20 33	106 131

板材的纵横向室温力学性能 (GB 4438—84)　　表 6-11

合金牌号	状态	厚度(mm)	力学性能,≮	
			σ_b(MPa)	δ_{10}(%)
L1－L6	Y	0.6～1.0	140	3.0
LF21	Y	0.6～0.8	190	2.0
LF21	Y	＞0.8～1.0	190	3.0

6.3.4 铝及铝合金压型板

铝及铝合金压型板是目前世界上被广泛应用的一种新型建筑装饰材料。具有重量轻、外形美观、耐久性好、耐腐蚀、安装方便、施工速度快等优点,可通过表面处理得到各种色彩的压型板。主要用作建筑物的外墙和屋面,也可以作为复合墙板,用于有隔热保温要求厂房的围护结构。图 6-5 表示了铝合金压型板的板型。

图中的 1、3、5 型压型板横向联接需借用于 6 型压型板的扣接,一般用于外墙;2、4 型压型板横向联接可以利用原板型直接搭接，一般用于外墙；7 型压型板用于窗台及屋檐；8 型压型板用于房屋建筑的四个角的包角，小波可向内也可向外；9 型压型板用于屋面排水。铝合金压型板的合金、状态、规格见表 6-12；性能指标见表 6-13。

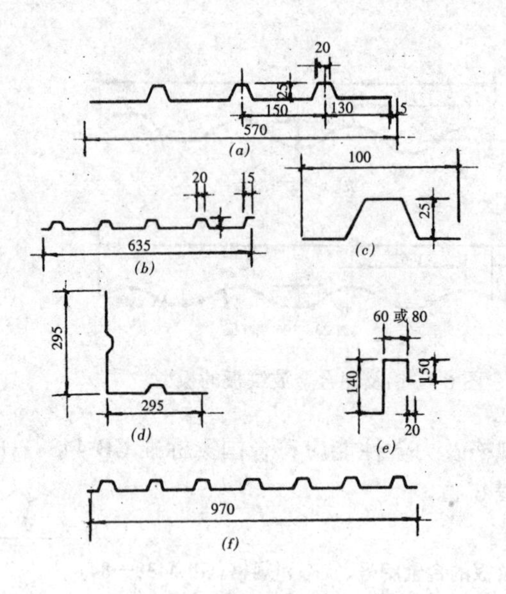

图 6-5 铝合金压型板的板型

(*a*)1 型压型板；(*b*)2 型压型板；(*c*)6 型压型板；(*d*)7 型压型板；(*e*)8 型压型板；(*f*)9 型压型板

(1、3、5 型断面相同，1 型 3 波；2 型 5 波；3 型 7 波)

铝合金压型板的合金、规格和状态 **表 6-12**

合金牌号	供应状态	板型	规格(mm)			
			厚度	长度	宽度	波高
LF-6、LF21	Y、Y2	1	0.5~1.0	≤2500	570	25
		2		≤2500	635	
		3		2000~6000	870	
		4			935	
		5			1170	
		6		≤2500	100	
		7			295	295
		8			140	80
		9			970	25

铝合金压型板的性能指标 **表 6-13**

材料	抗拉强度 σ_b(MPa)	伸长率 δ_{10}(%)	弹性模量 E (MPa)	剪切模量 G (MPa)	线膨胀系数(10^{-6}/℃)		对白色光的反射率(%)	密度 (g/m^3)
					-60~20℃	20~100℃		
纯铝 LF21	100~190 150~220	3~4 2~6	7.2×10^4	2.7×10^4	22	24	90	2.7 2.73

6.3.5 铝及铝合金冲孔平板

铝及铝合金冲孔平板是用各种合金平板经机械冲孔而成，孔径一般为 6mm，孔距为 10~14mm，在工程使用中降噪效果为 4~8dB。铝及铝合金冲孔板的特点是具有良好的防腐蚀性能，光洁度高，有一定强度，易于机械加工成各种规格，有良好的防震、防水、防火性能和消声效果。经过表面处理后，可得到各种色彩。表 6-14 中是铝合金冲孔板的材质、状态及性能指标。

铝合金冲孔板的材质、状态及性能　　表 6-14

合金	状态	板厚(mm)	σ_b(MPa)	δ_{10}(%)
L2 - L5	Y	1.0 ~ 1.2	≥140	≥3
LF2	Y	1.0 ~ 1.2	≥270	≥3
LF3	Y2	1.0 ~ 1.2	≥230	≥3
LF21	Y	1.0 ~ 1.2	≥190	≥3

铝及铝合金冲孔板主要用于具有消声要求的各类建筑中。如棉纺厂、各种控制室、计算机房的顶棚及墙壁，也可用于噪声大的厂房车间，更是影剧院理想的消声和装饰材料。

6.3.6 塑铝装饰板

塑铝装饰板是一种复合材料，是采用高强度铝材及优质聚乙烯物料复合而成，是融合现代高科技成果的新型装饰材料。

塑铝装饰板由上下两层铝板及一层热塑性芯板组成。铝板表面涂装耐候性极佳的聚偏二氟烯（PVDF）或聚酯（Polyester）涂层。塑铝装饰板具有质轻、比强度高、耐气候性和耐腐蚀性优良、施工方便、易于清洁保养等特点。由于芯板采用优质聚乙烯塑料制成，故同时具备良好的隔热、防震功能。塑铝装饰板外形平整美观，可用作建筑物的幕墙饰面材料，可用于立柱、电梯、内墙等处，亦可用作顶棚、拱肩板、挑口板和广告牌等处的装饰。

6.3.7 铝蜂窝复合材料

铝蜂窝复合材料是以铝箔材料为蜂窝芯板，面板、底板均为铝的复合板材，在高温高压下，将铝板与铝蜂窝芯以航空用结构胶粘剂进行严密胶合而成，面板防护层采用氟碳(KYNAR500-PVDF)喷涂装饰。铝蜂窝复合板和单板的规格见表 6-15。

铝蜂窝复合板和单板的规格(mm)　　表 6-15

类　　型	铝蜂窝复合板	铝合金单板
平板(标准)	1000 × 2000(12, 15, 21) 1220 × 2440(12, 15, 21)	1000 × 2000(2.0, 2.5, 3.0) 1220 × 2440(2.0, 2.5, 3.0)
平板(最大)	1500 × 4000(5 ~ 60)依客户要求	1500 × 400 × 30 依客户要求

注:1. 有几十种颜色供客户选择;2. 其他类普通油漆也可按客户要求涂装;3. 可加工成弧形板或三维方向板。

铝蜂窝复合材料具有重量轻、质坚、表面平整、耐候性佳、防水性能好、保温隔热、安装方便等优点，适用于建筑物幕墙、室内外墙面装修、屋面、包箱、隔间等，亦用作室内装潢，展示框架、广告牌、指示牌、防静电板、隧道壁板及车船外壳、机器外壳和工作台面等的轻型高强度材料。

6.4 其他铝及铝合金装饰制品

6.4.1 铝箔

铝箔是指用纯铝或铝合金加工成 6.3～200μm 的薄片制品。铝箔除具有铝的一般性能外，还具有良好的防潮、绝热性能。在建筑工程中，铝箔以全新的多功能保温隔热材料和防潮材料被广泛地应用。

1. 铝箔的分类

铝箔按形状分有卷状铝箔和片状铝箔；按材质分为硬质箔、半硬质箔和软质箔；按表面状态分为单面光铝箔和双面光铝箔；按铝箔的加工状态，可分为：

(1) 素箔　轧制后不经其他加工的铝箔，也称光箔。

(2) 压花箔　表面上压有各种花纹的铝箔。

(3) 复合箔　把铝箔和纸、塑料薄膜、纸板贴合在一起形成的复合铝箔。

(4) 涂层箔　表面上涂有各类树脂或涂料的铝箔。

(5) 上色铝箔　表面上涂有单一颜色的铝箔。

(6) 印刷铝箔　通过印刷在表面上形成各种花纹、图案、文字或画面的铝箔。

2. 铝箔的性能

(1) 优良的防潮性能

铝箔虽薄，但比塑料薄膜的防潮性能要好。表 6-16 将不同厚度的铝箔与塑料薄膜的透湿度进行了比较。

铝箔和塑料薄膜的透湿度　　**表 6-16**

材料品种	厚度(mm)	透湿度[g/(m²·24h)]
素箔	0.013	0.60～4.80
素箔	0.025	0～0.46
素箔	0.03～0.15	0
聚乙烯	0.10	4.8
聚氯乙烯	0.02	157
玻璃纸	—	50～70

(2) 绝热性能优异

铝箔是良好的绝热材料，其绝热性能表现在表面的热辐射性能上。铝是一种温度辐射性能极差而对太阳光的反射能力很强（反射比为 87%～97%）的金属。热工设计时把铝箔视为灰体。

(3) 力学性能

铝箔的力学性能包括抗拉强度、伸长率、破裂强度和撕裂强度。当铝箔厚度为 5～200μm 时，硬质箔抗拉强度为 95～147MPa，伸长率为 0.4%～1.6%；软质箔的抗拉强度为 29.4～74.5 MPa，伸长率为 1%～22%。破裂强度是指铝箔抵抗表面垂直方向受到均匀压力而不破裂的能力；撕裂强度是指规定尺寸的试样，用两点夹持使试样受切力而撕裂时的抗力，单位是 N/15mm。铝箔的技术标准应符合《铝合金箔》GB 3614—83 及《工业纯铝箔》GB 3198—82 中的规定。

3. 铝箔的应用

铝箔做绝热材料时，需要依托层制成铝箔复合绝热材料。依托层可采用玻璃纤维布、石棉纸、纸张、塑料等，用水玻璃、沥青、热塑性树脂等做粘合剂粘贴成卷材或板材。

建筑上应用较多的卷材是铝箔牛皮纸和铝箔布，它们的依托层是牛皮纸和玻璃纤维布。铝箔牛皮纸用在空气间层作绝热材料，铝箔布多用在寒冷地区做保温窗帘，在炎热地区做隔热窗帘。

用于室内装修时，可选用适当色调和图案的板材型。如铝箔泡沫塑料板、铝箔波形板、微孔铝箔波形板、铝箔石棉纸夹心板等，它们强度较高，刚度较好，既有很好的装饰作用，又能起到隔热、保温的作用，微孔铝箔波形板还有很好的吸声功能。

铝箔用在炎热地区的围护结构外表面，可反射掉大量太阳辐射热，产生“冷房效应”；用在寒冷地区，则可减少室内向室外的散热损失，提高结构保温能力。常用材料为铝箔油毛毡，既防水又绝热。

6.4.2 铝合金百叶窗帘、窗帘架（窗帘轨）

铝合金百叶窗帘是以铝镁合金制作的小叶片，通过梯形尼龙绳串联而成。百叶片的角度可根据室内光线明暗的要求及通风量大小的需要，拉动尼龙绳进行调节（百叶片可同时翻转 180°）。窗帘开闭灵活，使用方便，经久不锈，造形美观，可用于窗户遮阳或遮挡视线。适用于高层建筑、宾馆、饭店、工厂、医院、学校、办公楼、图书馆等各种民用建筑中需要对光线进行遮挡或调节的场所。

铝合金窗帘架（窗帘轨）是各类宾馆、饭店、办公楼和住宅等广泛使用的窗上装饰，供挂窗帘用，是一种理想的装饰用品。常见的窗帘轨道从外形分，有方形、圆形等多种；从结构角度分，有工字式、封闭式、双槽式、电动式等。

6.4.3 搪瓷铝合金制品

向窑炉中装入加有磨细的颜料的玻璃，以高温（超过 427℃）熔融后，搪涂在铝合金表面上能制得色泽漂亮、坚固耐用的装饰制品。具有极强的耐酸、碱能力，并不受气候影响。由于瓷釉可以薄层施加，因而它在铝合金表面上的粘附力比在其他金属上更好，能抵抗相当大的冲击不碎裂。且瓷釉能制成各种颜色与任何光泽度，不易褪色，是一种高档的装饰材料。

6.4.4 铝合金龙骨

铝合金龙骨是以铝合金板材为主要原料，轧制成各种轻薄型材后组合安装而成的一种金属骨架。按用途分为隔墙龙骨和吊顶龙骨两类。隔墙龙骨多用于室内隔断墙，它以龙骨为骨架，两面覆以石膏板或石棉水泥板、塑料板、纤维板等为墙面，表面用塑料壁纸和贴墙布、内墙涂料等进行装饰，组成完整的新型隔断墙；吊顶龙骨用作室内吊顶骨架，面层采用各种吸声吊顶板材，形成新颖美观的室内吊顶。铝合金吊顶龙骨的规格和性能见表 6-17。

铝合金吊顶龙骨的规格和性能　　　　表 6-17

名　称	铝龙骨	铝平吊顶筋	铝边龙骨	大龙骨	配件
规格(mm)	φ4, 22, 22 壁厚 1.3	22, 22 壁厚 1.3	22, 22 壁厚 1.3	45, 15 壁厚 1.3	龙骨等的连接件及吊挂件
截面积(cm²)	0.775	0.555	0.555	0.87	
单位质量(kg/m)	0.21	0.15	0.15	0.77	
长度(m)	3 或 0.6 的倍数	0.596	3 或 0.6 的倍数	2	
机械性能	抗拉强度 210MPa)	延伸率 8%			

铝合金龙骨具有强度大、刚度大、自重轻、通用性好、耐火性能好、隔声性能强、安装简易等优点，且可灵活布置和选用饰面材料，装饰美观，是广泛适用于宾馆、厅堂、影剧院、体育馆、商店、计算机房等中高档建筑的吸声顶棚的吊顶构件。

6.4.5　铝合金花格网

铝合金花格网是以铝合金材料经挤压、碾轧、展延、阳极着色等工序加工而成的各种以菱形和组合菱形为结构网状图案的新型金属建筑装饰材料。铝合金花格具有外形美观、重量轻、机械强度高、规格式样多、耐酸碱腐蚀性好、不积污、不生锈等特点，颜色有银白、古铜、金黄、黑色等多种。《铝合金花格网》YS/T 92—1995 规定了其型号、花形及规格，见表 6-18，如图 6-6 所示。

铝合金花格网的型号、花形及规格(YS/T 92—1995)　　　　表 6-18

型　号	花　形	厚度(mm)	宽度(mm)	长度(mm)
LGH101	中孔花	5.0, 5.5, 6.0, 6.5, 7.0, 7.5	480 ~ 2000	≤6000
LGH102	异型花			
LGH103	大双花			
LGH104	单双花			
LGH105	五孔花			

注:用户需要其他规格时,由供需双方协商。

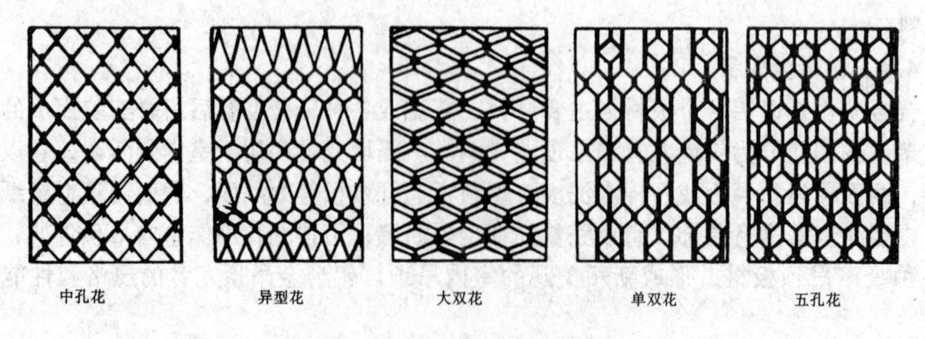

图 6-6　铝合金花格网的花形

铝合金花格网适用于公寓大厦平窗、凸窗、花架、屋内外设置、球场防护网、护沟和学校、工厂、工地围墙等作安全防护、防盗设施和装饰。

6.5 装饰用钢材制品

6.5.1 普通不锈钢制品

1. 不锈钢的定义

不锈钢是以铬（Cr）为主要合金元素、具有优良不锈蚀特征的合金钢。

铬在不锈钢中，因其性质比铁活泼，首先与环境中的氧化合，生成一层与钢基体牢固结合的致密氧化层（称为钝化膜），能很好地保护合金钢，使之不致锈蚀。铬的含量越高，钢的抗腐蚀性越好。不锈钢中还需加入镍（Ni）、锰（Mn）、钛（Ti）、硅（Si）等元素，以改善不锈钢的性能。

2. 不锈钢的分类

按化学成分的不同，可将不锈钢分为铬不锈钢、铬镍不锈钢和高锰低铬不锈钢等几类；按耐腐蚀特点的不同，可分为普通不锈钢（简称不锈钢）和耐酸钢两类。普通不锈钢具有耐大气和水蒸气侵蚀的能力；耐酸钢除对大气和水蒸气有抗蚀能力外，还对某些化学侵蚀介质（如酸、碱、盐溶液）具有良好的抗腐蚀性。常用的不锈钢有40多种。

3. 不锈钢的性能、规格和应用

不锈钢不但耐腐蚀性强，而且还具有金属光泽。不锈钢经不同的表面加工，可形成不同的光泽度，并按此划分为不同的等级。高级的抛光不锈钢具有镜面玻璃般的反射能力。

不锈钢可制成板材、型材和管材。装饰外部应用最多的是不锈钢薄板，厚度在0.2~2.0mm之间，具有热轧和冷轧两种。常用不锈钢薄板的机械性能、规格分别见表6-19及表6-20。

不锈钢板的机械性能（GB 4239—91） **表 6-19**

常用牌号	机械性能			硬度	
	$\sigma_{0.2}$(MPa)	σ_b(MPa)	δ(%)	HB	HV
1Cr17Ni8	≥210	≥580	≥45	≤187	≤200
1Cr17Ni9	≥250	≥530	≥40	≤187	≤200

不锈钢薄板主要用于不锈钢包柱。目前，不锈钢包柱被广泛用于大型商场、宾馆和餐馆的入口、门厅、中厅等处，利用其镜面的反射作用，可取得与周围环境中的各种色彩、景物交相辉映的效果。不锈钢薄板还可用作广告牌。

不锈钢管材、型材等装饰制品，如各种弯头规格的不锈钢楼梯扶手，以它轻巧、精致、线条流畅展示了优美的空间造型，使周围环境得到了升华。不锈钢自动门、转门、拉手、五金等，使建筑达到了尽善尽美的境地。不锈钢龙骨近几年也开始应用，其刚度高于铝合金龙骨，因而具有更强的抗风压性和安全性，并且光洁、明亮，主要用于高层建筑的玻璃幕墙中。

6.5.2 彩色不锈钢板

常用不锈钢板参考规格(mm) **表 6-20**

钢板厚度	钢板宽度									备注
	500	600	700	750	800	850	900	950	1000	
	钢板长度									
0. 35, 0. 4 0. 45, 0. 5 0. 55, 0. 6 0. 7, 0. 75	1000 1500 2000	1200 1500 1800 2000	1000 1420 2000	1000 1500 1800 2000	1500 1600 2000	1700 2000	1500 1800 2000	1500 1900 2000	1500 2000	热轧钢板
0. 8, 0. 9	1000 1500	1200 1420	1400 2000	1500 1800 2000	1500 1600 2000	1500 1700 2000	1500 1800 2000	1500 1900 2000	1500 2000	
1. 0, 1. 1, 1. 2, 1. 25, 1. 4, 1. 5, 1. 6, 1. 8	1000 1500 2000	1200 1420 2000	1000 1420 2000	1000 1500 1800 2000	1500 1600 2000	1500 1700 2000	1000 1500 1800 2000	1500 1900 2000	1500 2000	
0. 2, 0. 25, 0. 3, 0. 4	1000	1200 1800 2000	1420 1800 2000	1500 1800 2000	1500 1800 2000	1500 1800 2000	1500 2000		1500 2000	冷轧钢板
0. 5, 0. 55, 0. 6	1000 1500	1200 1800 2000	1420 1800 2000	1500 1800 2000	1500 1800 2000	1500 1800 2000	1500 1800		1500 2000	
0. 7, 0. 75	1000 1500	1200 1800 2000	1420 1800 2000	1500 1800 2000	1500 1800 2000	1500 1800 2000	1800 2000		2000	
0. 8, 0. 9	1000 1500	1200 1800 2000	1420 1800 2000	1500 1800 2000	1500 1800 2000	1500 1800 2000	1500 1800 2000		1500 2000	
1. 0, 1. 1, 1. 2, 1. 4, 1. 5, 1. 6, 1. 8, 2. 0	1000 1500 2000	1200 1800 2000	1420 1800 2000	1500 1800 2000	1500 1800 2000	1500 1800 2000	1800 2000		2000	

彩色不锈钢板是由普通不锈钢板经过艺术加工后，使其成为各种色彩绚丽的不锈钢装饰板，其颜色有蓝、灰、紫、红、青、绿、橙、金黄及茶色等多种。采用不锈钢板装饰墙面，坚固耐用、美观新颖，具有强烈的时代感。

彩色不锈钢板抗腐蚀性强，耐盐雾腐蚀性能超过一般的不锈钢；机械性能好，其耐磨和耐刻划性能相当于镀金箔层的性能。彩色不锈钢板的彩色面层能耐 200℃温度，其色泽随光照角度的不同而产生变幻的效果。即使弯曲 90°，彩色面层也不会损坏，面层色彩经久不褪色。彩色不锈钢板可作电梯厢板、车厢板、厅堂、墙板、顶棚板、建筑装潢、招牌等装饰之用，也可用作高级建筑的其他局部装饰。

6. 5. 3 彩色涂层钢板

1. 生产方法

彩色涂层钢板，又称为有机涂层钢板，是以冷轧钢板或镀锌钢板的卷板为基板，经过刷磨、除油、磷化、钝化等表面处理后，施涂多层有机涂料并经烘烤而成的装饰板材。

基板表面形成的一层极薄的磷化钝化膜，对增强基材的耐腐蚀性和提高漆膜对基材的附着力具有重要作用。经过表面处理的基板在通过辊涂机时，基板的两面被涂覆一层有机涂料，再通过烘烤炉加热使涂层固化。一般涂覆并烘烤两次，即采用所谓的“双涂双烤”工艺，便可获得彩色涂层钢板。有机涂料可以配制成各种不同的颜色和花纹。涂层必须具有良好的抗腐蚀和抗水蒸气渗透的能力，避免产生腐蚀斑点；还必须具有与基板良好的粘结性能。常用的有机涂料有聚氯乙烯（PVC）、环氧树脂、聚酯、聚丙烯酸酯、酚醛树脂等。其中以环氧树脂的耐酸、碱、盐腐蚀能力最强，粘结力和抗水蒸气渗透能力最优。

彩色涂层钢板的断面结构如图 6-7 所示。

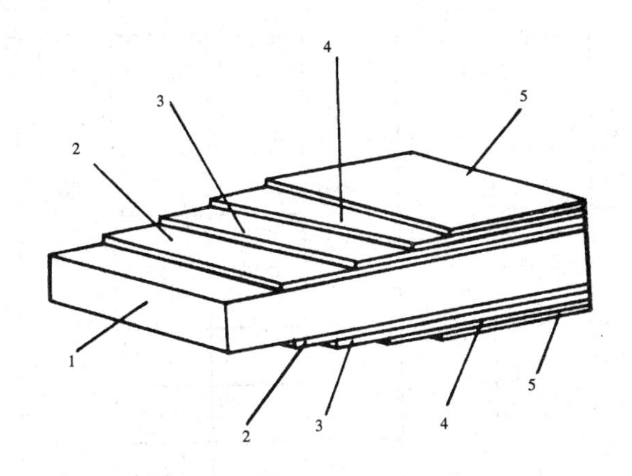

图 6-7 彩色涂层钢板的断面结构示意图

1—冷轧板；2—镀锌层；3—化学转化层；4—初涂层；5—精涂层

2. 产品规格与性能要求

彩色涂层钢板的长度为 500～4000mm，宽度为 700～1550mm，厚度为 0.3～2.0mm。彩色涂层钢板的表面不允许有气泡、划伤、漏涂、颜色不均等有害于使用的缺陷。彩色涂层钢板的性能应符合 GB/T 12754—91 的规定，见表 6-21。

3. 特点和应用

彩色涂层钢板是由基板和有机涂层组成的复合板材，它既具有有机材料的绝缘、耐磨、耐酸碱、耐油及醇的侵蚀及装饰效果好等优点，又具有钢板的机械强度高、加工性能好的长处，可切断、弯曲、钻孔、铆接、卷边等。在建筑装饰工程中采用彩色涂层钢板作墙板、屋面板、瓦楞板、防水汽渗透板、排气管、通风管等，既可提高装饰效果，延长使用寿命，也可显著降低建筑物的自重。

6.5.4 彩色涂层压型钢板

彩色涂层压型钢板是将彩色涂层钢板辊压加工成 V 形、梯形、水波纹等形状。用彩色涂层压型钢板与 H 形钢、冷弯型材等各种经济断面型材配合建造房屋，已发展成为一种完整的、成熟的建筑体系。它使结构的重量大大减轻，某些以彩色涂层压型为围护结构的全钢结构的用钢量，已接近或低于钢筋混凝土结构的用钢量，充分显示出这一建筑体系的综合经济效益。

《建筑用压型钢板》GB/T 12755—91 规定压型板表面不允许有用 10 倍放大镜所观察到的裂纹存在，不得有涂层脱落以及影响使用性能的擦伤。

彩色涂层钢板的性能(GB/T 12754—91)

表 6-21

板材种类		涂层厚度(μm)	60°光泽度(%)			铅笔硬度	弯曲		反向冲击(J)		耐盐雾(h)
用途	涂料种类		高	中	低		厚度≤0.8mm 180°T	厚度>0.8mm	厚度≤0.8mm	厚度>0.8mm	
建筑外用	外用聚酯	≥20	>70	40~70	<40	≥HB	≤8	90°	≥6	≥9	≥500
	硅改性聚酯						≤10		≥4		≥750
	外用丙烯酸										≥500
	塑料溶胶	≥100	–			–	0		≥9		≥1000
建筑内用	内用聚酯	≥20	>70			≥HB	≤8		≥6	≥9	≥250
	内用丙烯酸								≥4		
	有机溶胶	≥30	–			–	≤2		≥9		≥500
	塑料溶胶	≥100	–				0				≥1000
家用电器	内用聚酯	≥20	>70		–	≥HB	≤4	–	≥6	–	≥200

压型板共有27种不同的型号。压型板波距的模数为50,100,150,200,300mm(也有例外);波高为21,28,35,38,51,70,75,130,173mm;有效覆盖宽度的尺寸系列为300,450,600,750,900,1000mm(也有例外)。压型板(XY)的型号顺序以波高、波距、有效覆盖宽度来表示,如YX35-125-750表示波高为35mm,波距为125mm,有效覆盖宽度为750mm的压型板。图6-8为该型号压型板的板型。

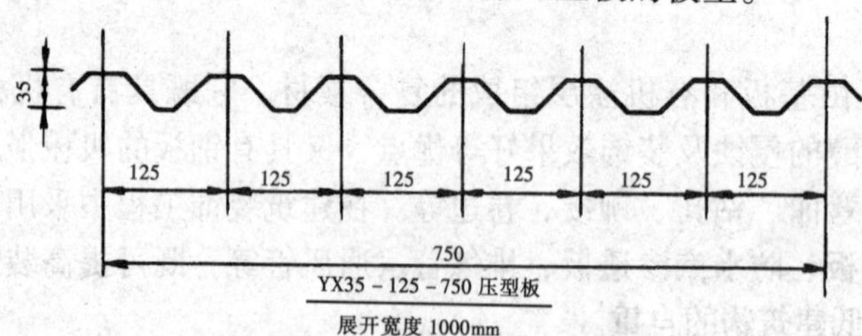

图 6-8 YX35-125-750 压型板的板型

彩色涂层压型钢板具有轻质高强、美观耐用、抗震性能好、施工简便等特点,可代替石棉瓦、玻璃钢瓦及普通屋面材料,适用于工业和民用建筑的屋面板、墙板和楼层板等,特别适用于大跨度厂房、粮棉库、冷库房、活动房屋顶和墙板等处。

6.5.5 彩钢复合板

彩钢复合板是以彩色压型钢板为面板,轻质保温材料为芯材,经施胶、热压、固化复合而成的轻质板材。

彩钢复合板的面板可用彩色涂层压型钢板、彩色镀锌钢板、彩色镀铝钢板、彩色镀铝合金钢板或不锈钢板等。其中以彩色涂层压型钢板应用最为广泛。

彩钢复合板常用的芯材有自熄型聚苯乙烯板、硬质聚氨酯泡沫塑料、岩棉、玻璃棉。由于岩棉、玻璃棉是阻燃型的，故以其为芯材的轻质板具有较好的耐火极限。

彩钢复合板重量轻（为混凝土屋面重量的1/20～1/30）、保温隔热[其导热系数值为≤0.035W/(m·K)]、隔声、立面美观、耐腐蚀，可快速装配化施工（无湿作业，不需二次装修）并可增加有效使用面积。该板较厚的芯材对金属面板起着稳定和防止受压变形的作用，面板在板材受弯时承受压应力，可提高复合板的弯曲刚度，所以彩钢复合板为一种高效结构材料。产品规格见表6-22。

彩钢复合板的规格(mm)　　　　**表6-22**

厚度(mm)	50	75	100	125	150	175	200	225	250
重量(kg/m^2)	11.72	12.12	12.53	12.93	13.33	13.75	14.13	14.53	14.93
宽度(mm)	1200								
长度(mm)	按需加工								

注：重量以面板为0.6mm彩色钢板，芯材为聚苯乙烯计。

彩钢复合板是一种集承重、保温、防水、装修于一体的新型围护结构材料。适用于工业厂房的大跨度结构屋面，公共建筑的屋面、墙面和建筑装修以及组合式冷库、移动式房屋等。使用寿命在20～30年，不脱漆。结构造型别致，色泽艳丽，无需装饰。

6.5.6　轻钢龙骨

轻钢龙骨是以镀锌带、薄壁冷轧退火卷带钢或彩色涂层钢板（带）为原料，经冷弯冲压而成的骨架支撑材料，用于墙面隔断、顶棚装饰时，支承各种装饰面板。国家标准《建筑用轻钢龙骨》GB 11981—89规定了产品规格、技术要求、试验方法等。

1. 分类

轻钢龙骨按用途分有隔断龙骨和吊顶龙骨。隔断龙骨分为竖龙骨、横龙骨、通贯龙骨、沿顶龙骨、沿地龙骨。吊顶龙骨分为主龙骨（大龙骨），也叫承载龙骨；次龙骨（中龙骨或小龙骨），也叫覆面龙骨。

轻钢龙骨按断面形状分类有T形龙骨、U形龙骨、C形龙骨、L形龙骨、H形龙骨。图6-9表示了龙骨的断面形状。

2. 代号与标记

隔断龙骨的代号为Q，吊顶龙骨的代号为D。轻钢龙骨的产品标记为顺序为：产品名称、代号、断面宽度、高度、钢板厚度和标准号。例如：建筑用轻钢龙骨DC50×15×1.5 GB 11981表示断面形状为C形，宽度为50mm，高度为15mm，钢板厚度为1.5mm的吊顶承载龙骨。

3. 产品规格

隔断龙骨的主要规格有Q50、Q75、Q100；吊顶龙骨的主要规格有D38、D45、D50、D60。各品种的型号规格及断面形状见表6-23。

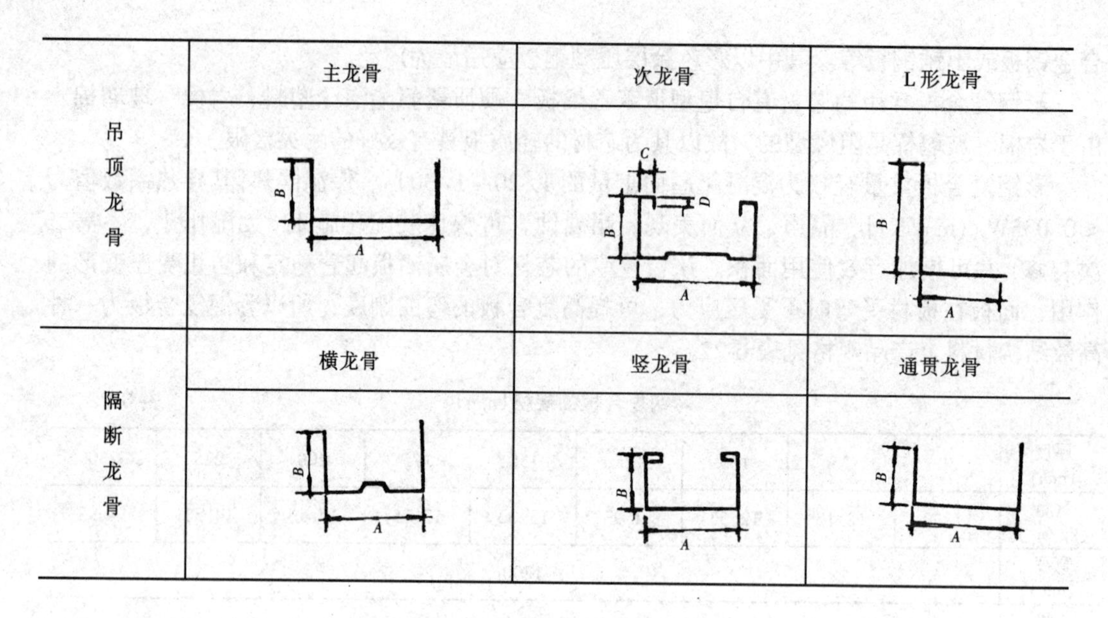

图 6-9 轻钢龙骨的不同断面形状

隔断和吊顶用轻钢龙骨的品种、形状及规格　　表 6-23

	品种	型号	简图	规格 (mm×mm×mm)	尺寸(mm)
隔断龙骨	横龙骨	QU50－1		50×50×0.7	3000
		QU75－1		75×50×0.7	3000
	竖龙骨	QC50－2		52×40×0.7	3000
		QC75－2		76.5×40×0.7	3000
	通贯龙骨	QU38		38×12×1.2	3000
吊顶龙骨	承载龙骨	DU38		38×12×1.2	3000
		DU45		45×12×1.2	3000
		DU50		50×15×1.5	3000
		DU60		60×30×1.5	3000
	覆面龙骨	DC25		25×19×0.5	3000
		DC50		50×19×0.5	3000
	嵌装式龙骨	T16/40		16×40×0.8	2000

4. 安装

(1) 隔断龙骨的安装

隔断轻钢龙骨的断面有U形和C形，分为沿顶沿地龙骨、竖龙骨、横撑龙骨和加强龙骨。沿顶沿地龙骨与沿墙沿柱竖向龙骨构成隔断的边框，中间均布若干根竖向龙骨作主要受力构件；横撑龙骨或通贯横撑龙骨与竖向龙骨垂直安设，构成骨架增加刚度；加强龙骨常用于门框等处的加强。龙骨之间通过支撑卡、卡托、角托等连接件相连。表6-24列出了隔断龙骨的主要配件用途；图6-10为隔断轻钢龙骨的装配示意图。

隔断龙骨的主要配件及用途 **表6-24**

名称	支撑卡	卡托	角托	横撑连接件	加强龙骨固定件
图例					
用途	竖向龙骨加强卡	竖向龙骨开口面与通贯横撑或横撑连接	竖向龙骨背面与通贯横撑或横撑连接	通贯横撑连接	加强龙骨与主体结构连接

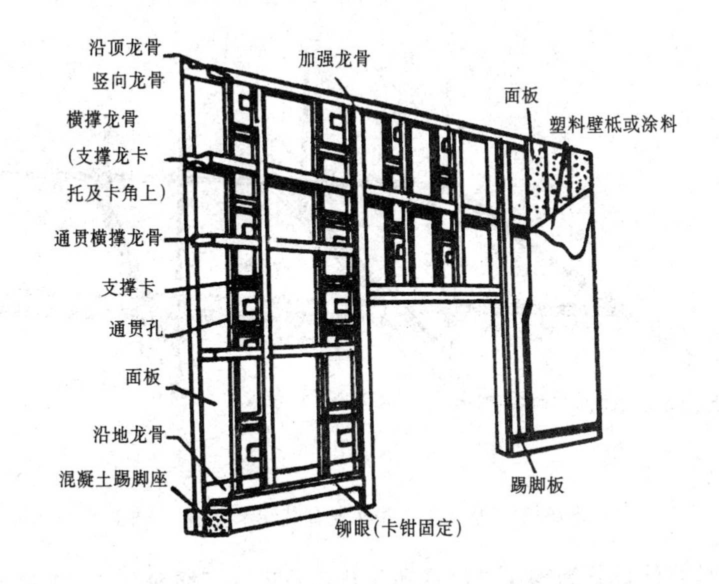

图6-10 隔断轻钢龙骨的装配示意图

(2) 吊顶龙骨的安装

轻钢龙骨的吊顶有一些分类形式。

1) 按吊顶的承载能力分为上人吊顶和不上人吊顶。上人吊顶可承受80~100kg的集中荷载，常应用于空间较大的影剧院、音乐厅、会堂等；不上人吊顶只承受吊顶本身的重量，龙骨断面一般较小。如常与T形铝合金龙骨配用的各类轻质罩面板所构成的活动式吊顶，均为不上人吊顶。图6-11为U形上人吊顶轻钢龙骨装配示意图，图6-12为T形不上人吊顶龙骨装配示意图。

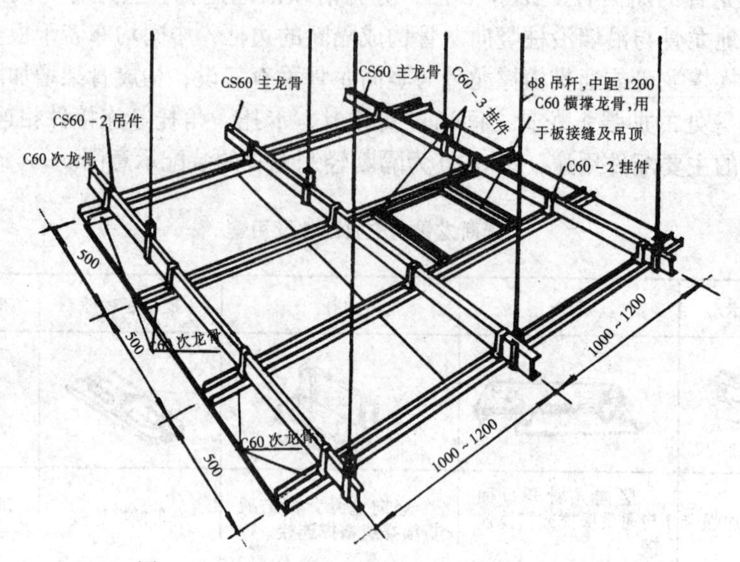

图 6-11 U 形上人吊顶轻钢龙骨装配示意图

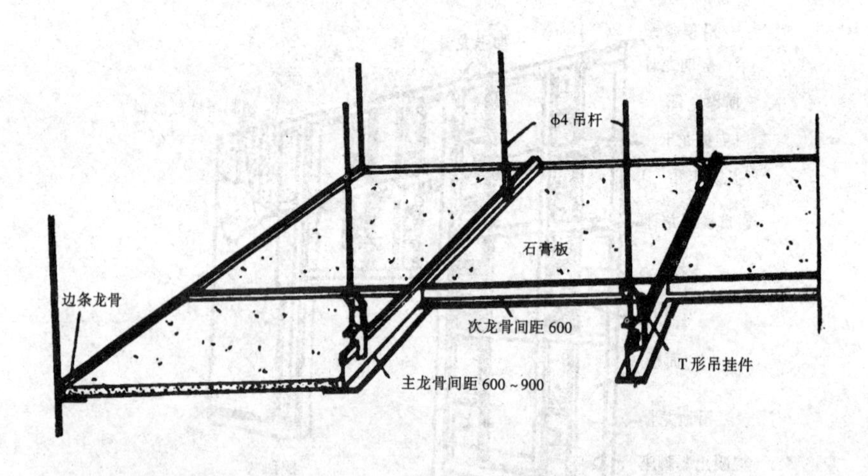

图 6-12 T 形不上人吊顶龙骨装配示意图

2）按龙骨是否外露分为露龙骨吊顶和隐蔽式吊顶（不露龙骨）。T 形龙骨吊顶即为露龙骨吊顶，U 形龙骨与石膏板构成的吊顶为隐蔽式吊顶。

3）按吊顶的形状分有平吊顶、人字形吊顶、斜面吊顶和变高度吊顶。图 6-13 为斜面吊顶、变高度吊顶和人字形吊顶的节点构造。

5. 特点和应用

轻钢龙骨作为吊顶和隔墙的构件，具有强度大、刚度大、自重轻、防火性能好、抗震性能好、安装简便等特点。多用于防火要求高的室内装饰和隔断面积大的室内墙体。

6.5.7 彩板组角钢门窗

彩板组角钢门窗以彩色涂层钢板为原料，完全摒弃了能耗高的焊接工艺，全部采用插接件组角自攻螺钉联接。其机械物理性能优良，风压强度、气密性、水密性等指标与铝合金门窗性能指标相似；表面涂层质量好，解决了空腹钢门窗的腐蚀问题；生产能耗低，每

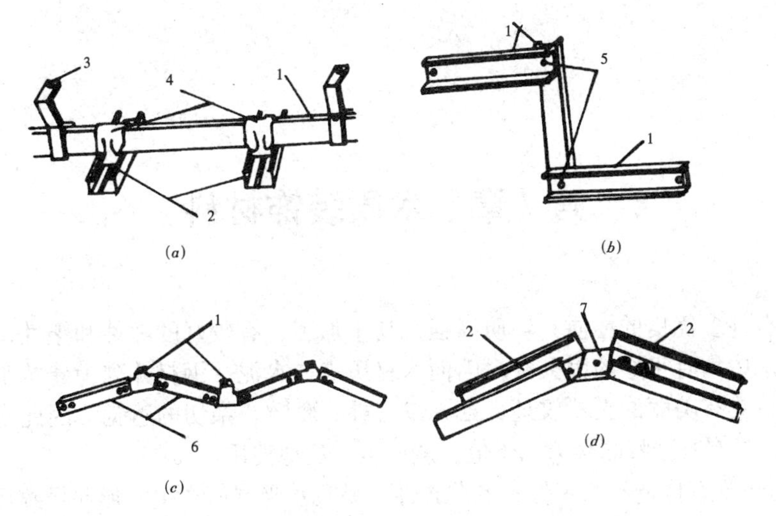

图 6-13 斜面吊顶、变高度吊顶及人字形吊顶节点

(*a*)斜面吊顶节点;(*b*)变高度吊顶节点;(*c*)人字形吊顶节点(一);(*d*)人字形吊顶节点(二)

1—主龙骨;2—次龙骨;3—主龙骨吊挂件;4—次龙骨吊挂件;5—螺丝;6—主龙骨插挂件;7—中龙骨插挂件

生产 $1m^2$ 的门窗比普通钢门窗节省 1kW·h 的能量；设计美观大方，成窗后平整度好，涂层色泽鲜艳，并有不同的颜色以适合建筑物不同的外装修，使建筑设计师进行建筑立面设计时有更大的选择性，而建筑物更具有现代化的特色；产品设计系列化、通用化；开启灵活，关闭严密。适用于中高级宾馆、饭店、展览馆、影剧院、办公楼、计算机房、实验室、住宅等各类建筑。

复习思考题

1. 铝合金门窗有哪些特点？对铝合金门窗的主要技术要求有哪些？
2. 铝合金装饰板主要有哪几种？各有何特点？
3. 装饰用钢板主要有哪些？各有何特性？
4. 轻钢龙骨主要有哪些品种？各品种有哪些断面形状和用途？

第7章　木质装饰材料

木材具有许多优良的性质：轻质高强，易于加工，有较好的弹性和塑性，在干燥环境或长期置于水中均有很好的耐久性。因而木材历来与水泥、钢材并列为建筑工程的三大材料。由于木材具有美丽的天然纹理，给人以古朴、雅致、亲切的感觉，因此木材作为装饰与装修材料，具有其独特的魅力和价值，从而被广泛地使用。

木材同时还具有构造不均匀性，各向异性，易吸水吸湿而产生变形并导致尺寸、强度等变化，在干湿交替环境中耐久性能变差，易燃，易腐，天然瑕疵较多等缺点。这使得木材在应用时受到了很大限制。

由于木材使用范围广，需求量大，生产周期长，因此对木材的节约使用与综合利用就显得尤为重要。

7.1　木材概述

7.1.1　木材的分类和构造

1. 木材的分类

木材的树种很多，从树叶的外观形状可将木材分为针叶树木和阔叶树木两大类。

（1）针叶树

针叶树树叶细长如针，多为常绿树，树干通直而高大，易得大材。针叶树材质均匀，纹理平顺，木质软而易于加工，所以又称为“软木材”。针叶树木材强度较高，表观密度和胀缩变形较小，常含有较多的树脂，耐腐蚀性较强。针叶树木材是主要的建筑用材，广泛用于各种承重构件、装饰和装修部件。常用的树种有松、杉、柏等。

（2）阔叶树

阔叶树树叶宽大，大都为落叶树，树干通直部分一般较短，大部分树种的表观密度大，材质较硬，较难加工，所以又称为“硬木材”。阔叶树木材干缩湿胀较大，易于翘曲变形，较易开裂，建筑上常用作尺寸较小的构件。有些树种具有美丽的纹理，适用于室内装修，制作家具及胶合板等。常用树种有榆木、榉木、柞木、水曲柳、椴木等。

2. 木材的构造

（1）木材的宏观构造

木材的宏观构造，是指用肉眼或放大镜所能看到的木材组织。木材由树皮、木质部和髓心组成。中心颜色较深的部分，称为“心材”；靠近横切面外部颜色较浅的部分，称为“边材”。在横切面上深浅相同的同心环，称为“年轮”。年轮由春材（早材）和夏材（晚材）两部分组成。从髓心向外的辐射线，称为“髓线”。髓线与周围组织联结弱，木材干燥时易沿此线开裂。

（2）木材的微观构造

木材的微观构造，是指用显微镜所能观察到的木材组织。在显微镜下，可以看到木材是由无数管状细胞结合而成的。每个细胞都有细胞壁和细胞腔两个部分。细胞壁由若干层细纤维组成，纤维之间有微小的空隙能渗透和吸附水分。

细胞本身的组织构造在很大程度上决定了木材的性质。夏材组织均匀、细胞壁厚、腔小，故质坚实、表观密度大、强度高，但湿胀干缩率大。春材细胞壁薄、腔大，故质松软、强度低，但湿胀干缩率小。

7.1.2 木材的性质

1. 化学性质

木质素、纤维素、半纤维素是木材细胞壁的主要组成，此外还有少量的油脂、树脂、果胶质、蛋白质、无机盐等。木材的化学性质复杂多变。在常温下木材对稀的盐溶液、稀酸、弱碱有一定的抵抗能力，但随着温度的升高，木材的抵抗能力显著降低。而强酸、强碱在常温下也会使木材发生变色、湿胀、水解、氧化、酯化、降解交联等反应。在高温下即使是中性溶液也会使木材发生水解等反应。

木材的上述化学性质也正是木材某些处理、改性以及综合利用的工艺基础。

2. 物理性质

（1）密度与表观密度

木材的密度各树种相差不大，一般为1.48～1.56g/cm³。

木材的表观密度与木材的孔隙率、含水率以及其他一些因素的变化有关。一般有气干表观密度、绝干表观密度和饱水表观密度之分。木材的表观密度愈大，其湿胀干缩率也愈大。树种不同，表观密度也不同。如台湾的二色轻木为0.186g/cm³，东北的水曲柳为0.686 g/cm³，河南的泡桐为0.283 g/cm³，广西的蚬木为1.128 g/cm³。就是同一树种，木材的表观密度也会因产地、生长条件、树龄等不同而不同。

（2）吸湿性与含水率

由于纤维素、半纤维素、木质素的分子均具有较强的亲水力，所以木材很容易从周围环境中吸收水分。木材中所含的水根据其存在形式可分为三类：

1）自由水　存在于细胞腔中和细胞的间隙中的水。自由水含量影响木材的表观密度、燃烧性和抗腐蚀性。

2）吸附水　被吸附在细胞壁内细纤维间的水分。吸附水含量是影响木材强度和胀缩变形的主要原因。

3）化合水　即木材化学组成中的结合水。它在常温下不变化，对木材的性质一般无影响。

当木材中无自由水，而细胞壁内吸附水达到饱和时，这时的木材含水率称为“纤维饱和点”。木材的纤维饱和点随树种而异，一般介于25%～35%，通常取其平均值，约为30%。纤维饱和点是木材物理力学性质发生变化的转折点。

木材中所含的水分是随着环境的温度和湿度的变化而改变的。当木材长时间处于一定温度和湿度的环境中，木材中的含水量最后会达到与周围环境湿度相平衡，这时木材的含水率称为平衡含水率。它是木材进行干燥时的重要指标。

（3）湿胀与干缩

木材具有很显著的湿胀干缩性。当木材的含水率大于纤维饱和点时，木材干燥或吸湿只有自由水增减变化，木材的体积不发生变化；当木材的含水率小于纤维饱和点时，木材干燥细胞壁中的吸附水开始蒸发，木材体积收缩，反之，干燥木材吸湿后，将发生体积膨胀。因此，木材的纤维饱和点是木材发生湿胀干缩变形的转折点。

由于木材构造的不均匀性，造成了在不同方向的胀缩值不同。其中以弦向最大，径向次之，纵向（即顺纤维方向）最小。木材显著的湿胀干缩变形，对木材的实际应用带来严重的影响。干燥会造成木结构的拼缝不严、接榫松弛、翘曲开裂，而湿胀又会使木材产生凸起变形。为了避免这种不利影响，最根本的措施：在木材加工制作前预先将木材进行干燥处理，使木材干燥至其含水率与将作成的木制品使用时所处环境的湿度相适应时的平衡含水率。

(4) 其他物理性质

木材的导热系数随其表观密度增大而增大，顺纹方向的导热系数大于横纹方向；干木材具有很高的电阻。当木材的含水量提高或温度升高时，木材电阻会降低；木材具有较好的吸声性能，故常用软木板、木丝板、穿孔板等作为吸声材料。

3. 力学性能

建筑上通常利用的木材强度主要有抗压强度、抗拉强度、抗弯强度和抗剪强度。其中抗压、抗拉、抗剪强度又有顺纹与横纹之分。作用力方向与纤维方向平行时，称为“顺纹”；作用力方向与纤维方向垂直时，则称为“横纹”。

当木材的含水率小于纤维饱和点时，随着含水率降低，吸附水减少，木材强度增大，反之，强度则减少。木材的含水率对各种强度的影响不同，对顺纹抗压和抗弯强度影响较大，对顺纹抗剪强度影响较小，而对抗拉强度几乎没有什么影响。

木材的强度随环境温度的升高而降低。当木材长期处于40~60℃的环境中，木材会发生缓慢的炭化。当温度在100℃以上时，木材中部分组成会分解、挥发，木材颜色变黑，强度明显下降。因此如果环境温度长期超出50℃，则不易采用木结构。

此外，木材的缺陷如木节、斜纹、裂缝、腐朽及虫害等，都会对木材的强度有不同程度的影响。

目前，建筑工程上常用木材的主要物理力学性能见表7-1。

常用树种的木材主要物理力学性能 表7-1

树种名称	产地	气干表观密度 (g/cm^3)	干缩系数		顺纹抗压 (MPa)	顺纹抗拉 (MPa)	抗弯强度 (MPa)	顺纹抗剪 (MPa)	
			径向	弦向				径面	弦面
杉　木	湖南	0.371	0.123	0.277	38.8	77.2	63.8	4.2	4.9
	四川	0.416	0.136	0.286	39.1	93.5	68.4	5.0	5.9
红　松	东北	0.440	0.122	0.321	32.8	98.1	65.3	6.3	6.9
马尾松	安徽	0.533	0.140	0.270	41.9	99.0	80.7	7.3	7.1
落叶松	东北	0.641	0.168	0.398	55.7	129.9	109.4	8.5	6.8
鱼鳞云杉	东北	0.451	0.171	0.349	42.4	100.9	75.1	6.2	6.5
冷　杉	四川	0.433	0.174	0.341	38.8	97.3	70.0	5.0	5.5
柞　栎	东北	0.766	0.190	0.316	55.6	155.4	124.0	11.8	12.9
麻　栎	安徽	0.930	0.210	0.389	52.1	155.4	128.6	15.9	18.0
水曲柳	东北	0.686	0.197	0.353	52.5	138.1	118.6	11.3	10.5
榔　榆	浙江	0.818	—	—	49.1	149.4	103.8	16.4	18.4

7.1.3 木材的防腐与防火

木材具有很多优点，但也存在两大缺点：易腐，易燃。因此在建筑工程中应用木材时，必须考虑木材的防腐和防火问题。

1. 木材的腐蚀与防腐

(1) 木材的腐蚀

木材易受真菌和昆虫的侵害而腐蚀变质。

真菌的种类很多，木材中常见的有霉菌、变色菌、腐朽菌三种。霉菌生长在木材表面；变色菌以木材细胞腔内含物为养料，不破坏细胞壁。所以霉菌、变色菌只使木材变色，影响外观，而不影响木材的强度。腐朽菌对木材危害严重，腐朽菌通过分泌酶来分解木材细胞壁组织中的纤维素、半纤维素和以木质素为其养料，使木材腐朽变坏。

木材除受真菌侵蚀外，还会遭受昆虫的蛀蚀，如白蚁、天牛、蠹虫等。它们在树皮或木质内生存、繁殖，致使木材强度降低，甚至结构崩溃。

(2) 木材的防腐

无论是真菌还是昆虫，其生存繁殖均需要适宜的条件，如水分、空气、温度、养料等。真菌最适宜生存繁殖的条件：温度在25~30℃，木材的含水率为30%~60%，有一定量的空气存在。当温度高于60℃或低于5℃，木材含水率低于25%或高于150%，隔绝空气时，真菌的生长繁殖就会受到抑制，甚至停止。因此，将木材置于通风、干燥处或浸没在水中或深埋于地下或表面涂油漆等方法，都可作为木材的防腐措施。此外，还可采用化学有毒药剂，经喷淋、浸泡或注入木材，从而抑制或杀死菌类、虫类，达到防腐目的。

防腐剂种类很多，常用的有三类：

1) 水溶性防腐剂　主要有氟化钠、硼砂、亚砷酸钠等，这类防腐剂主要用于室内木构件的防腐。

2) 油剂防腐剂　主要有杂酚油（又称克里苏油）、杂酚油—煤焦油混合液等。这类防腐剂毒杀效力强，毒性持久，但有刺激性臭味，处理后材面呈黑色，故多用于室外、地下或水下木构件。

3) 复合防腐剂　主要品种有硼酚合剂、氟铬酚合剂等。这类防腐剂对菌、虫毒性大，对人、畜毒性小，药效持久，因此应用日益扩大。

2. 木材的防火

木材的易燃性是其主要缺点之一。木材的防火处理（也称阻燃处理）旨在提高木材的耐火性，使之不易燃烧；或当木材着火后，火焰不致沿材料表面很快蔓延；或当火焰源移开后，材面上的火焰立即熄灭。

常用的防火处理方法有表面涂敷法和溶液浸注法两种，现简述如下：

(1) 表面涂敷法

木材防火处理表面涂敷法就是在木材的表面涂覆防火涂料，起到既防火，又具防腐和装饰的作用。

木材防火涂料可分为溶剂型防火涂料和水乳型防火涂料两大类。其主要品种、特性和用途见表7-2。

(2) 溶液浸注法

木材防火溶液浸注处理又分为常压浸注和加压浸注两类。浸注处理前要求木材必须达

木材防火涂料主要品种、特性和用途　　表 7-2

	品　种	防　火　特　性	应　用
溶剂型防火涂料	A60-1 型改性氨基膨胀防火涂料	遇火生成均匀致密的海绵状泡沫隔热层，防止初期火势蔓延扩大	高层建筑、商场、影剧院、地下工等可燃部位防火
	A60-501 膨胀防火涂料	涂层遇火体积迅速膨胀 100% 以上，形成连续的蜂窝状隔热层，并释放出阻燃气体，具有良好的阻燃隔热效果	广泛用于木板、纤维板、胶合板等作防火保护
	A60-KG 型快干氨基膨胀防火涂料	遇火膨胀生成均匀致密的泡沫状碳质隔热层，有极好的隔热阻燃效果	公共建筑、高层建筑、地下建筑等有较高防火要求的场所
	AE60-1 膨胀型透明防火涂料	途膜透明光亮，能显示基材原有纹理，遇火时涂膜膨胀发泡，形成防火隔热层，既有装饰性，又具防火性	广泛用于各种木质构件、纤维板、胶合板以及家具的防火保护和装饰
水乳型防火涂料	B60-1 膨胀型丙烯酸水性防火涂料	在火焰和高温作用下，涂层受热分解，放出大量灭火性气体，抑止燃烧。同时涂层膨胀发泡，形成隔热层，阻止火势蔓延	公共建筑、宾馆、学校、医院、商场等建筑的木质构件、纤维板胶合板的表面防火保护
	B60-2 木结构防火涂料	遇火时涂层发生反应，构成绝热的炭化泡膜	建筑物木质构件以及纤维板、胶合板构件的表面防火阻燃处理

到充分气干，并经初步加工成型。以免防火处理后再进行大量锯、刨等加工，将会使木材中浸有阻燃剂的部分被除去。

7.1.4　装饰用木材的选用原则

木材品种很多，但并不都适用于建筑装饰，在选用时应注意以下几个方面：

1. 木材的纹理

木材的纹理是木装饰的主要特点之一，其走向与分布对装饰效果影响较大。如果木墙面的纹理分布均匀、舒展大方，一般用显木纹或半显木纹的油漆工艺，即可使纹理的天然图案得到很好的发挥。如果板面纹理杂乱无章，图案性较差，多用不显木纹的油漆工艺，即以不透明油漆将其遮盖。

木材的纹理因树种不同而有差异，其纹理的粗细、分布等均有所不同。如柚木，纹理直顺、细腻，整个截面变化不大；而水曲柳则纹理美观，走向多呈曲线，构成圆形、椭圆形及不规则封闭曲线图形，且整个截面的纹理造型差异较大。

2. 木材的颜色

木材颜色有深、浅之差别。如红松边材色白微黄，心材黄而微红；黄花松边材色淡黄，心材呈黄色；白松色白；水曲柳淡褐色；枫木淡黄微红等等。不同树种的木材其颜色不同。

木材的色彩影响到室内装饰的整体效果，同时也会影响油漆工艺的运用。比如白松一般利用天然的白底，配合白色的底粉，可获得清淡、华贵的装饰效果。若为深色木材，尽管可用漂亮白剂处理使其颜色变浅，但无论如何也达不到白底的效果。故当室内设计需要淡雅的木装饰时，一般应选用浅色木材，如需暖色调，则应选用深色木材。

3. 木材的缺陷控制

木材的缺陷即木材的疵点，会给装饰效果带来不良影响，木材的缺陷常有以下几种：

（1）变色　木材受菌类侵蚀会引起材色的改变，这种现象称为变色，变色后木材的构造仍完好，能保持原有的硬度，最常见的变色有青皮和红斑。

（2）腐朽　木材受细菌侵蚀，其颜色、相对密度、吸水性、吸湿性、硬度、强度等性能均有所改变。木材一旦腐朽，特别是内部腐朽，便很难用于建筑装饰中。

（3）虫眼　木材若保管不善，遭受蛀蚀，即可能造成虫眼。根据蛀蚀的深浅，有表面虫眼、浅虫眼和深虫眼之分。表面虫眼对使用影响不大，而浅虫眼和深虫眼使木材的装饰性受到很大影响。

（4）裂纹　树木在生长期或采伐后，由于受到温度及湿度变化的影响，木材纤维间发生脱离而产生裂纹。裂纹对装饰效果影响较大，木制品安装后出现裂纹更是装饰工程之大忌。

（5）伤疤　伤疤包括外伤、夹皮等缺陷，破坏了木材的完整性。

（6）树脂囊　树脂囊亦称油眼，是年轮中充满树脂的条状槽沟，其中流出的树脂能污染木制品的表面，故有油眼的部位应该挖掉。

对于木材的缺陷，在装饰工程中应具体情况具体分析，根据装饰等级和油漆工艺综合考虑，装饰等级高，则对木材质量的要求也高。质量好的木材，采用透明油漆涂刷，以显露其美丽的纹理；而材质差缺陷多的木材则应采用混色油漆，将基材表面遮盖。

7.2 木质装饰板

木质装饰板的种类很多，建筑工程中常用的有薄木贴面板、胶合板、纤维板、刨花板、细木工板等。

木质装饰板是利用木材或含有一定量纤维的其他植物作原料，采用一般物理和化学的方法加工而成的。这类板材与天然木材相比，板面宽，表面平整光洁，没有节子、虫眼和各向异性等缺点，不开裂、不翘曲，经加工处理还具有防水、防火、防腐、防酸等性能。

7.2.1　薄木贴面板

薄木贴面板是一种高级的装饰材料。它是将珍贵树种（如柚木、水曲柳、柳桉等）的木材经过一定的加工处理，制成厚度为0.1～1mm之间的薄木切片，再采用先进的胶粘工艺和胶粘剂，粘贴在基板上而制成的。

薄木贴面板花纹美丽动人，材色悦目，真实感和立体感强，具有自然美的特点。采用树根瘤制作的薄木贴面板，具有鸟眼花纹的特色，装饰效果更佳。薄木贴面板主要用作高档建筑的室内墙、门及橱柜等家具的饰面，这种饰面材料在日本采用得较为普遍。

薄木种类很多，按形态分有天然薄木、组合薄木、集成薄木、染色薄木和成卷薄木；按树种分有水曲柳薄木、桦木薄木、柚木薄木和红木薄木等。装饰工程中常用的薄木贴面板品种有水曲柳板、枫木板、柚木板和北欧雀眼板等。薄木贴面板的拼接图案如图7-1所示。

薄木贴面板的质量包括外观及表面物理性能两方面，具体内容见表7-3。

薄木贴面板的常用规格为1830mm×915mm、1830mm×1220mm、2135mm×915mm和2135mm×1220mm，厚度为3～6mm。

薄木贴面板主要用于制作家具、木墙裙及木门等。在施工时应注意以下方面的问题：

图 7-1 薄木贴面板的拼接图案

薄木贴面板的质量要求 表 7-3

项 目	要 求	项 目	要 求
胶合强度	≤1.0MPa	透胶污染面积	≤1%
缝隙宽度	≤0.2mm	叠层、开裂现象	无
孔洞直径	≤2.0mm	自然开裂面积	≤0.5%

(1)在运输中应防止板材被风吹雨淋和磨损碰伤。码放时应平整。

(2)在同一饰面上使用时，应注意板材表面的色彩及纹理应尽可能一致，满足装饰协调的要求。

(3)在立面装饰施工时，应注意将树根方向朝下、树梢朝上。为了便于使用，在生产薄木贴面板时，板背盖有检验印记，有印记的一端即为树根方向。

(4)如做拼花图案时，应注意保证板缝整齐一致。

(5)室内采用薄木贴面板时，在决定采用树种的同时，还应考虑家具色调、灯具灯光以及其他附件的陪衬色彩，以求获得更好地互相辉映。

7.2.2 胶合板

胶合板是用椴、桦、松、水曲柳以及部分进口原木，沿年轮旋切成大张薄片，经过干燥、涂胶，按各层纤维互相垂直的方向重叠，在热压机上加工制成的。胶合板的层数为奇数，如3、5、7……15等。

胶合板大大提高了木材的利用率，其主要特点：材质均匀，强度高，幅面大，平整易加工，不翘不裂，干湿变形小，板面具有美丽的花纹，装饰性好，是建筑中广泛使用的人造板材。

按单板的树种不同，胶合板可分为阔叶树材胶合板和针叶树材胶合板。按耐水程度的不同，胶合板可分为四类：

Ⅰ类（NQF）—— 耐气候、耐沸水胶合板，能在室外使用。

Ⅱ类（NS） —— 耐水胶合板，可在冷水中浸渍，属室内用胶合板。

Ⅲ类（NC）—— 耐潮胶合板，能耐短期冷水浸渍，适于室内使用。

Ⅳ类（BNC）—— 不耐潮胶合板，在室内常态下使用。

胶合板按材质和加工工艺质量的不同，可分为特、一、二、三等四个等级。

胶合板的厚度：阔叶树胶合板的厚度为 2.7mm、3mm、3.5mm、4mm、5mm、

胶合板幅面尺寸（GB9846.3—88） 表 7-4

宽度(mm)	长度(mm)				
	915	1220	1830	2135	2400
915	915	1220	1830	2135	—
1220	—	1220	1830	2135	2440

胶合板的物理力学性能见表 7-5。

胶合板的含水率和强度指标（GB9846.4—88） 表 7-5

类别 / 胶合板树种	单个试件胶合强度(MPa)		含水率(%)	
	Ⅰ、Ⅱ类	Ⅲ、Ⅳ类	Ⅰ、Ⅱ类	Ⅲ、Ⅳ类
椴、杨、拟赤杨	≥0.70	≥0.70	6～14	8～16
水曲柳、花木、枫香、槭木、榆木、柞木	≥0.80			
桦木	≥1.00			
马尾松、云南松、落叶松、云杉	≥0.80			

5.5mm、6mm……，自4mm 起，按 1mm 递增，3mm 厚度为常用规格；针叶树材胶合板的厚度为 3mm、3.5mm、4mm、5mm、5.5mm、6mm……，自 4mm 起，按 1mm 递增，3.5mm 厚度为常用规格。胶合板的幅面尺寸见表 7－4。

胶合板使用方便，表面纹理真实，可用于室内的隔墙罩面、顶棚和内墙装饰、门面装修及各种家具的制作。

7.2.3 纤维板、刨花板和细木工板

1. 纤维板

纤维板是将木材加工下来的树皮、刨花、树枝等废料，经破碎浸泡，研磨成木浆，再加入一定的胶合料，经热压成型、干燥处理而成的人造板材。按表观密度不同分为硬质纤维板、半硬质纤维板和软质纤维板。由于软质纤维板的吸湿变形程度较大，因而在装饰工程中主要使用硬质纤维板和半硬纤维板。硬质纤维板品种有一面光纤维板和二面光纤维板。

纤维板的特点是材质构造均匀，各向强度一致，抗弯强度高，耐磨，绝热性好，不易胀缩和翘曲变形，不腐朽，无木节、虫眼等缺陷。

表观密度大于 800kg/m³ 的硬质纤维板，强度高，在建筑中应用最广。它可代替木板使用，主要用作室内壁板、门板、地板、家具等。通常在板表面施以仿木纹油漆处理，可达到以假乱真的效果。半硬质纤维板表观密度为 400～800kg/m³，常制成带有一定孔型的盲孔板，板表面常施以白色涂料，这种板兼具吸声和装饰作用，多用作宾馆等室内顶棚材料。软质纤维板表观密度小于 400kg/m³，适合作保温隔热材料。

硬质纤维板的厚度有 2.5mm、3.0mm、3.2mm、4.0mm、5.0mm。硬质纤维板的幅面尺寸有 610mm×1220mm、915mm×1830mm、1000mm×2000mm、915mm×2150mm、

1220mm×1830mm、1220mm×2440mm。硬质纤维板的物理力学性能，应符合表7-6的规定。

硬质纤维板的物理力学性能　　表7-6

指标项目	特级	一级	二级	三级
密度(g/cm³)	≥0.80			
静曲强度(MPa)	>49.0	>39.0	>29.0	>20.0
吸水率(%)	≤15.0	≤20.0	≤30.0	≤35.0
含水率(%)	3.0~10.0			

2. 刨花板

刨花板是将木材加工的剩余物（如刨花碎片、短小废木料、木丝、木屑等），经过加工干燥，并加入胶合料拌合后，压制而成的人造板材。按其加工方式不同可分为挤压刨花板、平压刨花板。

（1） 挤压刨花板　挤压刨花板加工时所加压力与板面平行。这类刨花板按它的结构形式又可分为实心和管状空心两种，必须覆面加工后才能使用。

（2）平压刨花板　平压刨花板加工时所加压力和板面垂直，刨花排列的位置与板面平行。这类刨花板按它的结构形式分为单层、三层及渐变三种。根据用途不同，可进行覆面、涂饰等二次加工，也可直接使用。

各类刨花板的尺寸规格、技术性能见表7-7和表7-8。

各类刨花板的尺寸规格(mm)　　表7-7

宽　度	长　度	厚　度
915	1220、1525、1830、2135	6、8、10、13、16、19、22、25、30……
1220	1220、1525、1830、2135、2440	
1000	2000	

刨花板的技术性能　　表7-8

项　目	平压板		挤压板
	一级品	二级品	
绝对含水率(%)	9±4		—
绝干密度(g/cm³)	0.45~0.75		—
静曲强度(MPa)	>18	>15	>10
平压抗拉强度(MPa)	>4	>8	—
吸水厚度膨胀率(%)	<6	<10	—

注：1. 凡厚度在25mm以上，其静曲强度应比上表中规定的值减少15%；
　　2. 单层结构的平压板，其平面抗拉强度应比上表规定的值增加20%。

刨花板具有质量轻、强度低、隔声、保温、耐久、防虫等特点。适用于室内墙面、隔断、顶棚等处的装饰用基面板。其中热压树脂刨花板表面可粘贴塑料贴面或胶合板作饰面层，这样既增加了板材的强度，又使板材具有装饰性。

3. 细木工板

细木工板属于特种胶合板的一种。细木工板按结构可分为：芯板条不胶拼的细木工板和芯板条胶拼的细木工板两种；按表面加工状态可分为：一面砂光细木工板、两面砂光细木工板、不砂光细木工板三种；按所使用的胶合料分为：Ⅰ类胶细木工板、Ⅱ类胶细木工板两种；按面板的材质和加工工艺质量不同，可分为一、二、三等三个等级。

细木工板具有质坚、吸声、隔热等特点，其密度为 0.44～0.59g/cm^3 时，适用于家具、车厢、船舶和建筑物内装修等。密度约为 0.28～0.32 g/cm^3，适用于预制装配式房屋。

细木工板的尺寸规格和技术性能见表 7-9。

细木工板的尺寸规格、技术性能 表 7-9

长　度(mm)	宽度(mm)	厚度(mm)	技术性能
915、1830、2135	915	16、19、22、25	含水率：10% ±3% 静曲强度(MPa) 厚度为 16mm, ≥15 厚度<16mm, ≥12 胶层剪切强度≥1MPa
1220、1830、2135、2440	1220		

注：芯条胶拼的细木工板，其横向静曲强度应在表 7-9 规定值上各增加 10MPa。

7.3 木质地板

7.3.1 条木地板

条木地板是使用最普遍的木质地面，分空铺和实铺两种。

空铺条木地板是由木龙骨、水平撑和地板三部分构成。将木龙骨两端置于墙内垫木上，木龙骨之间设水平撑，或置于砖墩上。一般空气间层应与室外连通，以保证空气流通。

实铺条木地板是直接将木龙骨铺钉于钢筋混凝土楼板上，有时为了隔声需要，在木龙骨间填炉渣等材料。

地板有单层和双层两种。双层地板的下层为毛板，一般为斜铺，下涂沥青，面层为硬木条板，硬木条板多选用水曲柳、柞木、枫木、柚木、榆木等硬质木材；单层地板也称为普通条木地板，一般选用松、杉等软木树材，直接钉于木龙骨上。

条木地板所用木材要求采用不易腐朽、不易变形、不易开裂的树种。条板宽度一般不大于 120mm，板厚为 16～18mm。条木拼缝做成企口或错口，直接铺钉在木龙骨上，端头接缝要相互错开，如图 7-2 所示。条木地板铺设完工后，应经过一段时间，待木材变形稳定后，再进行刨光、清扫及油漆。条木地板一般采用调和漆，当地板的木色和纹理较好时，可采用透明的清漆作涂层，使木材的天然纹理清晰可见，以便增加室内装饰感。

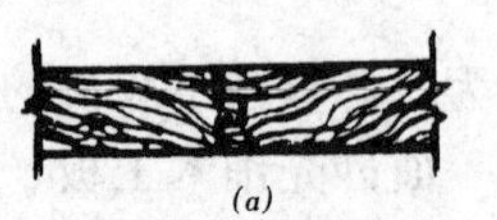

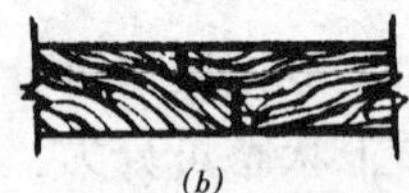

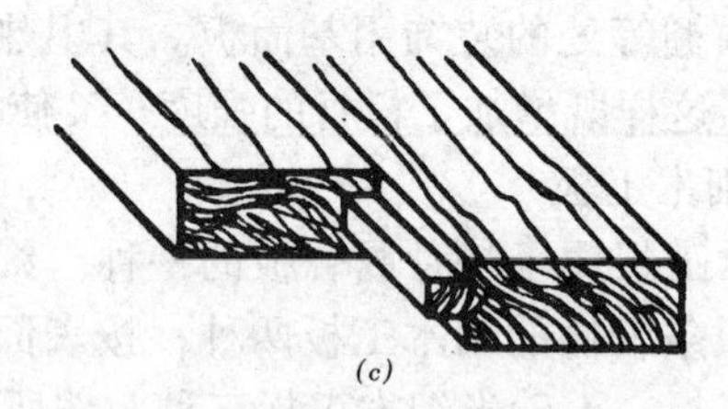

图 7-2 条木地板拼缝形式
(a)企口拼缝;(b)错口拼缝;(c)端头接缝错开

条木地板自重轻，弹性好，脚感舒适，其导热性小，冬暖夏凉，且易于清洁。条木地板被公认为是良好的室内地面装饰材料，它适用于办公室、会议室、会客厅、休息室、旅馆客房、住宅起居室、卧室、幼儿园等场所。

7.3.2 拼花地板

拼花地板是较高级的室内地面装饰材料。分双层和单层两种，二者面层均为拼花硬木板层，双层者下层为毛板层。面层拼花板材多选用水曲柳、柞木、核桃木、榆木、槐木、柳桉等质地优良、不易腐朽开裂的硬木树材。拼花小木条的尺寸一般为长 250～300mm，宽 40～60mm，板厚 20～25mm，木条一般均带有企口。双层拼花木地板的固定方法，是将面层小板条用暗钉钉在毛板上，单层拼花木地板是采用适宜的粘结材料，将硬木面板条直接粘贴于混凝土基层上。

拼花木地板通过小木板条不同方向的组合，可拼造出多种图案花纹，常用的有正芦席纹、斜芦席纹、人字纹、清水砖墙纹等，如图 7-3 所示。图案花纹的选择应根据使用者个人的爱好和房间面积的大小而定，图案选择的结果，应能使面积大的房间显得稳重高雅，面积小的房间应显得宽敞、亲切、轻松。

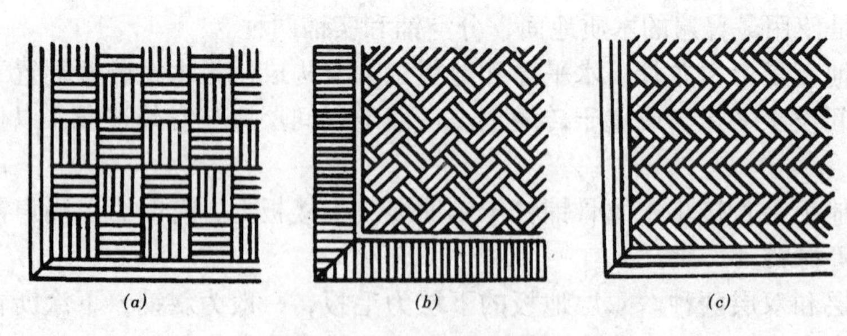

图 7-3 拼花木地板的拼花图案
(a)正方形格;(b)斜方形格;(c)人字形

拼花木地板的铺设从房间中央开始，先画出图案式样，弹上墨线，铺好第一块地板，然后向四周铺开，第一块地板铺设的好坏，是保证整个房间地板铺设是否对称的关键。地板铺设前，要对地板条进行挑选，宜将纹理和木色相近者集中使用，把质量好的地板条铺设在房间的显眼处或经常出入的部位，稍差的则铺于墙根和门背后等隐蔽处，做到物尽其用。拼花木地板均采用清漆，以显露出木材漂亮的天然纹理。

拼花木地板纹理美观，耐磨性好，且拼花小木板一般均经过远红外线干燥处理，含水率恒定（约为12%），因而变形稳定，易保持地面平整、光滑而不翘曲变形。

拼花木地板分高、中、低三个档次，高档产品适用于三星级以上的中、高级宾馆、大型会堂等室内地面装饰；中档产品适用于办公室、疗养院、托儿所、体育馆、舞厅、酒吧等地面装饰；低档产品适用于各类民用住宅地面的装饰。

7.3.3 深加工木质地板

为了克服普通原木地板先期处理或施工不当，易开裂起翘的缺陷，人们采用各种先进工艺，对木材进行深加工。这样不仅能提高木材的利用率，还能使地板达到这样的效果：表观视觉好；长期不变形；耐磨性能好；防水不脱胶；防虫防腐；花色品种多。

现介绍几种常见的深加工木质地板。

1. 实木UV淋漆地板

这种地板是实木烘干后经过机器加工，表面经过淋漆固化处理而成。常见的种类有：柞木淋漆地板、橡木淋漆地板、水曲柳淋漆地板、枫桦淋漆地板、樱桃木淋漆地板、花梨木淋漆地板、紫檀木淋漆地板及其他稀有贵重树种淋漆地板。

实木UV淋漆地板：一般规格有450mm×60 mm×16 mm、750mm×60mm×16mm、750mm×90mm×16mm、900mm×90mm×16mm等级。地板质量等级可以分为A、B两级。

A级地板是精选板。它的表面光洁均匀，木质细腻，天然色差很小，做工精良，质量优异；B级地板同A级地板的主要差别在于优良板所占比例不及A级高，部分B级板表面有色差，木质稍差，有可能存在质量缺陷（如疵点等）。UV淋漆实木地板漆面可分为亮光型和亚光型，经过亚光处理，地板表面不会因光线折射而伤害眼睛，不会因地板过度光滑而摔跤，且亚光型地板的装饰效果也显高档，在装饰工程中较常使用。

实木UV淋漆地板是纯木制品，材质性温，脚感好真实自然。表面涂层光洁均匀，尺寸多，选择余地大，保养方便。

实木UV淋漆地板缺点是地板木质细腻，干缩湿胀现象明显，安装比较麻烦，价格较高。

2. 实木复合地板

实木复合地板由木材切刨成薄片，几层或多层纵横交错，组合粘结而成。基层经过防虫防霉处理，基层上加贴多种厚度1~5mm不等的木材单皮，经淋漆涂布作业，均匀地将涂料涂布于表层及上榫口后的成品木地板上。

实木复合地板一般规格有1802mm×303 mm×15mm、1802mm×150mm×15mm、1200mm×150mm×15mm、800mm×20mm×15mm。

实木复合地板基层稳定干燥，不助燃、防虫、不反翘变形，铺装容易，材质性温。脚感舒适、耐磨性好、表面涂布层光洁均匀、保养方便。缺点是表面材质偏软。

3. 强化木地板

强化木地板一般由表面层、装饰层、基材层以及平衡层组成。表面层常用高效抗磨的三氧化铝作为保护层，具有耐磨、阻燃、防腐、防静电和抵抗日常化学药品的性能。装饰层具有丰富的木材纹理色泽，给予强化木地板以实木地板的视觉效果。基材层一般是高密度的木质纤维板，确保地板具有一定的刚度、韧性、尺寸稳定性。采用三聚烃胺的平衡层具有防止水分及潮湿空气从地下渗入地板、保持地板形状稳定的作用。

强化木地板一般规格是 1200mm × 90 mm × 8 mm。

强化木地板花色品种多，质地硬，不易变形，防火、耐磨，维护简单、施工容易。缺点是材料性冷，脚感偏硬。

几类地板的性能及适用场所见表 7-10。

几类地板的性能比较 表 7-10

品　　种	结构及稳定性	耐磨性	强　　度	舒适度	造　　价	适用场合
实木多层地板	多层实木的复合稳定性好，不会变，防水性佳	较高	约高出同等厚度普通地板一倍	视觉效果好，脚感舒适	较高	家居用
普通地板	易起翘开裂，且不易修复，防水性差	取决于表层油漆质量	强度不够时需以增强厚度来弥补	普通材质不够美观，高级木质价格昂贵，脚感好	普通材质价格一般，高级木质价格昂贵	家居等
强化地板	中间为中、高密度纤维板，由高压强化而成。结构比较稳定，材料防水性一般	耐磨性好	一般板材较薄，整体强度一般	表层为仿真木纹纸，脚感生硬，踩上去声响大	适中	写字楼、商场、饭店等公共场所

7.4 其他木制装饰制品

7.4.1 竹木胶合板

竹木胶合板是竹篾、竹材单板或小竹条用胶粘贴在胶合板上的一种装饰材料。

竹木胶合板的材质坚韧、防潮耐腐、耐热耐寒、纹理美观，具有素雅、朴实的民族风格，其硬度及强度远高于木材。它的加工性强，可锯、刨边、钻眼等。

竹木胶合板的种类按其层数分为二层板、三层板、四层板、五层板和七层板，它的规格为 1800mm × 960mm × （2.5 ~ 13）mm。

竹木胶合板可用作室内顶棚、墙面、门等部位的罩面装饰板材，表面一般用清漆涂饰。

7.4.2 印刷装饰纸人造板

印刷装饰纸人造板是一种用印刷有木纹或图案的装饰纸贴在基板上，然后用树脂涂饰制成的人造板材。印刷装饰纸人造板具有装饰性好，色泽鲜艳，层次丰富，生产简单，使用方便，可进行锯、钻加工，耐污性和耐水性较好，但其耐磨性及光泽度较低。

印刷装饰纸人造板可用钉子、压条及胶粘剂等进行固定。板材安装后可不须油漆就直接使用。在存放搬运过程中应避免板材与硬物碰撞，以防损伤板面。其规格与所用基板（如胶合板、硬质纤维板或刨花板等）相同。

印刷装饰纸人造板可用来制造家具及内墙面和顶棚的装饰。

7.4.3 木线条

木线条是选用木质坚硬细腻、耐磨耐腐、不劈裂、切面光滑、加工性能及油漆上色好、钉着力强的木材，经过干燥处理后，用机械加工或手工加工而成的。

木线条的品种较多，从材质分有杂木线、泡桐木线、水曲柳木线、樟木线和柚木线等。从功能分有压边线、柱角线、墙腰线、封边线和镜框线等。

木线条的表面可用清水或混水工艺装饰。木线条的连接既可进行对接拼接，也可弯曲成各种弧线。它可用钉子或高强胶进行固定，室内采用木线条时，可得到古朴典雅、庄重豪华的效果。它主要用于这样几方面：

(1) 墙面上不同层次的交接处封边，墙面上不同材料的对接处封口、墙裙压边。

(2) 各种饰面、门及家具表面的收边线和造型线。

(3) 顶棚与墙面及柱面的交接处的封边。

(4) 顶棚平面的造型线。

木线条的外观应表面光滑，棱角及棱边挺直分明，不得有扭曲和斜弯现象。

7.4.4 其他木制装饰材料

木制装饰材料除了上述的品种以外，还有木制马赛克、卷式镶拼森质地毯、木制桑拿房、软木制品等。木制马赛克是以优质硬木为原料，经独特加工、烘干处理，纯手工精心拼贴而成的。它既具有与陶瓷马赛克的拼花特征，又具有木材的天然纹理，耐磨性、装饰性好，能给人以富丽豪华、古朴典雅的感觉。木质马赛克可用作地面、吊顶、墙裙及家具等处的装饰。

卷式镶拼木质地毯经特殊的工艺处理，将短小的条状木地板贴铺在特制的底纸上。它耐磨、防腐、防潮、不变形、脚感舒适，施工时只需将其直接铺贴在平整的基层上即可，也不需油漆。不需要时可直接将其从基层上卷起搬走。

木制桑拿房是用上乘的木料制成的一种木制品。它能承受较高的温度而不变形开裂。是现代浴室的必备洗浴设备。

软木是一种产于地中海的珍贵树木。它的细胞结构呈蜂窝状，中间密封空气的体积占细胞体积的70%，具有弹性好、隔热、吸声、不变形、不吸水的特点。软木可用于制造软木地板、软木墙面等。其装饰面的图案十分丰富，可进行拼花处理。

复习思考题

1. 木材有哪些品种？各有什么特点？
2. 木材中的水的存在形式有哪些？什么是木材的纤维饱和点？
3. 木材如何防火和防腐？
4. 胶合板、薄木贴面板和细木工板三者的组成有什么不同？各适用于什么场合？
5. 木地板的种类有哪些？施工时各需要注意什么？
6. 试举出木质装饰材料的优缺点。

第8章　塑料装饰材料

塑料是指以合成树脂或天然树脂为主要基料，加入其他添加剂后，在一定条件下经混炼、塑化、成型，且在常温下能保持产品形状不变的材料。它与合成橡胶、合成纤维并称为三大合成高分子材料。

8.1　塑料的基本知识

8.1.1　塑料的分类及特性

1. 塑料的分类

塑料按其受热时所含树脂发生的不同变化可分为热塑性塑料和热固性塑料两类。热塑性塑料具有线性分子，在加热时呈现可塑性，甚至熔化，冷却后又凝固硬化，而且这种变化是可逆的，并能重复多次，如聚乙烯、聚氯乙烯、聚苯乙烯等。热固性塑料在固化前也具有线性分子结构，在加热时易转变成粘稠状态，再继续加热则固化，并且转化为体型结构，这种变化是不可逆的，如热固性酚醛树脂、氨基树脂、环氧树脂等。

2. 塑料的特性

（1）自重轻　塑料的密度一般在 0.9～2.2g/cm³ 之间，平均约为铝的 1/2、钢的 1/5、混凝土的 1/3，与木材相近。

（2）导热性低　密实塑料的导热系数一般为 0.12～0.80W/m·K。泡沫塑料是良好的绝热材料，导热系数更小。

（3）比强度高　塑料及制品的比强度高，即单位密度的强度高，玻璃钢的比强度超过钢材和木材。

（4）加工性能好　塑料可用各种方法加工成具有各种断面形状的通用材或异型材，如塑料薄膜、薄板、管材、门窗型材和扶手等。塑料的生产效率高，使用一套双螺杆挤压机组生产一樘成品门只需 20min 的时间。

（5）装饰性优异　塑料可以着色，其表面可制成各种色彩和图案，能取得大理石、花岗岩和木材表面的装饰效果，还可用烫金或电镀的方法对其表面进行处理，因而塑料制品的表面具有优异的装饰性。

（6）耐热性差、易燃　塑料的耐热性较差。一般的热塑性塑料的热变形温度仅为 80～120℃，热固性塑料耐热性较好，但一般也不超过 150℃。在施工、使用和保养时，应注意这一特性，掌握正确的方法。

塑料一般是可燃的，而且在燃烧时产生大量的烟雾，有时还会产生有毒气体。因此，在使用时应给予特别的注意，并采取必要的措施。建筑物的某些容易导致火焰蔓延的部位，应考虑不使用塑料。

(7) 易老化　塑料制品在阳光、空气、热及环境介质中的酸、碱、盐等作用下，其机械性能变差，易发生硬脆、破坏等现象，这种现象称为“老化”。但经改进的塑料制品的使用寿命可大大延长。

(8) 经济性　塑料制品是低能耗、高价值的材料，虽然某些产品价格较高，但这些产品在安装使用过程中，施工和维修保养费用低，因此，从长远看，塑料装饰制品在经济上有一定的优势。

8.1.2 塑料的组成

建筑上常用的塑料制品绝大多数都是以合成树脂为基本材料，再按一定比例加入填充料、增塑剂、着色剂、稳定剂、润滑剂、固化剂、抗静电剂及其他助剂等材料，经混炼、塑化，并在一定压力和温度下制成的塑料制品。除合成树脂是单组分的塑料外，多数塑料则是多组分的材料。

1. 合成树脂

树脂是塑料中最主要的组分，起着胶粘的作用，能将塑料其他组分胶结成一个整体。虽然加入各类添加剂可以改变塑料的性质，但树脂是决定塑料类型、性能和用途的根本因素。

单一组分塑料中含有树脂几乎达100%。在多组分塑料中，树脂的含量约介于30%～70%之间。常用的合成树脂有聚乙烯（PE），聚氯乙烯（PVC），聚苯乙烯（PS），ABS树脂,聚醋酸乙烯（PVAC），聚丙烯（PP），聚甲基丙烯酸甲酯（PMMA），酚醛树脂（PF），脲醛树脂（UF），环氧树脂（EP），不饱和聚酯（UP），聚氨酯树脂（PU），有机硅树脂（SI），聚酯树脂（PES）等。

2. 填料

填料又称填充剂，是塑料中另一个重要组成部分，能增强塑料的性能。如纤维、布类填料的加入，可提高塑料的机械强度；石棉填料的加入，可增加塑料的耐热性能，云母填料的加入，可增强塑料的电绝缘性能；石墨、二硫化钼填料的加入，可改善塑料的磨耗性能等，此外还能降低塑料的成本。用作填料的种类很多，常用的有机填料有木粉、棉花、纸张和木材单片；常用的无机填料有滑石粉、石墨粉、二硫化钼、云母、玻璃纤维和玻璃布等。

总之，填料在塑料工业中占有重要的地位，随着对填料研究的进一步深入，特别是用于改善填料与树脂之间界面结合力的偶联剂的出现，对填料在塑料组成中的作用，又赋予了新的概念。

3. 增塑剂

增塑剂在塑料加工成型中虽加量不多，但却是不可缺少的助剂之一。它们通常要求有高沸点、不易挥发的较低分子量的液体或低熔点的固体，与树脂能均匀地混溶，一般不发生化学反应。其作用有提高塑料加工时的可塑性及流动性,改善塑料制品的柔韧性。

常用的增塑剂为酯类的酮类等。主要有：

(1) 邻苯二甲酸二丁酯（DBP）、邻苯二甲酸二辛酯(DOP)。主要用于改善塑料的加工性能及常温下的柔韧性。

(2) 脂肪族二无酸酯类的有：已二酸酯、壬二酸酯、癸二酸酯、硬脂肪酸酯等。除改善加工性能外，对改善塑料制品的低温柔韧性有明显的作用。因此，属于耐寒增塑剂。

（3）磷酸酯类的增塑剂有：磷酸三辛酯、磷酸二甲苯酯等。此类增塑剂除有增塑作用外，尚有阻燃效果，但有一定的毒性，不宜用于接触食品的塑料制品。

（4）环氧化合物类，如环氧化大豆油、环氧蓖麻油酸酯及环氧妥尔油等。其特点是毒性小，对改善 PVC 树脂塑料的低温柔韧性与热稳定性有明显作用，常与其他增塑剂并用。

（5）其他还有樟脑、二苯甲酮等。

4. 着色剂

建筑塑料特别是装饰塑料制品，是否受到消费者的欢迎，除看其物理力学性能是否优良外，其着色美化作用是不可缺少的。塑料的着色美化技术是色料与艺术的结合，但各类色料的合理选择与调色是必不可少的。

着色剂的种类按其在着色介质中或水中的溶解性分为染料和颜料两大类。

（1）染料　染料可溶于被着色树脂或水中，透明度好，着色力强，色调和色泽亮度好，但光泽的光稳定性及化学稳定差，主要用于透明的塑料制品。常见的染料品种有：酞菁蓝和酞菁绿、联苯胺黄、甲苯胺红等。

（2）颜料　颜料与染料相比，其突出的特点是不溶于被着色介质或水。其着色性是通过本身的高分散性颗粒分散于被染介质，其折射率与基体差别大，吸收一部分光，而又反射另一部分光线，给人以有颜色的视觉感受。因此，由颜料着色的塑料制品；呈半透明或不透明性。在塑料制品中，常用的是无机颜料。无机颜料不仅对塑料具有着色性，同时又兼有填料和稳定剂的作用。如灰黑，既是颜料，又有光稳定作用。镉黄则对聚乙烯（PE）和聚丙烯（PP）对紫外线有屏蔽作用。但含有 Cu、Co、Fe、Ti 或 Mn 等金属离子的无机颜料，对 PE 和 PP 塑料的热老化有不利影响。

5. 其他助剂

（1）稳定剂　许多塑料制品在成型加工和使用过程中，由于受热、光或氧的作用，随时间的延长发生降解，氧化断链、交联等现象，使材性变坏。为延长塑料制品的使用寿命，通常在其组分中加入稳定剂。如在聚氯乙烯（PVC）制品中可加入铅白、三碱性硫酸铅等无机化合物或二苯基硫脲等有机化合物，以提高 PVC 的耐热性及耐光性。

（2）固化剂　固化剂又称硬化剂。主要用于热固性树脂的线型分子的支链发生交联，转变为立体网状结构，从而制得坚硬的塑料制品。如用于酚醛树脂（PF）固化的六亚甲基四胺，用于环氧树脂固化的乙二胺、三乙胺等。

（3）偶联剂　偶联剂是为了改善填料与树脂表面的结合力而加入的。多数填料的表面亲水性大于亲油性，因而使其与树脂混炼困难，而且没有足够的结合力，影响制品的机械性能。偶联剂属于表面活性剂，掺量很少，在填料与树脂的界面上起“分子桥”的作用，显著改善界表面的结合力。

另外，根据塑料使用及成型加工中的需要，还有抗静电剂、润滑剂、发泡剂、阻燃剂、防霉剂等。

8.1.3　常用塑料的简介

1. 聚氯乙烯

聚氯乙烯树脂（简称 PVC）系由乙炔气体与氯化氢合成氯乙烯单体，再聚合而成，是线型聚合物，热塑性塑料。

硬质聚氯乙烯的比重为 1.38～1.43，约为钢重量的 1/5，机械强度高，电性能优良，对酸碱抵抗力极强，化学稳定性很好。其缺点是软化点低。除耐热（90℃）聚氯乙烯绝缘塑料和密封填料塑料外，一般使用温度范围和软质聚氯乙烯相似，在 -15～55℃之间。软质聚氯乙烯的拉伸强度、弯曲强度、冲击韧性等均较硬质聚氯乙烯低，而其破断时的伸长率较高。

聚氯乙烯的应用面极广，从建筑材料到儿童玩具，从工农业用机件到日常生活用品，均有它的制品。如可作成塑料地板、百叶窗、门窗框、楼梯扶手、踢脚板、封檐板、密封条、管道、屋面采光板等。软质聚氯乙烯还可制作墙纸、沙发和坐椅的包垫等装修材料。

2. 聚乙烯

聚乙烯是一种产量极大、用途广泛的热塑性塑料。按聚乙烯生产方法有高压、中压和低压三种。高压聚乙烯中含有较多短链分支，具有较低的密度、分子量和结晶度，因此质地柔韧，适于制造薄膜。低压聚乙烯分子中只含有很少的短链分支，于是就有较高的分子量、密度和结晶度，因此质地坚硬，能用于机械工业中的结构材料。

日光可导致聚合物链的降解。聚乙烯塑料可吸收油类而引起膨胀、变色、破裂。能燃烧，燃着的聚乙烯滴落到建筑物其他部分，会引起火焰蔓延。

聚乙烯可用于配制涂料、油漆，也可用作防水、防潮材料。

聚乙烯的分子量和分子量的分布等对于其物理机械性能均产生一定程度的影响。一般规律为：当分子量提高时，聚乙烯的断裂强度、硬度、韧性、耐磨性、耐长期负荷变形性、耐老化、耐化学药剂稳定性、耐低温脆折性、熔融粘度、缺口抗冲击强度等都有所提高，而断裂伸长率则降低，容易形成表面龟裂。

分子量分布窄时，对冲击强度，耐低温脆折性将有所提高，而耐长期荷载变形性，耐环绕应力开裂性则下降，表面容易产生龟裂。

3. 聚丙烯

由于聚丙烯原料易得，价格便宜，用途广泛，因此，产量较高。现世界年产量已高达百万吨。

聚丙烯在常用塑料中其比重（0.90 左右）比较轻，机械强度比聚乙烯高，耐热性较好，熔点为 165～170℃，能耐 100℃以上温度，但耐低温性能较差，低温使用温度为 -20～-15℃，且易老化。如加入防老化剂可改进其老化性能，若与聚乙烯共聚可改进其耐低温性能。可以纺丝，纺丝后强度与钢铁相同而密度只有钢铁的 1/8。

聚丙烯用途较广，主要用作薄膜、纤维、耐热和耐化学药剂的管道装置。如以聚丙烯为原料制作聚丙烯地毯、混纺地毯，也有制作贴面砖以及水箱等建筑装修配件的。

4. 聚苯乙烯

聚苯乙烯是从煤焦油中提炼的苯和从石油废气中提炼的乙烯，合成乙苯，经脱氢净化制成苯乙烯单体，再聚合成聚苯乙烯。

聚苯乙烯是一种透明的无定型热塑性塑料，其透光性能仅次于有机玻璃。其主要优点是比重轻，耐水、耐光、耐化学腐蚀性能好，特别是有极好的电绝缘性能和低吸湿性，而且易于加工和染色。

聚苯乙烯的主要缺点是抗冲击性能差，脆性大和耐热性低，耐热温度一般不超过 80℃，使其应用受到很大的限制。

聚苯乙烯主要以板材、模制品以及泡沫塑料应用于工程中。抗冲击的聚苯乙烯薄片（将聚苯乙烯和某些合成橡胶共混而得的制品），可制作具有特殊装饰效果的建筑配件和制品，如各种百叶窗等。泡沫聚苯乙烯的强度高，导热性低，可用作要求隔热、隔声等场合。

用苯乙烯单体浸渍纸张、纤维、木材、大理石碎粒可使这些材料聚合粘结成坚固的具有一定装饰效果的复合材料。

5. ABS树脂

ABS树脂是由丙烯腈、丁二烯、苯乙烯三组元素所组成，其中A代表丙烯腈，B代表丁二烯，S代表苯乙烯。

由于ABS是二元共聚物，因此具有三种组元的共同性能。丙烯腈能使聚合物耐化学腐蚀且有一定的表面硬度；丁二烯可使聚合物呈现橡胶状韧性；苯乙烯可使聚合物呈现热塑性塑料的加工特性。

总之，ABS树脂具有耐热、表面硬度高、尺寸稳定，耐化学腐蚀、电性能良好以及易于成型和机械加工等特点，表面还能镀铬。改变ABS树脂中三组元之间的比例，在适当的范围内调节其性能，以适合各种特殊的用途。一般分为通用级、中冲击型、高冲击型、耐低温冲击型、耐热型、透明型等。

ABS树脂是一种较好的建筑材料。它可制作压有美丽花纹图案的塑料装饰板材，可用于室内装修或制作电冰箱、洗衣机、食品箱等现代日用品。ABS树脂泡沫塑料还可以代替木材，制作既高雅又耐用的家具等。

ABS树脂的缺点是不耐高温、易燃、耐候性差、不透明等。因而国内外已在研究它的改性问题。

6. 聚甲基丙烯酸甲酯

聚甲基丙烯酸甲酯是由甲基丙烯酸甲酯加聚而成，密度为1.18～1.19g/cm³，玻璃化温度为98℃，是玻璃态高度透明的固体。它不但能透过92%以上的日光，并且能透过73.5%的紫外线，因此它主要用来生产有机玻璃。因为它质轻，不易破碎，在低温时具有较高的冲击强度，坚韧并且具有弹性，有优良的耐水性，可制成板材、管材、穹形天窗、浴缸、室内隔断等。它的耐磨性差，硬度不如一般玻璃，所以表面容易发毛，光泽难以保持。聚甲基丙烯酸甲酯易燃烧，使用时应严加注意。

8.2 塑料装饰制品

8.2.1 塑料地板

塑料地板是以合成树脂为原料，掺入各种填料和助剂混合后，加工而成的地面装饰材料。塑料地板的弹性好，脚感舒适，耐磨性和耐污性强，装饰效果好，其表面可做出仿木材、天然石材、地面砖等花纹图案，它的施工及维修极为方便。广泛用于室内地面的装饰。

1. 地面装饰材料的基本要求

(1) 足够的耐磨性　作为地面材料，具有一定的耐磨性非常重要，特别对于具有一定客流量的场合，地面材料的耐磨性就显得格外重要。

(2) 一定的弹性　作为地面材料，坚固性和柔软度要适当。以减轻步行的疲劳感。塑料地面只要设计得当，是能符合这一要求的。

(3) 脚感舒适　脚感舒适除了与地面的弹性有关外，还与地面材料的吸热指数有关系。

例如，木地面、塑料地面的吸热指数小于17，适用于高级居住建筑、幼儿园、医院、疗养院等，属Ⅰ类地面；水泥砂浆地面的吸热指系在17~23，属Ⅱ类地面，适用于一般居住建筑和公共建筑；而水磨石、花岗岩、地面砖地面的吸热指数大于23，属Ⅲ类地面，不适用于人们长时间活动的场合。

（4）装饰性　地面材料的装饰性对整个建筑的装饰效果影响很大。在这方面，塑料地板具有其他材料无法比拟的优点。它可以通过彩色照相制版，印刷出各式各样色彩丰富的图案，各类仿花岗岩、大理石、天然木材、锦缎等花纹，可以达到以假乱真、巧夺天工的境地，具有很好的装饰效果。

2. 塑料地板的特点

（1）质轻耐磨　塑料地板的质量比大理石、陶瓷地砖、花岗岩等地面轻得多。塑料地板的耐磨性好，施工得当可使用十多年。它是高层建筑、飞机、火车、轮船等地面的理想装修材料。

（2）使用功能良好　塑料地板具有防滑、耐腐、可自熄等特性，发泡塑料地板还具有良好的弹性，脚感舒适，易于清洁，更换方便等特点。既可用于住宅，也可用于工厂车间等地面。

（3）花色品种多　塑料地板的品种很多，只要改变印花辊，即可生产出不同花纹图案的地板，幅宽规格也很多。若采用传统的块状地板，颜色、花纹常达几十种以上，可供选择的余地较大。

（4）造价低，施工方便　塑料地板价格差别幅度较大，可满足不同层次的需求，价格较为便宜。塑料地板施工时可直接铺贴，较为简单，施工效率高。

3. 塑料地板的分类与选择

（1）塑料地板的分类

1）按使用树脂分类有：聚氯乙烯树脂塑料地板，聚乙烯-醋酸乙烯（即氯醋共聚树脂）塑料地板，聚乙烯、聚丙烯树脂塑料地板和氯化聚乙烯树脂塑料地板。

2）按其外形分类有：块状塑料地板和卷材地板。

①块状地板多为半硬质聚氯乙烯塑料地板，也有石英砂质的半硬质塑料地板，后者为引进挪威技术的产品，具有较好的耐磨性能。块状地板便于运输和铺贴，内部含有大量填料，价格低廉，耐烟头灼烧，耐污染，耐磨性好，损坏后易于调换。

②卷材地板有三种，一种为软质（柔性）卷材，生产效率高，整体装饰效果好。因其结构不同，又可分为：带基材的PVC卷材地板，该地板我国已制定了国家标准GB11982—89；另一种为带弹性基材的PVC卷材地板，该地板富有弹性，脚感舒适，且具一定的保温隔声性能，是目前最为畅销的塑料地板品种，还有一种是无基材的PVC卷材地板，常为压延法生产的产品。

3）按装饰效果分类有：单色地板、透底花纹地板等。

4）按功能分类有：弹性地板、抗静电地板、导电地板、体育场地塑胶地板等。

此外，属塑料地板类的尚有橡胶地板、现浇无缝地面等。橡胶地板以合成橡胶为主要原料，可作成单层或双层地板，从外形上也有块状和卷材之分，现浇无缝地面也叫塑料涂布地面，常用聚酯树脂、聚酰胺树脂、环氧树脂、丙烯酸树脂为主要原料，适用于卫生条件要求较高的实验室、洁净车间、医院等处的地面。

（2）塑料地板的选择

1）块状塑料地板的选择　选择地板应综合考虑使用要求、地板材性特点、装饰效果以及经济性等因素。以下简要介绍国产的四种块状塑料地板。

(*A*) 单层单色块状半硬质地板　这类地板为普及型常用品种，具有良好的耐磨、耐蚀、尺寸稳定性及耐灼烧性（如表面被烟头灼烧后，可用细砂纸磨去一层，装饰效果不变）。缺点是耐刻划性较差。单色地板有多种构图方法，价格也比较便宜。

(*B*) 单色压花地板　由于在地板表面压制了凹凸花纹，从而改善了装饰效果，提高了防滑性能，价格比单层单色地板略高。

(*C*) 复合印花膜地板　装饰效果、花色优于前两种，但由于耐磨层很薄，仅为 0.1mm 左右，故不适用于人流密度大、易带入砂粒的地面，使用寿命相对较短，一般为 5 年左右。

(*D*) 石英增韧型塑料地板　这是引进挪威技术的产品。由于在填料中加入了石英砂，明显改善了其耐磨性和耐刻划性，厚度较大，约为 1.6mm，成本略高。

2）胶粘剂的选择　建筑中常用的胶粘剂有以下几种：

(*A*) 乳胶型胶粘剂　该胶为水性胶粘剂。优点是不用有机溶剂，使用安全、无毒，价格较便宜。缺点是耐水性较差，适用于在水泥地面或木地面上铺贴塑料地板。

(*B*) 环氧树脂胶粘剂　为溶剂型双组分胶粘剂，粘结力强，耐水性好，适用于各种基层和面板的铺贴。使用时应随配随用，价格较高。

(*C*) 401 型胶粘剂　属溶剂型橡胶类胶粘剂，粘结强度高，耐水性较好，适用于各种基层和各类地板的粘贴。使用时，涂胶后应稍停片刻，使溶剂挥发一部分，至胶面不粘手时再铺贴并辊压密实。

(*D*) 4115 型建筑胶　属溶剂型有机胶粘剂，成分为聚醋酸乙烯，耐水性较乳胶型胶粘剂稍好，一般用于水泥地面或木地面上塑料地板的铺贴。

溶剂型胶粘剂的共同缺点是有一定毒性，使用时安全性也较差。

塑料地板的性能比较见表 8-1。

常用 PVC 塑料地板性能比较　　表 8-1

项目	半硬质地砖	贴膜印花地砖	软质单色卷材	不发泡印花卷材	印花发泡卷材
规格	300mm × 300mm 333mm × 333mm	300mm × 300mm	300mm × 300mm	宽 1.5 ~ 1.8m 长 20 ~ 25m	宽 1.6 ~ 2.0m 长 20 ~ 25m
表面质感	素色、拉花、压花	平面、桔皮压纹	平面、拉花、压纹	平面、压纹	平面、化学压花
弹性	硬	软硬	软	软 ~ 硬	软，有弹性
耐凹陷性	好	好	中	中	差
耐刻划性	差	好	中	好	好
耐灼烧性	好	差	中	差	最差
耐沾污性	好	中	中	中	中
耐机械损伤性	好	中	中	中	较好
脚感	硬	中	中	中	好
施工性	粘贴	粘贴，可能翘曲	平伏，可不粘	可不粘，可能翘边	平伏，可不粘
装饰性	一般	较好	一般	较好	好

4. 塑料地板使用时注意事项

(1) 定期打蜡，1~2个月一次。避免大量的水（水拖），特别是热水、碱水与塑料地面接触，以免影响粘结强度或引起变色、翘曲等现象。

(2) 尖锐的金属工具，如炊具、刀、剪等应避免跌落在塑料地板上，更不能用尖锐的金属物体在塑料地板上划刻，以免损坏地板的表面。不要在塑料地板上放置60℃以上的热物体或踩灭烟头，以免引起塑料地板变形和产生焦痕。

(3) 在静荷载集中部位，如家具脚，最好垫一些面积大于家具脚1~2倍的垫块，以免使塑料地板产生永久性凹陷。应避免阳光直射。

8.2.2 塑料壁纸

塑料壁纸是以一定材料为基材，表面进行涂塑后，再经过印花、压花或发泡处理等多种工艺而制成的一种墙面装饰材料。

1. 塑料壁纸的特点

(1) 装饰效果好　由于塑料壁纸表面可以进行印花、压花及发泡处理，能仿天然石材、木纹及锦缎，达到以假乱真的地步，并通过精心设计，印制适合各种环境的花纹图案，几乎不受限制。色彩也可任意调配，做到自然流畅，清淡高雅。

(2) 性能优越　根据需要可加工成具有难燃、隔热，吸声、防霉性，且不易结露，不怕水洗，不易受机械损伤的产品。

(3) 适合大规模生产　塑料的加工性能良好，可进行工业化连续生产。

(4) 粘贴方便　纸基的塑料墙纸，可用普通107粘合剂或白乳胶粘贴，且透气性好，可在尚未完全干燥的墙面粘贴，而不致出现起鼓、剥落的现象。

(5) 使用寿命长、易维修保养　表面可清洗，对酸碱有较强的抵抗能力。北京饭店新楼使用的印花涂塑壁纸经人工老化500h，壁纸无异常。

因此，塑料壁纸是目前国内外使用最广泛的一种室内墙面装饰材料，也可用于顶棚、梁柱以及车辆、船舶、飞机内表面的装饰。

2. 塑料壁纸的分类

塑料壁纸可分为普通壁纸、发泡壁纸和特种壁纸（也称为功能壁纸）。每一类壁纸又有若干品种、几十甚至上百种花色。

(1) 普通塑料壁纸

这种壁纸是以80g/cm^{2}的原纸作为基材，涂塑100g/cm^{2}左右PVC糊状树脂，经压花、印花而成。这种壁纸花色品种多，适用面广，价格低，属普及型壁纸。

根据加工方法、工序的不同，普通塑料壁纸又可分为：单色压花壁纸、印花压花壁纸、有光印花和平光花壁纸等。

(2) 发泡壁纸

发泡壁纸是以100 g/cm^{2}的原纸作为基材，涂塑300~400g/cm^{2}掺有发泡剂的PVC糊状树脂，印花后，再加热发泡而成。控制发泡剂掺量和加热温度可以制成高发泡壁纸和低发泡壁纸。高发泡壁纸发泡倍率较大，表面呈富有弹性的凹凸印花花纹，是一种兼具装饰、吸声、隔热多种功能的壁纸，常用于影剧院、住宅顶棚等处装饰。低发泡壁纸又可分为低发泡印花壁纸和低发泡印花压花壁纸，前者为在发泡平面印有图案的壁纸，后者又叫化学压花壁纸，是用有不同抑制发泡作用的油墨印花后再发泡，使表面形成具有不同色彩的凹凸花纹图案，也叫化学浮雕。常用于室内墙裙、客厅和内走廊的装饰。

发泡壁纸与普通塑料壁纸相比，表面强度和耐水性较差，发泡度越高越明显。高发泡壁纸还由于生产过程中的加热而使纸基发生老化现象，裱贴时较易损坏。但由于发泡壁纸质感强，吸声隔热、施工性好，应用仍十分广泛，尤其对基层比较粗糙的墙面，更为适宜。

（3）特种塑料壁纸

这种壁纸是具有某种特殊功能壁纸的总称，有耐水壁纸、防火壁纸、彩色砂粒壁纸等品种。

耐水壁纸是以玻璃纤维毡作基材，以提高其防水功能，适应于卫生间、浴室等墙面的装饰要求。防火壁纸用100～200g/cm² 的石棉纸作基材，并在PVC树脂中掺用阻燃剂，使壁纸具有一定的阻燃防火功能，适用于防火要求较高的饰面和木制品表面装饰。表面彩色砂粒壁纸是在基材上撒布彩色砂粒（天然的或人工的），再喷涂胶粘剂，使表面具有砂粒毛面，常用作门厅、柱头、走廊等局部装饰。

（4）金属热反射节能壁纸

该壁纸是在纸基上真空喷镀一层铝膜（每平方米壁纸耗铝数克），形成反射层，而后再加工成饰面。该壁纸能将热量的主要携带者——红外线反射掉65%，节约能源10%～30%。

金属热反射壁纸不会形成屏蔽效应，不会影响无线电、电视接收。此外，该壁纸尚有一定的透气性，可防止墙面结露及霉变。

（5）无机质壁纸

人类为了实现回归大自然的愿望，试图将一些天然无机材料用于壁纸饰面，如将洁白的膨胀珍珠岩颗粒、闪闪发光的云母片、蛭石片作为壁纸的饰面，粗犷而不失典雅，同时还具有一定的吸声、保温、吸湿等特殊功效，在欧洲一些国家广为应用，我国杭州等地也有生产。

（6）植绒壁纸

该壁纸是以各种化纤绒毛为面层材料，通过静电植绒技术而制成的壁纸，具有质感强烈、触感柔和、吸声性好等优点，多用于影剧院的墙面和顶棚装饰。

（7）丙烯酸发泡壁纸

这类壁纸是以水乳型丙烯酸涂料为发泡糊，以纸、无纺布或玻璃纤维毡为基材而制成的壁纸，其质感、装饰效果及功能特点与聚氯乙烯发泡壁纸类同，只是丙烯酸价格较高，使用时受到限制。目前，在游艺场所及儿童活动场所已有使用。

（8）镭射壁纸

镭射壁纸由纸基、镭射薄膜和透明带印花图案的聚氯乙烯膜构成。施工要求较高；必须对花精确、幅边粘贴牢固、接缝不明显，其装饰效果比镭射玻璃更佳，且可贴于曲面上，每平方米约为80～100元，比镭射玻璃便宜，适用于需不断更新装修格调的娱乐场所。

3. 塑料壁纸的技术标准

目前我国的塑料壁纸均为聚氯乙烯壁纸，它是以聚氯乙烯树脂为面层，用压延或涂敷方法复合，再经印花、压花或发泡而制成的塑料壁纸，其质量应符合《聚氯乙烯壁纸》（GB 8945—88）的规定。

（1）规格尺寸

1）宽度和每卷长度。壁纸的宽度为 530 ± 5mm 或（900 ~ 1000） ± 10mm。530mm 宽的壁纸，每卷长度为 10 + 0. 05m。900 ~ 1000mm 宽的壁纸，每卷长度为 50 + 0. 50m。

2）每卷壁纸的段数和段长。10m/卷者每卷为一段。50m/卷者每卷的段数及段长应符合表 8-2 的要求。壁纸的宽度和长度可用最小刻度为 1mm 的钢卷尺测量。

50 m/卷壁纸每卷段数及段长 **表 8-2**

壁纸级别	每卷段数（段）	最小段长（m）
优等品	≯2	≮10
一等品	≯3	≮3
合格品	≯6	≮3

（2）技术要求

1）壁纸的外观质量应符合表 8-3 的规定。

2）壁纸的物理性质应符合表 8-4 的规定。

壁纸的外观质量 **表 8-3**

名称	优等品	一等品	合格品
色差	不允许有	不允许有明显差异	允许有差异，但不影响使用
伤痕和皱折	不允许有	不允许有	允许纸基有明显折印，但壁纸表面不允许有死折
气泡	不允许有	不允许有	不允许有影响外观的气泡
套印精度	偏差≯0. 7mm	偏差≯1mm	偏差≯2mm
露底	不允许有	不允许有	允许有 2mm 的露底，但不允许密集
漏印	不允许有	不允许有	不允许有影响使用的漏印
污染点	不允许有	不允许有目视明显的污染点	允许有目视明显的污染点，但不允许密集

壁纸的物理性质 **表 8-4**

项目			指标		
			优等品	一等品	合格品
褪色性(级)			> 4	≥4	≥3
耐摩擦色牢度(级)	干摩擦	纵横	> 4	≥4	≥3
	湿摩擦	纵横	> 4	≥4	≥3
遮蔽性(级)			4	≥3	≥3
湿润拉伸负荷(N/15mm)		纵向	4	3	3
		横向	> 2.0	≥2.0	≥2.0
粘合剂可擦性(横向)			可	可	可
可洗性	可洗		摩擦 30 次无外观损伤变化		
	特别可洗		摩擦 100 次无外观损伤变化		
	可刷洗		摩擦 40 次无外观损伤变化		

注：1. 表中可擦性是指粘贴壁纸的粘合剂附在壁纸的正面，在粘合剂未干时，应有可用湿布或海绵拭去而不留下明显痕迹的性能；

2. 表中可洗性是指可洗壁纸在粘贴后的使用期内可洗干净而不损坏的性能，是对壁纸用在有污染和高湿度房间时的使用要求；

3. 本表摘自 GB 8945—88。

4. 塑料壁纸的特点和用途

塑料壁纸不仅有适合各种环境的花纹图案，且装饰性好，具有难燃、隔热、吸声、防霉、耐水、耐酸碱等良好性能，施工方便，使用寿命长。广泛应用于室内墙面、顶棚、梁柱以及车辆、船舶、飞机内表面的装饰。

8.2.3 塑料装饰板

塑料装饰板是指以树脂为浸渍材料或以树脂为基材，经加工制成的具有装饰功能的板材。具体品种有：硬质 PVC 板材、塑料贴面板、有机玻璃板和玻璃钢板等。

1. 硬质 PVC 板材

硬质 PVC 板材按板型有平板、波形板、格子板和异形板之分，其中平板和波形板又有透明和不透明之分。透明 PVC 平板和波形板可作为发光顶棚、透明屋面及高速公路的隔声墙的装饰材料，不透明的 PVC 波形板可用于外墙装饰。硬质 PVC 波形板的波形有纵向波和横向波两种。硬质 PVC 平板和波形板的耐久性和装饰性好，易于施工。

硬质 PVC 格子板是用真空成型工艺制作的具有各种立体造型的方形板或矩形板。其尺寸为 500mm×500mm，厚度为 2～3mm。硬质 PVC 格子板的性能与硬质 PVC 波形板相似，它的造型装饰效果要优于硬质 PVC 波形板。

硬质 PVC 异型板是用挤压工艺生产的具有各种断面形状的硬质 PVC 板材，它有单层和中空之分，其表面可做成一定的花色图案。这类板材宽为 100～200mm，长为 6m，厚度为 1～1.2mm。硬质 PVC 异型板主要用于室内墙面、卫生间吊顶及隔断的罩面装饰。

硬质 PVC 板材的耐老化性及耐燃性较好，表面的装饰性强，能隔热、防水，有足够的刚度，施工及维修方便，但它的抗击冲击性较差，使用时应避免外力的撞击作用。可用于卫生间、厨房等湿度较大场所的吊顶装饰、室内隔墙的罩面板及内墙的护墙板等。

塑料贴面板的物理性能 **表 8-5**

项目	指标		
耐沸水	增重/%≤		平面类胶板 10
			立面类胶板 12
	增厚/%≤		平面类胶板 10
			立面类胶板 12
	表、背面情况		无分层、鼓泡
耐干热	180℃/20min, 耐干热后表面光泽值		有光板为≥60
	表、背面情况		无开裂、鼓泡
耐冲击	板厚/mm	落球高度/mm	无碎裂
	≤0.8	100	
	≤1.0	200	
	≤1.2	400	
	≤1.5	800	
	>1.5	900	
表面耐磨	平面类胶板磨 400 转		表面留有花纹
	立面类胶板磨 100 转		
	高耐磨胶板磨 3000 转		
耐污染	20h 加压与不加压		无污染
抗拉强度	横向		≥58.8N/mm²
耐香烟灼烧	2min(仅适用于平面类胶板)		无黑斑、鼓泡裂纹、允许有轻微光退
阻燃性	氧指数		≥37

2. 塑料贴面板

塑料贴面板又称三聚氰胺树脂装饰板或装饰防火板。塑料贴面板是将底层纸、装饰纸等用酚醛树脂及三聚氰胺树脂浸渍后，经干燥、组坯、热压后形成的。它具有图案丰富逼真、耐磨、耐烫、耐酸碱腐蚀、防火、易清洁等特点。塑料贴面板按板面光泽度不同有镜面板和采光板两类。其物理性能见表 8-5。

塑料贴面板的规格有 930mm×2150mm、1220mm×2440mm 和 1260mm×2440mm 等，厚度有 0.8、1.0、1.2、1.5 和 3.0mm 等。

塑料面板的表面可制成各种木材和石材的纹理图案，适用于室内外的门面、墙裙、包柱、家具等处的贴面装饰，装饰效果逼真。由于塑料贴面板可用刀具进行裁切，因而施工方便。该材料与基板（如胶合板、中密度纤维板等）进行复贴时，应赶平压实，并作封边处理，否则易起鼓，影响装饰效果。

3. 有机玻璃板

有机玻璃板是以甲基丙烯酸甲酯为主要原料，加入外加剂，聚合而成的一种热塑性塑料板材。

有机玻璃板的透光率高，能透过 99% 的光线，它的机械强度高、耐热、耐腐蚀、抗冻、不易变形、绝缘性好、易加工。但有机玻璃板的质地较脆、硬度低、表面易划伤、易溶于有机溶剂。在使用时应防止硬物对板材的冲击和划伤。可用氯仿、苯、甲苯等有机溶剂作为有机玻璃板的胶粘剂。

有机玻璃板分无色透明、有色透明和各色珠光有机玻璃等品种，其常用规格有 200mm×200mm、300mm×300mm、900mm×900mm、1000mm×400mm 等，厚度为 0.50～8.0mm 等。有机玻璃板的物理机械性能见表 8-6。

有机玻璃板的物理机械性 表 8-6

物理机械性能													
密度 (g/cm³)	吸水率(%)	伸长率(%)	抗拉强度(MPa)	抗压强度(MPa)	抗弯强度(MPa)	冲击强度(MPa)	硬度		热温度变形(℃)	耐热性(℃)		熔点(℃)	热胀系数
							布氏(HB)	洛氏	1.86(MPa)	马丁	连续		
1.18～1.20	0.3～0.4	2～10	49～77	84～126	91～120	0.8～1.0	14～18	M～M	74～107	60～88	100～120	>108	5～9

注：马丁耐热度——表示材料长期使用时所能承受的最高温度，瞬时使用条件下的温度可超过此值。

有机玻璃可用于灯具、灯箱的制作，还能用来制作各种彩色的文字图案。

4. 玻璃钢装饰板

玻璃钢是用热固性不饱和聚酯树脂或环氧树脂为粘结材料，以玻璃纤维织物为增强材料制作而成的一种复合材料。该材料具有重量轻，强度高，透光性及装饰性好，耐水、耐腐蚀性强等特点。玻璃钢装饰板常用作轻型屋面材料，如货栈、车棚、车站月台等处的屋顶材料。它的外形一般做成波形，品种有大波板、中波板、小波板和脊板。常用的规格有（1800～2000）mm×（500～700）mm×（0.8～2.0）mm。玻璃钢材料除了用于制作装饰板外，还可制作玻璃钢屋面采光罩、玻璃钢卫生洁具、玻璃钢盒子卫生间等，如在城市中使用的各种造型优美、色彩鲜艳的活动厕所就是采用玻璃钢制作而成的。

8.2.4 铝塑复合板

铝塑复合板是在铝箔和塑料（或其他薄板作芯材）中间夹以塑料薄膜，经热压工艺制成的复合板。用铝塑板作为装饰材料已成为一种新的装饰潮流，其使用也越来越广泛，如建筑物的外墙装饰、计算机房、无尘操作间、店面、包柱、家具、顶棚和广告招告牌等。

铝塑板与绚丽的玻璃幕墙和典雅的石材幕墙比起来毫不逊色，在阳光的照射下，它的面层既艳丽又凝重，同时又避免了光污染。铝塑板具有轻质高强，防水、防热、隔声、适温性好（在 -50~80℃的温度范围内可正常使用），耐腐蚀，耐粉化，不易变形，加工性良好及光洁度优异等特点。并且易清洁，自重小，价格适中。

但是，铝塑板夹层的聚合物属易燃物，所以防火性能差。铝塑板夹层的聚合物在高温下会放出有毒气体，对人体有害。铝板和聚合物之间用粘合剂粘结，粘接强度不高。由于铝板很薄，局部受热时中间层膨胀会使铝板向外鼓包。铝塑板安装不牢固，在高层建筑中使用危险性较大。铝塑板加工安装后，在角连接处易导致断裂和渗漏。

8.3 塑料门窗和钢塑门窗

塑料门窗是一种新型窗，它的优越性能正被人们逐步认识。目前，我国塑料门窗的制造技术已基本成熟，主要性能指标已达到国际标准。可以预测，我国对塑料门窗的需求将会进一步扩大。

8.3.1 塑料门窗的特点

塑料门窗具有的良好综合性能（力学性能除外），主要表现在以下几个方面：

1. 优良的保温、隔热性能

由于塑料的导热系数小，所以塑料门窗的保温、隔热性能比钢、铝、木门窗都好。另一方面，塑料门窗由塑料异型材制成，而塑料异型材中有较多的空气，故由其制成的门窗隔热性能优于木质门窗。

2. 耐腐蚀性强

塑料门窗具有优良的耐腐蚀性。所以，它可以广泛用于多雨、潮湿的地区和有腐蚀性介质的工业建筑中。这是其他材质的门窗所无法相比的。

3. 隔声性能和密封性能好

塑料门窗在安装制作时，采用密封条等密封措施，能使塑料门窗具有良好的气密性和水密性能。塑料窗的隔声一般达 30dB，而普通窗的隔声只有 25dB。故塑料窗的隔声性好。

4. 装饰效果好

塑料门窗的外观平整美观，色泽鲜艳，经久不褪，装饰效果好，不用油漆。

5. 能耗低，价格合理

生产塑料门窗的能耗比生产铝合金门窗、钢门窗的能耗都低。塑料门窗的价格一般较木门窗贵，但较钢门窗便宜，较适中、合理。如果考虑防锈、保养及节能等因素，塑料门窗的综合经济效益比较好。

塑料门窗也存在着一些不足，如尺寸稳定性差、抗风压性能较差等。但通过采用金属型材加筋予以增强，或选择设计合理的塑料异型材断面等措施，这些缺陷都可以弥补。

8.3.2 塑料门窗的主要种类

1. 钙塑门窗

钙塑门窗系以聚氯乙烯树脂为主要原料，加入一定量的改性剂、增强材料、稳定剂、防老化剂、抗静电剂等加工而成。具有耐酸、耐碱、可锯、可钉、不吸水、耐热、隔声、质轻、不腐、不需油漆等特点。

钙塑门窗有多种类型和规格，有的可根据建筑设计图纸的要求进行加工。

2. 改性聚氯乙烯内门

改性聚氯乙烯内门，是以聚氯乙烯为主要原料，加入适量的肋剂和改性剂，经挤出机挤出成各种截面的异型材，再根据不同的品种规格，选用不同截面异型材组装而成。具有质轻、阻燃、隔声、防湿、耐腐、色泽鲜艳、不需油漆、采光性好、装潢别致等优点。可取代木制门，用于公共建筑、宾馆、住宅等内部装修。

3. 改性聚氯乙烯塑料夹层门

改性聚氯乙烯塑料夹层门系采用聚氯乙烯中空型材为骨架，内衬芯材，表面用聚氯乙烯装饰板复合而成，其门框由抗冲击聚氯乙烯中空异型材经热熔焊接加工拼装而成。改性聚氯乙烯夹层门具有材质轻、刚度好、防霉、防蛀、耐腐、不易燃、外形美观大方等优点，适用于住宅、学校、办公楼、宾馆的内门及地下工程和化工厂房的内门。

4. 改性全塑整体门

改性全塑整体门是以聚氯乙烯树脂为主要原料，配以一定量的抗老化剂、阻燃剂、增塑剂等多种肋剂，经机械加工而成的。全塑整体门的门扇是一个整体，在生产中采用一次成型工艺，摆脱了传统组装体的形式。其外观清雅华丽，装饰性强，可制成各种单一色彩或多彩的门扇。而且质量坚固，耐冲击，结构严密，隔声隔热性能均优于传统木门。且安装方便，施工效率高，使用寿命长，适用于宾馆、饭店、医院、办公楼等的内门。

5. 塑料百页窗

塑料百页窗是采用硬质改性聚氯乙烯、玻璃纤维增强聚丙烯及尼龙行等塑料加工而成。其品种有活动百页窗和垂直百页窗帘等。适用于工厂车间通风采光，人防工事、地下室坑道等湿度大的建筑工程，也适用于宾馆、饭店、影剧院、图书馆、科研中心及住宅等各类窗的遮阳和通风。

8.3.3 钢塑门窗

钢塑门窗是一种新型的门窗产品，是由塑料与金属材料复合而成，既具有钢门窗的刚度和耐火性，又具有塑料门窗的保温性和密封性。目前国内生产的钢塑门窗系硬质PVC钢塑门窗。

由于钢塑门窗型材结构设计和密封条的正确使用和安装，令钢塑门窗的隔声效果好，隔声量可达30dB，适用于密封性能要求较高的场合，如计算中心、科研大楼等。

PVC材料的热传导率较低，其导热系数为0.163W/(m·K)，为铝的1/1250。钢塑门窗的型材结构其内腔隔成数个密闭的小空间，隔热效果很好，特别对具有冷暖空调设备系统的现代建筑，防止冷暖气逸散，非常理想，并能达到节约能源的效果。在同样面积的条件下，使用钢塑门窗比使用金属门窗节约能源30%以上。如选用双层玻璃或中空玻璃，则节能效率更高。

钢塑门窗的另一特点是耐腐蚀性很强。由于PVC塑料不易受酸、碱、盐等化学成分侵害，因此钢塑门窗的适用范围比较广泛。如纺织、食品、酿酒、造纸、制药、化工等工业建筑均可采用，也适用于地下水雾工程及室内游泳馆等建筑，特别是目前所推广的节能建筑，采用钢塑门窗将有效地提高建筑物的节能性能，从而达到各项节能要求。

PVC 塑料的抗冲击性能比较差，只有通过改性后，才能使挤出的异型材达到所需的强度。改性助剂常用的有 MBS、ABS、CPE 和丙烯酸类聚合物，其中 CPE 是 PVC 的主要抗冲击改性剂之一。CPE 的改性效果与氯含量有关，氯含量太低则与 PVC 不相容；氯含量太高则与 PVC 完全相溶，只能起到增塑剂的作用。因此，一般控制 CPE 的氯含量在 36% 左右，其抗冲击改性效果最佳。

由于门窗需长期在室外使用，还必须具备防老化和抗紫外线照射的性能，可用二盐基性亚磷酸铅、三盐基性硫酸铅和硬脂酸配合掺入 PVC 中使用，再加入防紫外线的 UV－531 和金红石型钛白粉。

塑料装饰材料具有轻质、高强、多功能等特点，是一种理想的用于替代钢材、木材等传统建筑材料的新型材料，且具有传统材料所不具备的优良性质。塑料装饰制品的开发和应用，大大地改善优化了人们的工作与居住环境。随着塑料资源的不断开发，工艺的不断完善，塑料性能更加优越，成本不断下降，因而塑料装饰材料有着非常广阔的发展前景。图 8-1 表示了塑料装饰材料在建筑中的综合应用。

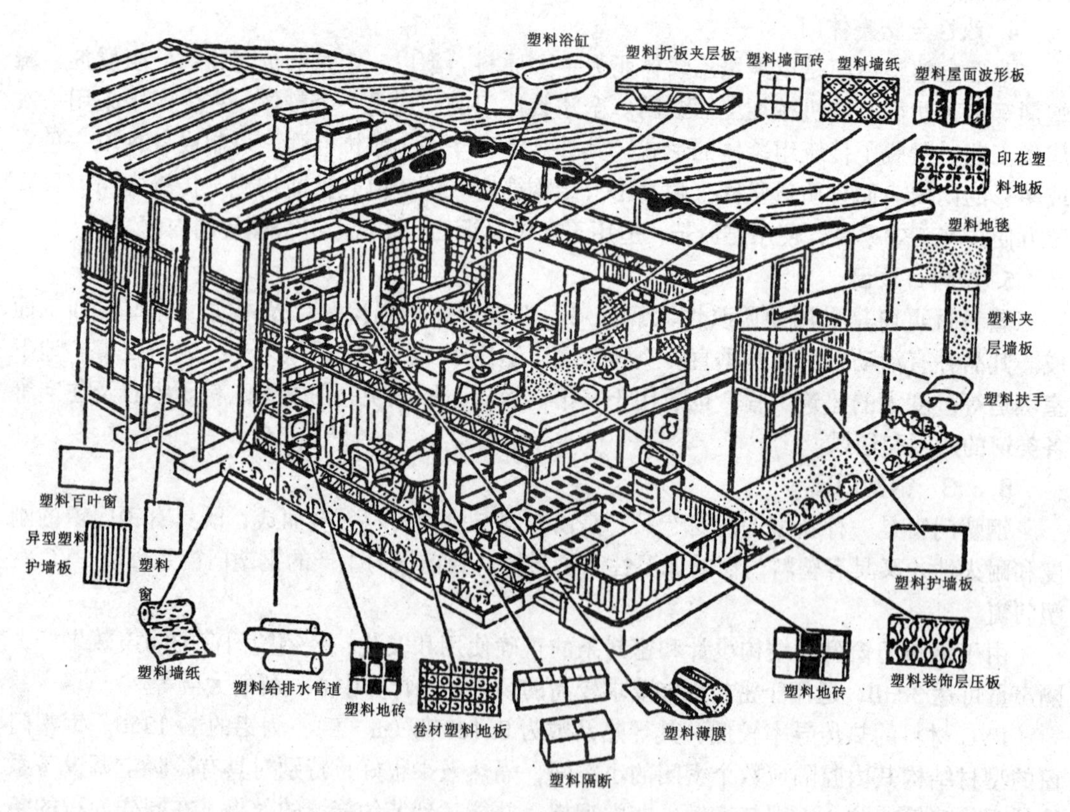

图 8-1　塑料在建筑中的应用

复习思考题

1. 什么是塑料？它的种类有哪些？
2. 塑料的组成是什么？各有哪些作用？
3. 塑料地板的特点有哪些？施工时应注意什么？
4. 塑料壁纸的特点有哪些？施工时应注意什么？
5. 塑料装饰板材的种类有哪些？其用途是什么？
6. 塑料门窗有哪些特点？常见的有几种类型？

第9章　建筑装饰涂料

涂料是指涂敷于物体表面，能与物体表面粘接在一起，并能形成连续性涂膜，从而对物体起到装饰、保护作用，或使物体具有某种特殊功能的材料。建筑涂料是指涂敷于建筑构件的表面，并能与建筑构件表面材料很好地粘结，形成完整保护膜的材料。建筑装饰涂料是指以涂料的质感、色彩和光泽来装饰建筑物的建筑涂料。

建筑装饰涂料不仅具有色彩鲜艳、造型丰富，质感与装饰效果好等特点，而且还具有施工方便、易于维修、造价较低、自身重量小、施工效率高，可在各种复杂的墙面上施工等优点。它是一种很有发展前途的装饰材料。

9.1　涂料的基本知识

9.1.1　涂料的组成

涂料一般是由多种物质经混合、溶解、分散而组成的。其基本组分有：主要成膜物质、次要成膜物质和辅助成膜物质等。涂料的组成参见图9-1。

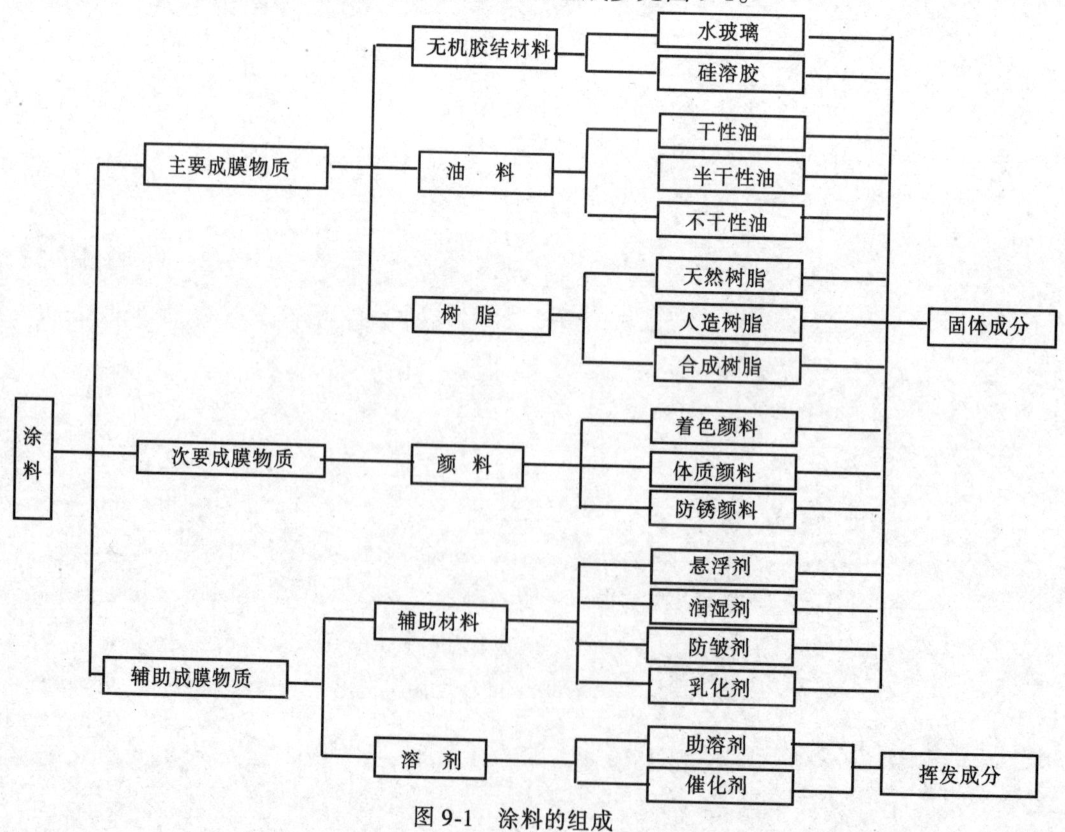

图9-1　涂料的组成

绝大部分液体涂料是由挥发成分和不挥发成分(也称固体成分)两部分组成。当将液体涂料在物体表面涂成薄层时，挥发成分逐渐挥发逸出，固体成分则留在表面干结成固体皮膜。液体涂料的挥发成分就是各种溶剂。固体成分则包括主要成膜物质、次要成膜物质和辅助材料等。

1. 主要成膜物质

主要成膜物质又称胶粘剂或固着剂，是涂料中最主要的成分，决定着涂膜的各种性能，是涂料的基础，因此也常被称为基料、漆料或漆基。它的作用是将其他组分粘结成一个整体，并能附着在被涂基层表面形成坚韧的保护膜(亦可单独成膜)。为了满足施工工艺及使用环境对涂料的要求，主要成膜物质应具较高的化学稳定性，较好的耐碱性，常温下良好的成膜性，较好的耐火性，良好的耐候性、耐水性及经济性等特点。主要成膜物质多属于高分子化合物(如树脂)，或成膜后能形成高分子化合物的有机物质(如油料)，有时也用无机胶结材料作为主要成膜物质。主要成膜物质是涂料中最主要的成分，决定着涂膜的各种性能，是涂料的基础，因此也常被称为基料、漆料或漆基。

(1) 无机胶结材料

1) 水玻璃　包括钠水玻璃、钾水玻璃及其两者的混合物。钾水玻璃的耐水性及耐候性优于钠水玻璃。在水玻璃中加入磷酸盐等材料可获得良好的耐水性，可用于内外墙涂料。

2) 硅溶胶　为二氧化硅胶体溶液，硅溶胶的性能优于水玻璃，具有较高的渗透性，与基层的粘接力高，耐水性及耐候性高。主要用于外墙涂料。

(2) 油料

油料源于自然界植物种子和动物脂肪，是制造某些油性涂料和油性基涂料的主要原料。涂料使用的主要是植物油，按其能否干结成膜，以及成膜的快慢分为三类：

1) 干性油　如亚麻油、桐油、梓油、苏子油等。将它涂于物体表面，受到空气的氧化作用和自身的聚合作用，经一段时间（一周以内）能形成坚硬的油膜，耐水而富于弹性。

2) 半干性油　如豆油、向日葵油、棉籽油等。这种油能慢慢吸收空气的氧，其涂层干燥时间较长（一周以上），形成的油膜软而且发粘。

3) 不干性油　如花生油、蓖麻油等。这些油不能自行吸收空气中的氧，在正常条件下不能自行干燥，不能直接用于制造涂料。

(3) 树脂

树脂是许多有机高分子化合物互相溶合而成的混合物，呈透明或半透明的无定形粘稠液体或固体状态。有的能溶解于水，有的不能溶于水，而只能溶于有机溶剂。将树脂溶液涂于物体表面，待溶剂挥发（或经化学反应）后，能够形成一层连续的固体薄膜。

单用油料虽可以制成涂料，但这种涂料所形成的涂膜在硬度、光泽、耐水、耐酸碱等方面的性能往往不能满足较高的要求。因此需要采用性能优异的树脂作为涂料的成膜物质。涂料用的树脂有天然树脂、人造树脂和合成树脂等三类。

1) 天然树脂　它来源于自然界的动植物，如松香、虫胶、沥青等。

2) 人造树脂　人造树脂是由天然有机高分子化合物经加工而制得的，如松香甘油酯、硝化纤维等。

3) 合成树脂　合成树脂是由单体经聚合或缩聚而制得，如聚氯乙烯树脂、环氧树脂、酚醛树脂、丙烯酸树脂、醇酸树脂等。利用合成树脂制得的涂料性能优异，涂膜光泽性好，是现代涂料工业生产最大、品种最多、应用最广的涂料。

2. 次要成膜物质

次要成膜物质主要是指涂料中所用的颜料，它能使涂膜具有各种颜色，能增加涂膜的强度，阻止紫外线穿透，提高涂膜的耐久性。有些特殊颜料能使涂膜具有抑制金属腐蚀，耐高温的特殊效果。

颜料的品种很多，按其化学组成分为有机和无机颜料，按其来源分为天然与人造颜料，按其主要作用分为着色颜料、体质颜料和防锈颜料等。

无机颜料即矿物颜料，其化学组成为无机物，大部分品种化学性质稳定，能耐高温、耐晒，不易变色、褪色或渗色，遮盖力大，但色调少，色彩不及有机颜料鲜艳。目前涂料中使用的颜料绝大部分是无机颜料。

有机颜料是有机化合物所制颜料，其颜色鲜艳，耐光耐热，着色力强，品种多，色谱全。目前应用于涂料的有机颜料逐渐增多。

着色颜料是颜料中品种最多的一种，有红、黄、蓝、白、黑、绿等颜色。它的主要作用是着色和遮盖物面。常用品种见表 9-1。有时用铝粉、铜粉等金属粉末作着色颜料。

着色颜料常用的品种 **表 9-1**

颜色	品种	
	无机	有机
黄色颜料	铅铬黄、铁黄	耐晒黄、联苯胺黄等
红色颜料	铁红、银朱等	甲苯胺红、立索尔红等
蓝色颜料	铁蓝、钻蓝、群青	酞菁蓝等
白色颜料	氧化锌、钛白粉、立德粉等	—
黑色颜料	炭黑、石墨、铁黑等	苯胺黑等
绿色颜料	铬绿、锌绿等	酞菁绿等

体质颜料又称填充料，为白色粉末。它在涂料中的遮盖能力很低，基本上是透明的，不能阻止光线透过涂膜，也不能给涂料以美丽的颜色，但它能增加涂膜的厚度，加强涂膜体质，提高涂膜耐磨和耐久性。体质颜料主要是一些碱土金属盐、硅酸盐和镁、钴金属盐类，如硫酸钡、碳酸钙、滑石粉、云母粉、瓷土等。

防锈颜料的主要作用是防止金属锈蚀。常用的防锈颜料有红丹、锌铬黄、氧化铁红、银粉等。

3. 辅助成膜物质

辅助成膜物质不能单独构成涂膜，但对涂料的施工和成膜过程有很大影响，或对涂膜的性能起到一定辅助作用。辅助成膜物质主要包括溶剂和辅助材料两大类。

(1) 溶剂

溶剂是能挥发的液体，具有溶解成膜物质的能力，可降低涂料的粘度以便达到施工的要求。溶剂在涂料中占有很大比例，它在涂膜形成过程中逐渐挥发。它对涂膜的质量和涂料的成本有一定影响。

常用的溶剂有二甲苯、甲苯、醋酸丁酯等，其溶解能力强，挥发速度适当。除此以外，还有醇类、酮类等溶剂。乳胶型涂料借助于有表面活性的乳化剂，以水为稀释剂，而不采用有机溶剂。

有机溶剂几乎都是易燃液体，使用时应加以注意。溶剂的可燃性以闪点、燃点表示。闪点在25℃以下的就是易燃品。常用溶剂的闪点和燃点见表9-2。

常用溶剂的闪点和燃点 表9-2

溶　剂	闪点(℃)	燃点(℃)	溶　剂	闪点(℃)	燃点(℃)
丙酮	-17.8	53.6	异丁醇	38	42.6
丁醇	46	34.3	异丙醇	21	45.5
醋酸丁酯	33	42.1	甲醇	18	46.9
乙醇	16	42.6	松香水	40	24.6
甲乙酮	-4	51.4	甲苯	5	55.0

另外，有些溶剂具有毒性。如氯化烃类、苯等，挥发的气体对人体有害，应注意劳动保护。常用的松香水、松节油无任何毒性。

(2) 辅助材料

有了主要成膜物质、颜料和溶剂就可以构成涂料。但一般为了改善涂料的性能，常掺加一些辅助材料，用量小，作用显著。根据辅助材料的功能可分为催干剂、增塑剂、润湿剂、消泡剂、硬化剂、紫外光吸收剂、稳定剂等。

9.1.2 涂料的命名、型号及分类

1. 涂料的命名

涂料品种数量繁多，国家标准《涂料产品的分类、命名和型号》(GB2708—92)规定涂料的命名原则为：

(1) 涂料全名=颜色或颜料名称+成膜物质名称+基本名称。如白醇酸磁漆、铁红酚醛防锈漆等。对不含颜料的清漆，涂料全名=成膜物质+基本名称。

(2) 涂料颜色位于涂料名称的最前面。若颜料对漆膜性能起显著作用，则可用颜料的名称代替颜色的名称，仍置于涂料名称的最前面。

(3) 涂料名称中的成膜物质名称应作适当简化。例如，聚氨基甲酸酯简化为聚氨酯。如果漆基中含有多种成膜物质时，可选取起主要作用的那一种成膜物质命名。

(4) 基本名称表示涂料的基本品种、特性和专业用途，仍采用我国已广泛使用的名称。例如，清漆、磁漆、底漆、内墙涂料等。

(5) 在成膜物质和基本名称之间，必要时可标明专业用途、特性等。如黑醇酸导电磁漆、红过氯乙烯静电磁漆。

2. 涂料的型号

国家标准 GB 2705—92 对涂料型号的命名方法如下：

（1）涂料型号

涂料的型号分三部分，第一部分是涂料的类别，用汉语拼音字母表示，见表 9-3；第二部分是基本名称，用两位数字表示，见表 9-4；第三部分是序号。

成膜物质和涂料类别及其代号　　表 9-3

代号	涂料类别	成膜物质类别	主要成膜物质
Y	油脂漆类	油脂	天然植物油、动物油(脂)、合成油等
T	天然树脂漆类	天然树脂[①]	松香、虫胶、乳酪素、动物胶、大漆及其衍生物
F	酚醛漆类	酚醛树脂	酚醛树脂、改性酚醛树脂
L	沥青漆类	沥青	天然沥青、(煤)焦油沥青、石油沥青
C	醇酸漆类	醇酸树脂	甘油醇酸树脂、其他醇类的醇酸树脂、改性醇酸树脂类
A	氨基漆类	氨基树脂	三聚氰胺甲醛树脂、脲(甲)醛树脂等
Q	硝基漆类	硝酸纤维素(酯)	硝酸纤维素(酯)等
M	纤维素漆类	纤维素酯、纤维素醚	乙酸纤维素(酯)、乙基纤维素、苄基纤维素等
G	过氯乙烯漆类	过氯乙烯树脂	过氯乙烯树脂等
X	烯树脂漆类	烯类树脂	氯乙烯共聚树脂、聚乙酸乙烯及其共聚物、聚乙烯醇缩醛树脂、含氟树脂、氯化聚丙烯树脂、石油树脂等
B	丙烯酸漆类	丙烯酸树脂	热塑性丙烯酸树脂、热固性丙烯酸树脂
Z	聚酯漆类	聚酯树脂	饱和聚酯树脂、不饱和聚酯树脂等
H	环氧漆类	环氧树脂	环氧树脂、环氧酯、改性环氧树脂等
S	聚氨酯漆类	聚氨酯树脂	聚氨(基甲酸)酯树脂等
W	元素有机漆类	元素有机聚合物	有机硅树脂、有机钛树脂、有机铝树脂等
J	橡胶漆类	橡胶	氯化橡胶、氯丁橡胶、丁苯橡胶、氯磺化聚乙烯橡胶等
E	其他漆类	其他	以上 16 类包括不了的成膜物质，如无机高分子材料、聚酰亚胺树脂、二甲苯树脂等

①包括直接来自天然资源的物质及其经过加工处理后的物质。

涂料基本名称及代号 **表 9-4**

代号	基本名称	代号	基本名称	代号	基本名称
00	清油	32	(抗弧)磁漆、互感器漆	65	卷材涂料
01	清漆	33	(粘合)绝缘漆	66	光固化涂料
02	厚漆	34	漆包线漆	67	隔热涂料
03	调合漆	35	硅钢片漆	70	机床漆
04	磁漆	36	电容器漆	71	工程机械漆
05	粉末涂料	37	电阻漆、电位器漆	72	农机用漆
06	底漆	38	半导体漆	73	发电、输配电设备用漆
07	腻子	39	电缆漆、其他电工漆	77	内墙涂料
09	大漆	40	防污漆	78	外墙涂料
11	电泳漆	41	水线漆	79	屋面防水涂料
12	乳胶漆	42	甲板漆、甲板防滑漆	80	地板漆、地坪漆
13	水溶(性)漆	43	船壳漆	82	锅炉漆
14	透明漆	44	船底漆	83	烟囱漆
15	斑纹漆、裂纹漆、桔纹漆	45	饮水舱漆	84	黑板漆
16	锤纹漆	46	油舱漆	86	标志漆、路标漆、马路划线漆
17	皱纹漆	47	车间(预涂)底漆	87	汽车漆(车身)
18	金属(效应)漆、闪光漆	50	耐酸漆、耐碱漆	88	汽车漆(底盘)
20	铅笔漆	52	防腐漆	89	其他汽车漆
22	木器漆	53	防锈漆	90	汽车修补漆
23	罐头漆	54	耐油漆	93	集装箱漆
24	家电用漆	55	耐水漆	94	铁路车辆用漆
26	自行车漆	60	防火漆	95	桥梁漆、输电塔漆及其他(大型露天)钢结构漆
27	玩具漆	61	耐热漆		
28	塑料用漆	62	示温漆	96	航空、航天用漆
30	(浸渍)绝缘漆	63	涂布漆	98	胶液
31	(覆盖)绝缘漆	64	可剥漆	99	其他

【例】

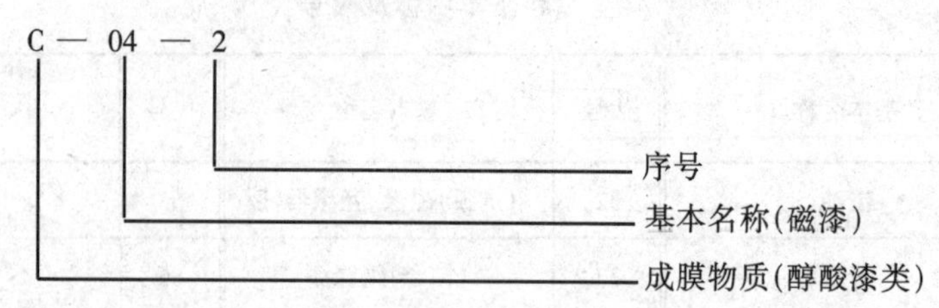

(2) 辅助材料型号

辅助材料的型号分两部分，第一部分是辅助材料种类，第二部分是序号。辅助材料种类按用途划分有 X—稀释剂，F—防潮剂，G—催干剂，T—脱漆剂，H—固化剂等。

【例】

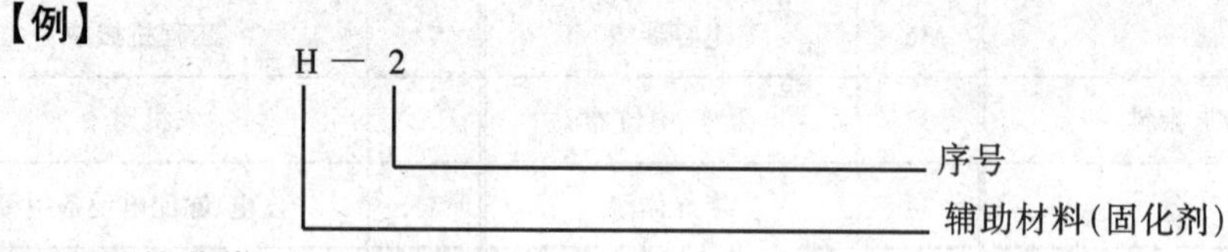

3. 涂料的分类

虽然涂料已经制定了统一的分类、命名和型号标准，但建筑涂料目前尚无统一的分类和命名方法，通常采用习惯分类法。

(1) 按用途分，可分为外墙涂料、内墙涂料、顶棚涂料、地面涂料和屋面涂料等。

(2) 按成膜物质分类，可分有机涂料、无机涂料、有机无机复合涂料等。

(3) 按分散介质分类，可分溶剂型涂料、乳液型涂料(乳胶漆)和水溶型涂料。

(4) 按建筑功能分类，可分装饰涂料、防水涂料、防腐涂料、防霉涂料、防结露涂料等。

(5) 按涂层质感分类，可分薄质涂料、厚质涂料、复层建筑涂料等。

9.2 内 墙 涂 料

内墙涂料亦可用作顶棚涂料。它是指既起装饰作用又能保护室内墙面(顶棚)的一类涂料。为了达到良好的装饰效果，要求内墙涂料应色彩丰富，质地平滑、细腻，并具有良好的透气性，耐碱、耐火、耐粉化、耐污染等性能，还应便于涂刷，容易维修，价格合理等。

内墙涂料大致可分以下几种类型：

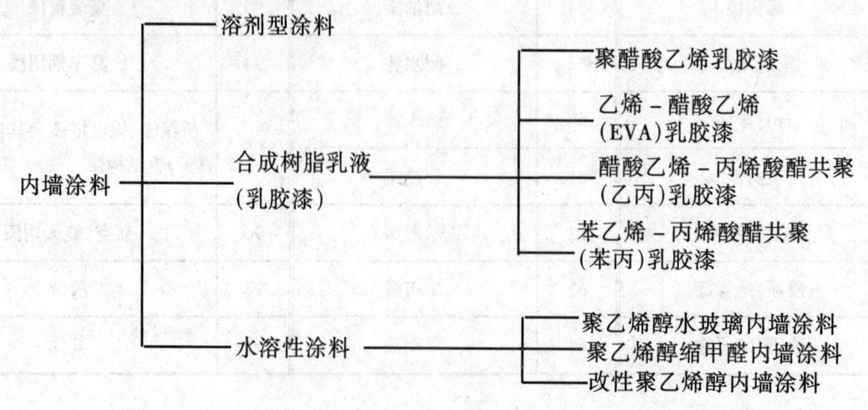

9.2.1　溶剂型内墙涂料

溶剂型内墙涂料与溶剂型外墙涂料基本相同。由于其透气性较差，容易结露，较少用于住宅内墙。但其光洁度好，易于冲洗，耐久性好，可用于厅堂、走廊等处。

溶剂型内墙涂料主要品种有：氯化橡胶墙面涂料、丙烯酸酯墙面涂料、丙烯酸酯-有机硅墙面涂料、聚氨酯丙烯酸酯墙面涂料、聚氨酯系墙面涂料等。

9.2.2　合成树脂乳液内墙涂料(内墙乳胶漆)

合成树脂乳液内墙涂料是以合成树脂乳液为基料(成膜材料)加入颜料、填料及各种助剂而制成的内墙涂料，也称为乳胶漆。它们以水代替了传统油漆中的溶剂，安全无毒，对环境不产生污染，保色性、透气性好，且容易施工。乳胶漆一般用于室内墙面装饰，但不宜使用于厨房、卫生间、浴室等潮湿墙面。目前常用的品种有聚醋酸乙烯乳胶漆，乙烯-醋酸乙烯（EVA）乳胶漆、醋酸乙烯-乙烯酸醋共聚（乙丙）丙乳胶漆、苯乙烯-内烯酸醋共聚（苯丙）乳胶漆等。

合成树脂乳液内墙涂料的技术性能指标应符合《合成树脂乳液内墙涂料》（GB/T9756—1995）的规定，见表9-5。

合成树脂乳液内墙涂料的技术要求　　表9-5

项　目	一 等 品	合 格 品
在容器中的状态	搅拌混合后无硬块，呈均匀状态	
施工性	刷涂二道无障碍	
涂膜外观	涂膜外观正常	
干燥时间(h)，≯	2	
对比率(白色和浅色)，≮	0.93	0.90
耐碱性，24h	无异常	
耐洗刷性（次），≮	300	100
涂料耐冻融性	不变质	

1. 聚醋酸乙烯内墙乳胶漆

聚醋酸乙烯内墙乳胶漆是我国应用最早的乳胶漆，它是以聚醋酸乙烯乳液为基料，加入适当的辅助材料而制成的水乳型内墙乳胶漆，具有无味、无毒、不燃、易施工，透气性好，附着力强、干燥快、色彩鲜艳，流平性好，漆膜无刷痕，贮存性稳定，价格低廉等特点，但耐水性、耐碱性和耐候性稍差。其性能比聚乙烯醇类内墙涂料有较大提高，但不如其他类型的乳胶漆。适用于中低档建筑物的内墙装饰，或用于对洗刷要求不高的部位，如顶棚等。

2. 乙烯-醋酸乙烯（EVA）内墙乳胶漆

乙烯-醋酸乙烯（EVA）内墙乳胶漆是以EVA乳液为基料，而制成的内墙乳胶漆，它具有成膜性好，价格便宜等特点，在耐水性、耐候性方面优于聚醋酸乙烯内墙乳胶漆，适用于中低档建筑物的内墙装饰。

3. 苯乙烯-丙烯酸醋共聚乳胶漆

苯乙烯-丙烯酸醋共聚乳胶漆是以苯丙乳液作基料，还掺有其他高分子乳液（如醋酸乳液、EVA乳液等），而制成的各色无光内墙乳胶漆。它具有较高的颜料体积浓度，其耐碱、耐水、耐擦性及耐久性都优于聚醋酸乙烯乳胶漆和EVA乳胶漆，可用于住宅或公共建筑的中档内墙装饰。

4. 丙烯酸酯乳胶

丙烯酸酯乳胶漆是采用日本技术生产的纯丙烯酸酯乳液为基料，加上进口助剂而制成的乳胶漆，其内在质量较高。它具有质地细腻、高遮盖力，能抑制霉菌生长，漆面显亚光面，易施工，易清洁等特点。纯丙烯酸酯乳胶漆属高档乳胶漆，可用于宾馆、学校、医院、写字楼、住宅等高档室内装饰，也可在卫生间、厨房、阳台中使用。

9.2.3 水溶性内墙涂料

水溶性内墙涂料是以水溶性化合物为基料，加入一定量的填料、颜料和助剂，经过研磨、分散后而形成的。水溶性内墙涂料属低档涂料，用于一般民用建筑室内墙面装饰。可分为Ⅰ类和Ⅱ类。Ⅰ类用于涂刷浴室、厨房内墙，Ⅱ类用于涂刷建筑物内的一般墙面。各类型水溶性内墙涂料的技术质量要求应符合《水溶性内墙涂料》（JC/T423—91）的规定，见表9-6。

内墙涂料的技术质量要求 表9-6

序号	项目	技术质量要求	
		Ⅰ类	Ⅱ类
1	容器中状态	无结块、沉淀和絮凝	
2	粘度(S)	30~75	
3	细度(μm)	≤100	
4	遮盖力(g/cm²)	≤100	
5	白度(%)	≥80	
6	涂膜外观	平整、色泽均匀	
7	附着力(%)	100	
8	耐水性	无脱落、起泡和皱皮	
9	耐干擦性(级)		≤1
10	耐洗刷性(次)	≥300	

目前常用的水溶性内墙涂料有聚乙烯醇水玻璃内墙涂料(俗称106内墙涂料)、聚乙烯醇缩甲醛内墙涂料(俗称803内墙涂料)和改性聚乙烯醇系内墙涂料等。

1. 聚乙烯醇水玻璃内墙涂料

聚乙烯醇水玻璃内墙涂料具有原料丰富、价格低廉、工艺简单、无毒、无味、耐燃、色彩多样、装饰性较好，并与基层材料间有一定的粘接力，但涂层的耐水性及耐水洗刷性差，不能用湿布擦洗，且涂膜表面易产生脱粉现象。聚乙烯醇水玻璃内墙涂料广泛用于住宅、普通公用建筑等的内墙面、顶棚等，但不适合用于潮湿环境。

2. 聚乙烯醇缩甲醛内墙涂料

聚乙烯醇缩甲醛内墙涂料又称803内墙涂料，是以聚乙烯醇与甲醛进行不完全醛化反应生成的聚乙烯醇缩甲醛水溶液为基料，加入颜料、填料及助剂经搅拌研磨等而成的水溶性内墙涂料。技术指标应满足表9-6中Ⅱ类涂料的规定。聚乙烯醇缩甲醛内墙涂料耐洗刷性略优于聚乙烯醇水玻璃内墙涂料，可达100次，其他性能与聚乙烯醇水玻璃内墙涂料基本相同，可广泛用于住宅、一般公用建筑的内墙与顶棚等。

3. 改性聚乙烯醇系内墙涂料

改性聚乙烯醇系内墙涂料又称耐湿擦洗聚乙烯醇系内墙涂料，通过采取措施，提高了耐水性和耐洗刷性，耐洗刷性可达300~1000次。如在聚乙烯醇内墙涂料中加入10%~20%的其他高分子合成树脂的乳液，可使聚乙烯醇系涂料获得满意的耐水、耐擦洗效果。改性聚乙烯醇系内墙涂料的其他性质与聚乙烯醇水玻璃内墙涂料基本相同，其技术性质应满足表9-6中Ⅰ类涂料的要求，适用于住宅、一般公用建筑的内墙和顶棚，也适用于卫生间、厨房等的内墙、顶棚。

9.2.4 新型内墙涂料

1. 多彩花纹内墙涂料

多彩花纹内墙涂料又称多彩内墙涂料，是一种较为新颖的内墙涂料。它是由不相混溶的连续相(分散介质)和分散相组成，分散相有两种或两种以上大小不等的着色粒子，在含有稳定剂的分散介质中均匀悬浮并呈稳定状态。在涂装时，通过喷涂形成多种色彩花纹图案，干燥后构成多彩花纹涂层。

多彩内墙涂料具有涂层色彩优雅，富有立体感，装饰效果好的特点；涂膜质地较厚，有弹性，整体性、耐久性好；耐油、耐水、耐腐、耐洗刷。适用于建筑物内墙和顶棚的水泥、混凝土、砂浆、石膏板、木材、钢、铝等多种基面。

多彩内墙涂料按其制备原理可分为4个基本类型，见表9-7。其中贮存稳定性最好，被广泛采用的是水包油型多彩涂料。

多彩花纹内墙涂料的基本类型　　表9-7

类　型	分 散 相	分散介质
O/W型(水包油)	溶剂型涂料	保护胶体水溶液
W/O型(油包水)	水性涂料	溶剂或可溶于溶剂的成分
O/O型(油包油)	溶剂型涂料	溶剂或可溶于溶剂的成分
W/W(水包水)	水性涂料	保护胶体水溶液

多彩内墙涂料的技术质量应符合《多彩内墙涂料》(JG/T3003—93)的规定，见表9-8。

多彩花纹内墙涂料的技术指标　　表 9-8

	项　目	技 术 指 示
涂料性能	在容器中的状态	经搅拌后均匀,无硬块
	贮存稳定性, 0~30 ℃	6 个月
	不挥发物含量(%)	≥ 19
	粘度(25 ℃)KV 值	80~100
	施工性	喷涂无困难
涂层性能	实干燥时间(h)	≤ 24
	外观	与标准样本基本相同
	耐水性, 96h	不起泡,不掉粉,允许轻微失光和变色
	耐碱性, 48h	不起泡,不掉粉,允许轻微失光和变色
	耐洗刷性(次)	≥ 300

目前，国内市场上出现一种纯水型内墙高档涂料——梦幻(或称云彩)涂料。它是用特殊方法制备的特种树脂与专门的有机、无机颜料复合而成的，无毒、无味、不燃、略有花香；贮存、运输 、使用的安全性好；施工时对环境无污染；涂膜光滑、细腻，具有优良的耐水性和独特的效果，给人以类似“云雾”、“大理石”、“蜡像”等梦幻感觉。

梦幻涂料变幻无穷的装饰效果，主要是通过不同的特殊施工方法来获得。采用刷子、海绵、抹刀、衬垫、喷枪等工具，通过刷、滚、抹、印、喷等方式，做出互不雷同的图案。色彩可以现场调配，可以任意套色。这种涂料可用于宾馆、酒店、商场、歌舞厅及住宅等。

2. 厚批瓷面涂料

厚批瓷面涂料由多种精选的无机天然粉料和特种改性的有机—无机复合高分子材料组成的双组分厚质批刮涂料。产品具有优异的物理化学性能，涂层表面特别润滑、光亮(也可制成亚光型)耐磨损，无毒无味，不污染环境，高温火焰直接灼烧不燃，涂层具有多孔微细结构特性，具有一定的吸湿性，不易结露、不霉变。这种涂料对各种基材附着力良好，适用于水泥、砂浆、混凝土、木材等材质上。

厚批瓷面涂料成本低，装饰性好，适用于中小型宾馆的客房、走廊、安全通道 ，特别适用于普通家庭居室、厨房及卫生间等场所。

3. 纤维状涂料

纤维状涂料是以天然纤维、合成纤维、金属丝为主，加入水溶性树脂而制成的水溶性纤维涂料。纤维状涂料无毒、无味、色彩艳丽、色调柔和，涂层柔软且富有弹性，无接口、不变形、不开裂、立体感强、质感独特，并具有良好的吸声、耐潮、透气、不结露、抗老化等功能。纤维状涂料通过涂抹时的色彩搭配可获得不同的装饰效果，纤维状涂料还可用来绘制各种壁画，创造出不同的室内气氛，广泛用于各种商业建筑、宾馆、饭店、歌舞厅、酒吧、办公室、住宅等的装饰。

4. 仿瓷涂料

仿瓷涂料又称瓷釉涂料，是一种质感与装饰效果酷似陶瓷釉层饰面的装饰涂料。仿瓷涂料分为溶剂型和乳液型。

(1) 溶剂型仿瓷涂料

溶剂型仿瓷涂料是以常温下产生交联固化的树脂为基料，目前主要使用的为聚氨酯树脂、丙烯酸－聚氨酯树脂、环氧－丙烯酸树脂、丙烯酸－氨基树脂、有机硅改性丙烯酸树脂等，并加入颜料、填料、溶剂、助剂等配制而成的具有瓷釉亮光的涂料。溶剂型仿瓷涂料的颜色多样、涂膜光亮、坚硬、丰满、酷似瓷釉，具有优异的耐水性、耐碱性、耐磨性、耐老化性，并且附着力极强。可用于各种基层材料的表面，适用于建筑物内墙，如卫生间、厨房、制药车间、手术室、化验室、消毒室、食品车间等的墙面。

(2) 乳液型仿瓷涂料

乳液型仿瓷涂料是以合成树脂乳液为基料，目前主要使用丙烯酸树脂乳液，并加入颜料、填料、助剂等配制而成的具有瓷釉亮光的涂料。乳液型仿瓷涂料的价格较低，低毒、不燃、硬度高、涂膜丰满，耐老化性、耐碱性、耐酸性、耐水性、耐沾污性及与基层材料的附着力等均较高，并能较长时间保持原有的光泽和色泽。乳液型仿瓷涂料适用于各种基层材料的表面，施工时要求基层材料干净、平整。

5. 绒面涂料

绒面涂料是一种质感与装饰效果酷似织物、绒皮的高档内墙装饰涂料，它主要由着色树脂微球(俗称绒毛粉)、基料树脂、助剂等组成。成膜物质有丙烯酸酯乳液、聚醋酸乙烯乳液、乙烯-醋酸乙烯乳液、聚氨酯乳液等；着色树脂微球有丙烯酸微球、聚氨酯微球、聚氯乙烯微球等。绒面涂料分为溶剂型、乳液型和紫外线固化型等，建筑中常用的为乳液型。

绒面涂料具有柔软、温暖、优雅、仿鹿皮的绒面效果，且色彩丰富、舒适自然、有弹性、无毒、无味，并具有优良的耐久性、耐水性、吸声性等。绒面涂料可创造出温馨、优雅、自然朴实的不同环境，适用于高级宾馆、商店、歌舞厅、音乐厅、住宅等的内墙、顶棚等。适用于多种基层材料，施工时可采用辊涂、静电喷涂、刷涂等。

6. 静电植绒涂料

静电植绒涂料是利用高压静电感应原理，将纤维绒毛植于涂胶表面而成的高档内墙装饰涂料，它主要由纤维绒毛和专用胶粘剂等组成。

静电植绒涂料的手感柔软、光泽柔和、色彩丰富、有一定的立体感，具有良好的吸声性、抗老化性、阻燃性，高湿条件下绒毛不会自然脱落，并可用吸尘器清理或用湿毛巾加肥皂水擦拭。静电植绒涂料既能平面植绒，也能立体植绒。静电植绒涂料可创造出宁静、温馨、优雅、自然朴实的不同环境，适用于高级宾馆、商店、歌舞厅、音乐厅、住宅等的内墙或局部装饰。

7. 丝光面乳胶漆

丝光面乳胶漆是以纯丙烯酸酯共聚乳液为基料，选用优质颜料、填料及各种优质助剂经先进的工艺加工而成。

丝光面乳胶漆具有丝绸般的光泽，有一定的耐紫外线能力，防霉，有较强的遮盖力和优良的附着力，施工方便，流平性好，无有机溶剂，无环境污染，是宾馆、高级公寓、住宅、写字楼理想的内墙装饰涂料(有时也可用于室外)。

9.3 外墙涂料

外墙涂料的功能主要是装饰和保护建筑物的外墙面，使建筑物外貌整洁美观，达到美化城市、延长外墙面使用寿命的目的。它应有丰富的色彩，保色性好，令外墙的装饰效果好；耐水性和耐候性好；耐污染性要强，易于清洗；施工性好，易于施工和维修。其主要类型如下：

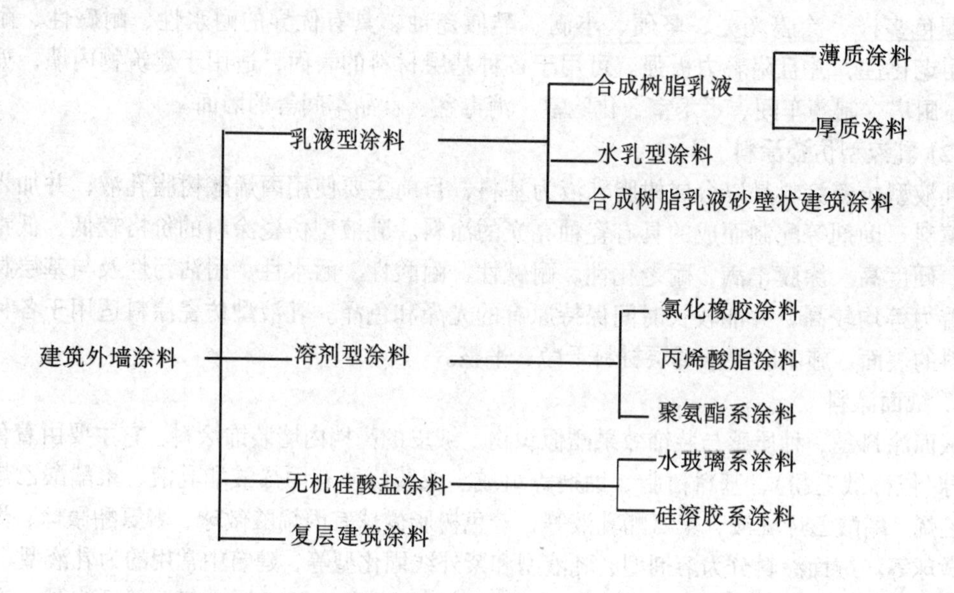

9.3.1 合成树脂乳液外墙涂料(外墙乳胶漆)

合成树脂乳液外墙涂料是由高分子合成树脂乳液为基料加入颜料、填料、助剂经研磨而制得的薄型外墙涂料。用于各种基层表面装饰，可以单独使用，也可作复层涂料的面层。常用的品种有醋酸乙烯丙烯酸乳液外墙涂料、苯乙烯丙烯酸乳液外墙涂料、丙烯酸酯乳液外墙料、氯乙烯偏氯乙烯乳液外墙涂料等。该类型外墙涂料的主要技术指标应符合《合成树脂乳液外墙涂料》)(GB/T 9755—1995)的规定，见表 9-9。

合成树脂乳液外墙涂料的技术要求 表 9-9

项　目		一等品	合格品
在容器中的状态		搅拌混合后无硬块,呈均匀状态	
施　工　性		刷涂两道无障碍	
		涂膜外观正常	
干燥时间(h),≯		2	
对比率(白色和浅色),≮		0.90	0.87
耐水性,96h		无异常	
耐碱性,48h		无异常	
耐洗刷性(次),≮		1000	500
耐人工老化性	时间(h)	250	200
		粉化≯1级,变色≯2级	
涂料耐冻融性		不变质	
涂层耐温变性,10次循环		无异常	

1. 苯乙烯丙烯酸醋乳液涂料

苯乙烯丙烯酸醋乳液涂料简称苯－丙乳液涂料，是目前质量较好的外墙乳液涂料之一，也是我国外墙涂料的主要品种。苯－丙乳液涂料分为无光、半光、有光三类，具有优良的耐水性、耐碱性和抗污染性，外观细腻、色彩艳丽、质感好，耐洗刷次数可达2000次以上，与水泥、混凝土等大多数建筑材料的粘附力强，并具有丙烯酸类涂料的高耐光性、耐候性和不泛黄性。苯－丙乳液涂料适用于办公室、宾馆、商业建筑以及其他公用建筑的外墙、内墙等，但主要用于外墙。

2. 乙丙乳胶涂料

乙丙乳胶外墙涂料是由醋酸乙烯和一种或几种丙烯酸酯类单体、乳白剂、引发剂，通过乳液聚合反应制得的一种以乙丙共聚乳液为主要成膜物质，并掺入颜料、填料和助剂、防霉剂，经分散、混合配制而成的一种乳液型外墙涂料，通常称乙丙乳胶漆。它以水为稀释剂，安全无毒，施工方便，干燥快，耐候性、保色性好，是一种常见的中档建筑外墙涂料。使用寿命可达10年左右。

3. 丙烯酸酯乳液涂料

丙烯酸酯乳液涂料是由甲基丙烯酸甲酯、丙烯酸丁酯、丙烯酸乙酯等丙烯系单体经乳液共聚而制得的纯丙烯酸酯系乳液为主要成膜物质，加入颜料、填料及其他助剂而制得的一种优质乳液型外墙涂料。这种涂料较其他乳液型外墙涂料光泽柔和，耐候性、耐紫外线极佳，在日光下不易褪色、粉化，保色性优异，遮盖力强，有各种色彩，耐久性可达10年以上，但价格较贵。适用于高级宾馆饭店、高级公寓、住宅、写字楼的外墙装饰。

4. 水乳型环氧树脂外墙涂料

水乳型环氧树脂外墙涂料是由环氧树脂配以适当的乳化剂、增稠剂、水等，通过高速机械搅拌分散而成的稳定乳状液为主要成膜物质，加入颜料、填料、助剂配制而成的一类外墙涂料，这类涂料以水为分散介质，无毒无味，生产施工较安全，对环境污染较少。这种涂料与基层墙面粘结性能优良，不易脱落；涂层耐老化性、耐候性优良，涂层耐久性好。国外已有应用10年以上的工程实例，外观仍然完好；采用双管喷枪施工，可喷成仿石纹，装饰效果好。目前涂料价格较贵，双组分施工较麻烦。

5. 合成树脂乳液砂壁状建筑涂料

合成树脂乳液砂壁状建筑涂料简称砂壁状建筑涂料，是以合成树脂乳液作粘结料，砂粒和石粉为集料，通过喷涂施工形成粗面状的涂料，主要用于各种板材及水泥砂浆抹面的外墙装饰。其装饰质感类似于喷粘砂、干粘石、水刷石，其涂层具有丰富的色彩和质感，保色性、耐水性良好，涂膜坚实，骨料不易脱落，使用寿命可达10年以上。合成树脂乳液砂壁状涂料主要用于办公楼、商店等公用建筑的外墙面，也可用于内墙面。

砂壁状建筑涂料按着色可分为：A、B、C三类。A类采用人工烧结彩色砂粒和彩色粉着色；B类是采用天然色砂粒和彩色石粉着色；C类是采用天然砂粒和石粉加颜料着色。其产品质量应符合《合成树脂乳液砂壁状建筑涂料》(GB9135—88)的规定，见表9-10。

9.3.2 溶剂型外墙涂料

溶剂型外墙涂料是以高分子合成树脂溶液为基料，有机溶剂为稀释剂，加入一定量的颜料、填料及助剂，经混合溶解、研磨而配制成的一种挥发性建筑涂料。溶剂型外墙涂料

砂壁建筑涂料的技术指标　　表 9-10

试验类别	项目		技术指标
涂料试验	在容器中的状态		经搅拌后呈均匀状态，无结块
	骨料沉降性(%)		<10
	贮存稳定性	低温贮存稳定性	3次试验后，无硬块、凝聚及组成物的变化
		热贮存稳定性	1个月试验后，无硬块、发霉、凝聚及组成物的变化
涂层试验	干燥时间(h)，表干		≤2
	颜色及外观		颜色及外观与样本相比，无明显差别
	耐水性		240h 试验后，涂层无裂纹、起泡、剥落、软化物的析出，与未浸泡部分相比，颜色、光泽允许有轻微变化
	耐碱性		240h 试验后，涂层无裂纹、起泡、剥落、软化物的析出，与未浸泡部分相比，颜色、光泽允许有轻微变化
	耐洗刷性		1000次洗刷试验后涂层无变化
	耐沾污率(%)		5次沾污试验后，沾污率在45%以下
	耐冻融循环性		10次冻融循环试验后，涂层无裂纹、起泡、剥落，与试验试板相比，颜色、光泽允许有轻微变化
	粘结强度(MPa)		≥0.69以上
	人工加速耐候性		500h 试验后，涂层无裂纹、起泡、剥落、粉化、变色 <2 级

的涂膜比较紧密，且有较好的硬度、光泽、耐水性、耐酸碱性及良好耐候性，耐污染性等优点，但涂膜的透气性差，施工时挥发出大量易燃有机溶剂，污染环境，且价格比乳胶漆贵。建筑上常用于外墙装饰，可单独使用，也可用于复层涂料的高档罩面层。

常用的溶剂型外墙涂料品种有氯化橡胶外墙涂料、丙烯酸酯外墙涂料、丙烯酸-聚氨酯外墙涂料和丙烯酸酯有机硅外墙涂料等。

1. 丙烯酸酯外墙涂料

丙烯酸酯外墙涂料是由热塑性丙烯酸酯合成树脂溶液为基料配成的。其装饰效果好，色泽浅淡，保光、保色性优良，耐候性良好，不易变色、粉化或脱薄，使用寿命可达10年以上，是目前外墙涂料中较为优良的品种之一。

2. 丙烯酸-聚氨酯外墙涂料

丙烯酸-聚氨酯外墙涂料是一种双组分成膜物质溶剂型外墙涂料，具有一定的弹性和抗伸缩疲劳性，能适应基层材料在一定范围内的变形而不开裂，抗伸缩疲劳次数可达5000次以上。并具有优良的粘接性、耐候性、耐水性、防水性、耐酸碱性、耐高温性和耐洗刷性，耐洗刷次数可达2000次以上。其品种颜色多样，涂膜光洁度高，呈瓷质感，耐沾污性好，使用寿命可达15年以上，是一种有发展前途的高档外墙涂料，但价格较贵。主要用于办公楼、商店等公共建筑。

3. 丙烯酸酯有机硅外墙涂料

丙烯酸酯有机硅外墙涂料是由耐候性、耐沾污性优良的有机硅改性丙烯酸酯树脂为主要成膜物质，添加颜料、填料、助剂组成的溶剂型外墙涂料。它渗透性好，能渗入基层，增加基层的抗水性能；平流性好，涂膜表层光洁，耐沾污性好，易清洗；涂层耐磨性好；施工方便，可采用刷涂、滚涂和喷涂。适用于高级公共建筑和高层住宅建筑外墙面的装饰，使用寿命估计可达10年以上。

溶剂型外墙涂料的技术质量的指标应符合《溶剂型外墙涂料》(GB9757—88)的规定，见表9-11。

溶剂型外墙涂料的质量要求 表9-11

项　目		指　标
在容器中的状态		搅拌时均匀、无结块
固体含量(%)		≥45
细度(μm)		≤45
施工性		施工无困难
遮盖力(g/cm²),白色及浅色		≤140
颜色及外观		符合标准样板，在其色差范围内，表面平整
干燥时间(h)	表干	≤2
	实干	≤24
耐水性，144h		不起泡、不掉粉，允许轻微失光和变色
耐碱性，24h		不起泡、不掉粉，允许轻微失光和变色
耐洗刷性(次)		≥2000
耐沾污性(5次循环)，反射系数下降率(%)		≤15
耐人工老化性，250h		不起泡、不剥落　无裂纹 粉化(级)≤2,变色(级)≤2
耐冻融循环性，10次		不起泡、不剥落、无裂纹、无粉化

9.3.3 外墙无机建筑涂料

外墙无机建筑涂料是以碱金属硅酸盐及硅溶胶为基料，加入相应的固化剂或有机合成树脂乳液、色料、填料等配制而成，用于建筑外墙装饰。它按基料种类可分为碱金属硅酸盐涂料(A类)和硅溶胶涂料(B类)。硅金属硅酸盐涂料是以硅酸钾、硅酸钠、硅酸锂或其混合物为基料，加入相应的固化剂或有机合成树脂乳液，使涂料的耐水性、耐碱性、耐冻融循环和耐久性得到提高，满足外墙装饰要求。硅溶胶涂料是以在硅溶胶中加入有机合成树脂乳液及辅助成膜材料，既保持无机涂料硬度和快干性，又有一定的柔软性和较好的耐洗刷性。

外墙无机建筑涂料技术质量要求应符合《外墙无机涂料》(GB10222—88)的规定，见表9-12

外墙无机建筑涂料的质量要求　表 9-12

序号	项　目		指　标
1	涂料贮存稳定性	常温稳定性 23±2℃	6 个月可搅拌，无凝聚、生霉及组成物变化等现象
		热稳定性 50±2℃	30d 无结块、凝聚、生霉及组成物变化等现象
		低温稳定性 -5±1℃	3 次无结块、凝聚、破乳及组成物变化等现象
2	涂料粘度(S)		ISQ 杯 40~70
3	涂料遮盖力(g/cm²)	A	≤350
		B	≤320
4	涂料干燥时间(h)	A	≤2
		B	≤1
5	涂层耐洗刷性		1000 次不露底
6	涂层耐水性		500h 无起泡、软化、剥落现象，无明显变色
7	涂层耐碱性		300h 无起泡、软化、剥落现象，无明显变色
8	涂层耐冻融循环性		10 次无起泡、剥落、裂纹、粉化现象
9	涂层粘结强度(MPa)		≥0.49
10	涂层耐沾污性(%)	A	≤35
		B	≤25
11	涂层耐老化性	A	800h 无起泡、剥落；裂纹 0 级；粉化、变色 1 级
		B	500h 无起泡、剥落；裂纹 0 级；粉化、变色 1 级

外墙无机建筑涂料的颜色多样，渗透能力强，与基层材料的粘接力高，成膜温度低，无毒、无味，价格较低。涂层具有优良的耐水性、耐碱性、耐酸性、耐冻融性、耐老化性，并具有良好的耐洗刷性、耐沾污性，涂层不产生静电。A 类涂料的耐高温性优异，可在 600℃下不燃、不破坏。B 类涂料除耐老化性和耐高温性外，其他性能均优于 A 类涂料。外墙无机建筑涂料适用于多种基层材料，要求基层平整、清洁、无粉化，并具有足够的强度。广泛用于办公楼、商店、宾馆、学校、住宅等的外墙装饰，也可用于内墙和顶棚的装饰。外墙无机建筑涂料施工时可采用喷涂、刷涂、滚涂等。

9.3.4　复层建筑涂料

复层建筑涂料简称复层涂料，是以水泥硅溶胶和合成树脂乳液(包括反应型合成树酯乳液)等基料和集料为主要原料，用刷涂、辊涂或喷涂等方法，在建筑物墙面上涂覆 2~3 层，形成厚度为 1~5mm 的凹凸花纹或平状涂料。它一般由底涂层、主涂层和面涂层组成。底涂层用于封闭基层和增强主涂料层与基层的粘结力；主涂层用于形成凹凸花纹立体感；面涂层用于装饰面层，保护主涂层，提高复层涂料的耐候性、耐污染性等。

复层涂料按主涂层所用粘结料分为聚合物水泥系复层涂料(CE)、硅酸盐系复层涂料(Si)、合成树酯乳液系复层涂料(E)和反应固化型合成树脂乳液系复层涂料(RE)等，其技术质量要求应符合《复层建筑涂料》(GB9779—88)的规定，见表 9-13。

复层涂料的质量要求 表 9-13

分类代号 / 性能指标		CE	Si	E	RE
低温稳定性，-5±2℃，三次循环		不结块，无组成物分离、凝聚			
初期干燥抗裂性，3±0.3m/s, 6h		不出现裂纹			
粘结强度	标准状态大于(MPa)	0.49	0.49	0.68	0.98
	温水后大于(MPa)	0.49	0.49	0.49	0.68
耐冷热循环性能 10 次		不剥落，不起泡，无裂纹，无明显变色			
透水性(ml)		溶剂型<0.5 水乳型<2.0			
耐碱性(>d)		不剥落，不起泡，不粉化，无皱纹			
耐冲击性，500g, 300mm		不剥落，不起泡，无明显变色			
耐候性，250h		不起泡，无裂纹，粉化≤1 级，变色≤2 级			
耐沾污性		沾污率<30%			

复层涂料可用于水泥砂浆抹面、混凝土预制板、水泥石棉板、石膏板、木结构等基层上。一般作为内外墙、顶棚的中高档建筑装饰用。

9.4 地面涂料

地面涂料的功能是装饰与保护室内地面，使其清洁美观。地面涂料应具有良好的粘结能力，耐碱、耐水、耐磨、耐污染及抗冲击性能。地面涂料可进行如下分类：

9.4.1 溶剂型地面涂料

1. 过氯乙烯地面涂料

过氯乙烯地面涂料是以过氯乙烯树脂为主要成膜物质，并用其他少量树脂(如松香改性酯醛树脂)，添加一定量的辅助材料，经一定工艺配制而成的溶剂型涂料。其特点：耐老化和防水性能好，漆膜干燥快（2h），具有一定的硬度、附着力和耐磨性，抗冲击力较强，色彩丰富，漆膜干燥无刺激气味。适用于住宅建筑、物理实验室等水泥地面装饰。

2. 聚氨酯-丙烯酸酯地面涂料

聚氨酯-丙烯酸酯地面涂料是以聚氨酯-丙烯酸酯树脂溶液为主要成膜物质，添加一定量的辅助材料配制而成的一种双组分固化型地面涂料。其特点：涂膜外观光亮平滑，有瓷质感，又称仿瓷地面涂料，具有很好的装饰性、耐磨性、耐水性，耐碱性及耐化学药品性能良好；该涂料为双组分涂料，施工时需按规定比例进行现场调配，施工比较麻烦，施工要求严格。

3. 丙烯酸硅地面涂料

丙烯酸硅地面涂料是以丙烯酸酯系树脂和硅树脂复合作为主要成膜物质，加入一定量的辅助材料配制而成的溶剂型地面涂料。该涂料对水泥砂浆、混凝土、砖石等表面有很高

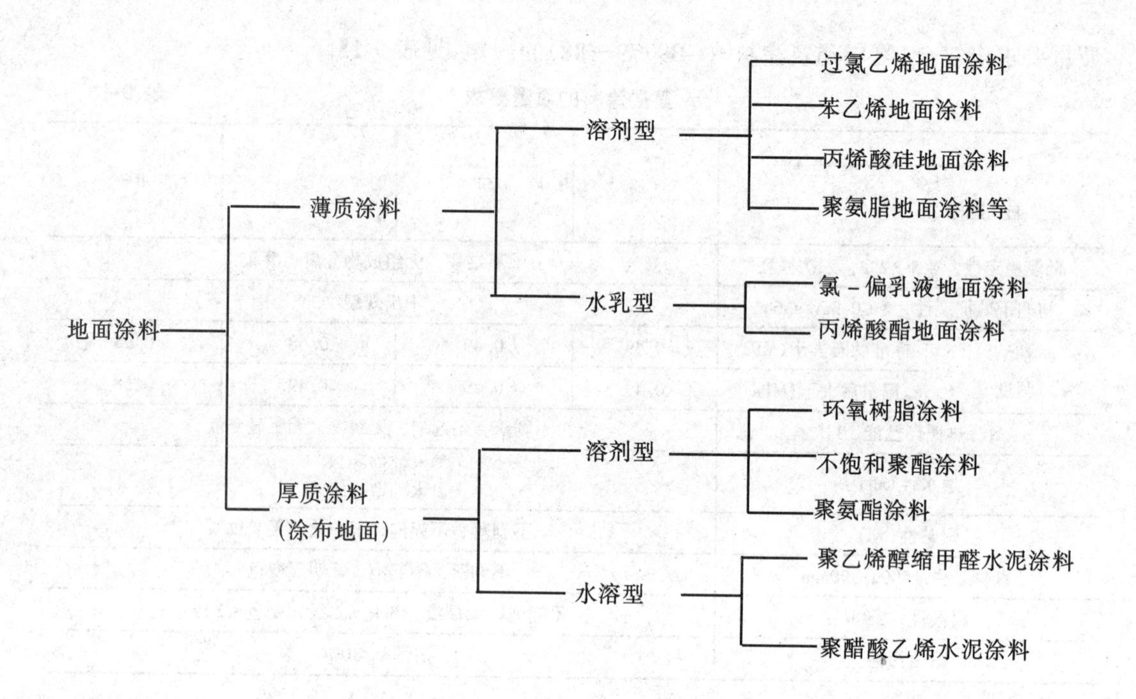

的渗透性，使涂料与基面牢固地结合成一体，形成不剥落、不粉化和不褪色的涂层；涂层耐磨性、耐水性、耐污染性、耐洗刷性良好；具有较好的耐化学药品性能；耐热、耐火性好；耐候性优良，因而可用于室外地面装饰。涂料重新涂装施工方便，只要将旧涂层表面上的灰尘和沾污物清理干净即可涂刷上新的涂料。

4. 环氧地面涂料

环氧地面涂料是以环氧树脂为主要成膜物质的双组分常温固化型涂料。涂料可由甲、乙两组分组成。甲组分是以环氧树脂为主要成膜物质；乙组分是以胺类为主体固化剂组成的。环氧地面涂料的技术性质应满足《水泥地板用漆》（HG/T2004—91）要求，见表9-14。

环氧地面涂料具有良好的耐腐蚀性能，涂层坚硬，耐磨且有一定的韧性。涂层与水泥基层粘结力强，耐油、耐水、耐热、不起尘，可以涂刷成各种图案，装饰性能好。

环氧地面涂料是适用于飞机场及工业与民用建筑中耐磨、防尘、耐酸、耐碱、耐有机溶剂、耐水等工程的地面涂料。

5. 聚氨酯地面涂料

聚氨酯是聚氨基甲酸酯的简称。聚氨酯地面涂料有薄质罩面涂料与厚质弹性地面涂料两类。前者主要用于木质地板或其他地面的罩面上光，后者涂刷于水泥地面，能在地面形成无缝的弹性耐磨层。因此，把后者称为聚氨酯弹性地面涂料。

聚氨酯弹性地面涂料是甲、乙两组分常温固化性的橡胶类涂料。甲组是聚氨酯预聚体，乙组是由固化剂、颜料及助剂按一定的比例混合、研磨均匀制成。施工时，将两组分按一定比例搅拌均匀后，即可在地面上涂刷，涂层固化是靠甲乙两组分合成反应、交联后而形成具有一定弹性的彩色涂层。

聚氨酯弹性地面涂料固化后，具有较高的强度和弹性，对金属、水泥、木材、陶瓷等

水泥地板用漆的技术要求　　　　表 9-14

项　目		技 术 要 求	
		Ⅰ型	Ⅱ型
容器中状态		搅拌后无硬块	
刷涂性		刷涂后无痕迹，对底材无影响	
漆膜颜色及外观		漆膜平整、光滑	
粘度(S)		30～70	
细度(μm)		≯30	≯40
干燥时间(h)	表干	≯1	≯6
	实干	≯4	≯24
硬度		≯B	≯2B
附着力(级)		≯0	
遮盖力(g/cm²)		≯70	
耐水性		48h 不起泡、不脱落	24h 不起泡、不脱落
耐磨性(g)		≯0.030	≯0.040
耐洗刷性(次)		≮10000	

注：Ⅰ型为聚氨酯漆类；Ⅱ型为酚醛漆、环氧漆类。

地面的粘结力强，能与地面形成一体，整体性好；耐磨性很好，并且耐油、耐水、耐酸、耐碱、色彩丰富，可涂成各种颜色，也可将地面做成各种图案；不起尘、易清扫，有良好的自熄性，使用中不变色，不需打蜡，可代替地毯使用。这种涂料价格较贵，施工复杂，原材料具有毒性，施工中应注意通风、防火及劳动保护。

聚氨酯弹性地面涂料，适用于会议室、放映厅、图书馆等人流较多的地面作弹性地面装饰，也适用于化工车间、精密机房的耐磨、耐油、耐腐蚀地面。

9.4.2　氯－偏共聚乳液地面涂料

氯－偏共聚乳液地面涂料是氯乙烯－偏氯乙烯共聚乳液地面涂料的简称（又称 RT－170 地面涂料）。它是氯乙烯－偏氯乙烯共聚乳液为基料而制成的水乳型涂料。它具有无味、快干、不燃、易施工等特点，涂层坚固光洁，具有良好的防潮、防霉、耐酸、耐碱、耐磨和化学稳定性。这种涂料适用于机关、学校、商店、宾馆、住宅、仓库、工厂企业及公共场所的地面涂层，可仿制木纹地板、花卉图案、大理石、瓷砖等彩色地面。

9.4.3　聚合物水泥地面涂料

聚合物水泥地面涂料是以水溶性树脂或聚丙烯酸乳液与水泥一起组成有机与无机复合的水性胶凝材料，掺入辅助材料经搅拌混合而成，涂布于水泥基层地面上能硬结形成无缝彩色地面涂层。这类涂料的价格相对便宜，适合于新老住宅的水泥地面装饰。

1. 聚乙烯醇缩甲醛水泥地面涂料

聚乙烯醇缩甲醛水泥地面涂料又称 777 水性地面涂料。它是以水溶性聚乙烯醇缩甲醛胶为基料与普通水泥和一定量的氧化铁系颜料组成的一种厚质涂料。组成 777 涂层的材料分为 A、B、C 三组分。A 组分：425 号水泥；B 组分：涂料色浆；C 组分：面层罩光涂料。施工时两份 A 组分、一份 B 组分（质量化）放在桶中搅拌均匀成糊状便可进行刮涂。涂面罩光用 C 组分和颜料粉调和均匀后涂刷。一般 C 组分与颜料粉的比例为 10：1。

这种涂料无毒、不燃，涂层与水泥基层结合坚固，干燥快、耐磨、耐水、不起砂、不裂缝，可以在稍潮湿的水泥基层上涂刷，施工方便，光洁美观，色彩鲜艳，价格便宜，经久耐用。适用于公共民用建筑、住宅建筑以及一般实验室、办公室水泥地面装饰。可仿制成方格、假木纹及各种图案的地面。

2. 聚醋酸乙烯水泥地面涂料

聚醋酸乙烯水泥地面涂料是由聚醋酸乙烯水乳液、普通硅酸盐水泥及颜料、填料配制而成的一种地面涂料。可用于新旧水泥地面的装饰，是一种新颖的水性地面涂料。这种涂料质地细腻、无毒，施工性好，早期强度高，对水泥地面基层粘结牢固；其涂层具有优良的耐磨性、抗冲击性，色彩美观大方，表面有弹性；涂料配制工艺简单，价格适中。该涂料适用于住宅室内地面装饰，亦可取代塑料地板或磨石地坪，用于某些实验室、仪器装配车间等地面，涂层耐久性可达10年以上。

9.5 油　　漆

油漆的名称已逐渐被涂料所代替，但人们仍习惯于木材涂饰材料称为油漆。在木材加工和木器家具生产中常用的油漆有油性漆、醇酸漆、硝基漆、聚氨酯漆、聚酯漆、光敏漆等。

9.5.1 油漆分类

油漆按成膜干燥机理分类可分为挥发性漆和非挥发性漆。非挥发型漆又可分为气干漆、烘漆和辐射固化型漆等。挥发型漆是指涂层中溶剂挥发完毕即干燥成膜的漆类，如硝基漆、虫胶漆等。气干漆是指涂层需与空气中的氧或潮气反应而固化成膜的漆类，如酚醛漆、醇酸漆等。烘漆也称烤漆，其涂层必须经高温加热才能固化成膜的漆类，如氨基烘漆。辐射固化型漆是指涂层必须经紫外线辐射才能固化成膜的漆类，如光敏漆。

按油与树脂的用量，油漆可分为油性漆和树脂漆。油性漆泛指含大量植物油或油改性树脂的漆类，干燥慢、油膜软，如酚醛漆等。树脂漆指主要用合成树脂作成膜物质而基本不含油类的漆，干燥较快、漆膜硬、光泽高，如聚酯漆等。

根据溶剂的特点，油漆可分为溶剂型漆、无溶剂型漆、水性漆。溶剂型漆是指含有大量有机溶剂的漆。在涂层干燥过程中，有机溶剂挥发掉。无溶剂型漆是指涂层成膜过程中没有溶剂挥发出来的漆类，如聚酯漆。水性漆是指以水作溶剂或分散剂的漆类。

根据是否含有颜料，油漆可分为透明的清漆和不透明的色素。按贮存与施工的组成分类，油漆可分为单组分漆和多组分漆；按光泽分类，油漆可分为亮光漆和亚光漆，根据形成涂层的工序分类，油漆可分为底漆、面漆、填孔漆与腻子等。

9.5.2 油性漆

油性漆系指含有大量植物油的漆类。其中包括单独用油作成膜物质的油脂漆，油和部分酸性松香作成膜物质的油基漆，以及油和少量树脂作成膜物质的漆，如酚醛漆等。

此类漆的成膜物质主要是植物油。在常温条件下，植物油氧化聚合的过程较长。所以这类漆干燥慢，所成涂膜柔韧性好，但硬度不高。油性漆便于刷涂，易于渗透到木材中，所成漆膜附着力好，耐候性高。油性漆还有很好的耐水、耐热、耐酸碱性能。油性漆适用于装饰质量要求不高的物品，如普通家具、建筑门窗、户外车船等。

1. 清油

清油也称熟油，是精制干性油经氧化聚合或高温聚合后加入催干剂制成的。清油属油脂漆，性能较差，在木材涂饰中多用于调配原漆、腻子与油性填孔着色剂等。

2. 原漆

原漆是由颜料的精制干性油经研磨而成的稠厚膏状物，其中油分只占总量的10%～20%。原漆是质量很差的不透明涂料，一般需用清油调配其粘度，用于质量需求不高的木器涂饰，有时也用于调制腻子、填孔漆等。

3. 油性调和漆

油性调和漆是由颜料和干性油经研磨后加入溶剂、催干剂等制成的粘度适中的不透明涂料。油性调和漆属油脂漆，其性能较原漆好，用途较原漆多。

4. 酯胶漆

将松香熔化后，放入甘油，通过酯化反应而制得的甘油松香即酯胶，再与干性油经高温炼制后溶于松节油或松香水，加入催干剂后便可制得酯胶清漆。在酯酸清漆中放入颜料便可制得酯胶调和漆、酯胶磁漆。酯胶漆属油基漆，由于加入了酯胶等人造树脂，其光泽、硬度、干燥速度，以及耐水性与耐化学药品等性能较油脂漆均有所提高，可用于一般木制品的罩面。

5. 酚醛漆

酚醛漆是指其组成中含有酚醛树脂的一类漆。松香酸性酚醛树脂与干性油合炼制得不同油度的漆料，加入溶剂与催干剂便可制得酚醛清漆，加入颜料可制得酚醛磁漆。酚醛漆同其他油性漆相比，在漆膜硬度、光泽、干燥速度与耐水性、耐化学药品性以及耐久性方面均有显著提高，是一种良好的罩面材料。

9.5.3 醇酸漆

醇酸漆是以醇酸树脂为成膜物质的一类漆。醇酸树脂是由多元醇、多元酸和脂肪酸经酯化缩聚反应制得的一种涂料树脂。醇酸清漆是用醇酸树脂加入适量催干剂与溶剂制成。醇酸磁漆是用醇酸树脂加入各种着色颜料组成。

醇酸漆与油性漆相比，其综合性能较好，既有较好的户外耐久性，较强的光泽，漆膜柔韧，附着力好，耐候性高，不易老化，保光保色性好，也有一定的耐热、耐水性。醇酸漆一般能在常温下自干，也可以经过60～90℃烘烤干燥。经烘烤干燥的醇酸漆膜比常温下干燥的坚固耐久、耐磨，耐水性也有提高。

醇酸漆多用于罩面，在基材表面处理后，经打底、干燥、砂光后，涂饰1～3遍醇酸漆即可，头两遍干后需打磨。

9.5.4 硝基漆

硝基漆又称硝酸纤维素漆，是以硝化棉为主要成膜物质的一类涂料。不含颜料的品种称为硝基清漆；含颜料的品种有硝基磁漆、硝基底漆与硝基腻子等。硝基漆干燥快，在常温下十几分钟可达表干，几十分钟后可达实干。

硝基漆为高级装饰性涂料。硝基清漆颜色浅、透明度高，用于木材的浅色与本色涂饰可充分显现木材的天然花纹；硝基漆漆膜坚硬、机械强度较高，打磨、抛光性好，经久耐用。硝基磁漆色调丰富，涂膜的色彩鲜艳，平滑细腻，装饰性好。硝基漆的耐热、耐寒性不高，在常温下硝基漆有一定的耐水性和耐稀酸性，但不耐碱。

硝基漆是主要用作于高级木制品涂饰的面漆材料，常与虫胶漆配套使用。在浅色本色木材、透明涂料的地方，多用硝基清漆打底，用醇酸清漆罩面。

硝基漆涂饰可采用擦涂、刷涂、喷涂、淋涂、浸涂等方法，以手工擦涂居多。硝基漆在施工过程中将挥发大量有害气体，易燃、易爆、有毒，污染环境，需加强劳动保护。

9.5.5 聚氨酯漆

聚氨酯漆是聚氨基甲酸酯漆的简称，是由多异氰酸酯和多羟基化合物反应而成，以聚氨基甲酸酯为主要成膜物质的涂料。在这一类涂料中，应用最多的是羟基固化型聚氨酯漆。羟基固化型聚氨酯漆属双组分涂料（常分为甲、乙两个组分），一个组分是带羟基的醇酸树脂等，另一种组分为带异氰酸基的预聚物。平时分装，临时用时将两个组分按一定比例混合均匀涂于表面。

聚氨酯漆类兼有优异的装饰与保护性。漆膜具有良好的物理机械性能，坚硬耐磨；具有优异的耐化学腐蚀性能，能耐酸、碱、盐类，耐水、油、溶剂等；具有较高的耐热耐寒性，涂漆制品一般能在 -40 ~ 120℃的条件下使用；聚氨酯漆对各种材料表面均有良好的附着力；聚氨酯漆膜平滑光洁，丰满光滑，具有很高的装饰性，广泛用于中高级木制品，如钢琴、大型客机等。聚氨酯漆膜在耐热、耐寒、耐水、耐化学药品等方面均超过硝基漆。

聚氨酯漆也有缺点。多数聚氨酯漆保色性差，不宜用于室外，也不宜用于制做浅色漆。聚氨酯漆对施工条件要求较高，成膜质量易受潮气、水分的影响，稍有不慎即可出现针孔、气泡等缺陷，聚氨酯漆中的异氰酸酯对人体有刺激作用，在使用时应注意劳动保护。

9.5.6 聚酯漆

聚酯漆是以聚酯树脂为基础的一类涂料，是国内外用漆品种。常用的木制品聚酯漆是以不饱和聚酯树脂为基础的不饱和聚酯漆，其成膜物质主要是不饱和聚酯树脂，溶剂用苯乙烯，辅助材料有引发剂、促进剂与隔氧剂等，色漆品种中包括颜料，着色清漆中含有染料。

聚酯漆漆膜的综合性能优异，漆膜坚硬耐磨、耐水、耐热、耐酸、耐油、耐溶剂、耐多种化学药品，并具有绝缘性；漆膜外观丰满充实，具有很高的光泽与透明度，漆膜保光保色，有很强的装饰性。

9.5.7 光敏漆

光敏漆也称为固化涂料，是采用光能辐射而固化成膜的涂料。光敏漆的主要组成有反应性预聚物（光敏树脂）、活性稀释与光敏剂。另外根据需要可加入其他添加剂，如填料、颜料、流平剂、促进剂、稳定剂等树脂。

光敏树脂属聚合型树脂，它是光敏漆的主要成膜物质，决定涂膜的性能。常用的品种有不饱和聚酯、丙烯酸聚酯、丙烯酸聚氨酯、丙烯酸环氧酯等。光敏漆中的活性稀释剂应用较多的是苯乙烯，另外丙烯酸酯类如丙烯酸乙酯、丙烯酸丁酯等也有应用。光敏剂也称为光聚合引发剂，是从近紫外光区（300 ~ 400nm）的光激发而能产生游离基的物质。多用安息香及其各种醚类作为光敏剂。

光敏漆的特点：涂层干燥快，无污染，漆膜平整，装饰保护性能好，油漆施工周期短，生产效率高。

9.5.8 木地板涂料（地板漆）

木地板是目前应用比较多的地面装饰之一，木地板要经久耐用，保持良好的装饰性，就要求木地板具有良好的附着力、耐磨性及透明度。常用的木地板漆品种较多，性能、用途见表 9-15。

木地板漆的性能、用途　　表 9-15

名　　称	性能及特点	适用范围
聚氨酯清漆	耐水、耐磨、耐酸碱、易清洗，漆膜美观、光亮，装饰性好	防酸碱、耐磨损的木板表面，运动场体育馆地板，混凝土、水泥砂浆表面
酯胶酯磁漆（地板清漆 T80-1）	易干、涂膜光亮坚韧，对金属附着力好，有一定的耐水性	室内外不常曝晒的木材或金属
钙酯地板漆	漆膜坚硬、平滑光亮、干燥较快，耐磨性较好，有一定的耐水性	适用于显露木质纹理的地板、楼梯、扶手、栏杆等面上
酯酸紫红地板漆	干燥迅速、遮盖力强、附着力强、耐磨和耐水性较好	适用于木质地板、楼梯、扶手、栏杆等
酚醛紫红地板漆（F80-1）	漆膜坚硬、光亮平滑、有良好的耐水性	适用于木质地板、楼梯、扶手、栏杆等

近年来，市场上已出现了耐磨性能更优的高档木地板漆，如双组分高光水晶地板漆和亚光透明地板漆。

双组分高光水晶地板漆，主要由聚氨酯预聚体、醇醋树脂等组成，具有涂膜丰满、光泽高、硬度好、耐磨性良好（耐磨性能优于聚氨酯清漆），不怕烟蒂灼烫，施工方便等特点，适用于室内木地板表面高档装饰。

随着室内高反射设施的增多，光线长期刺激视觉神经会使人感到疲劳，各种亚光漆应运而生。亚光透明地板漆的组成基本与高光水晶地板漆相似，主要加入消光剂，采取措施使木地板既体现自然风格，又达到保护目的。

复 习 思 考 题

1. 涂料一般由哪几部分组成？每个组成部分各起什么作用？
2. 常用的水溶性内墙涂料有哪几种？各有什么特点？
3. 合成树脂乳液砂壁状建筑涂料有何特点？
4. 复层建筑涂料一般由几层组成？各起什么作用？
5. 聚氨酯弹性地面涂料由哪几个部分组成？聚氨酯弹性地面涂料固化后的特点是什么？
6. 油性漆与树脂漆有何区别？
7. 目前应用较多的高档木地板漆有哪几种？

第10章　建筑胶粘剂和密封材料

10.1　建筑胶粘剂

胶粘剂是一种能使两种相同或不同的材料粘结在一起的材料，它具有良好的粘结性能。古代的城墙一般是以糯米浆与石灰制成的灰浆作胶粘剂。自1912年出现了酚醛树脂胶粘剂以后，随着合成化学工业的发展，各种合成胶粘剂不断涌现。由于胶粘剂的应用不受被胶接物的形状、材质等限制，胶接后具有良好的密封性，而且胶接方法简便。因此，胶粘剂在建筑上的应用越来越多，品种也日益增加。目前建筑胶粘剂已成为建筑工程上不可缺少的重要的配套材料。

10.1.1　胶粘剂的分类与组成

1. 胶粘剂的分类

胶粘剂的品种繁多，组成各异，用途不一。目前胶粘剂的分类方法很多，一般可从以下几个方面进行分类。

（1）按强度特性分类

按强度特性的不同，胶粘剂可分为结构胶、次结构胶和非结构胶。结构胶可用于能承受荷载或受力结构件的粘接。结构胶对强度、耐热、耐油和耐水等都有较高的要求。使用于金属的结构胶，室温剪切强度要求在10～30MPa，10^6循环剪切疲劳后强度为4～8MPa；非结构胶不承受较大荷载，只起定位作用；介于两者之间的胶粘剂，称为“次结构胶”。

（2）按固化形式分类

按固化形式的不同，胶粘剂可分为水基蒸发型、溶剂挥发型、化学反应型、热熔型和压敏型等五类。

水基蒸发型胶粘剂有水溶液型(如聚乙烯醇胶水)和水乳型(如聚醋酸乙烯乳液)两种类型。

溶剂挥发型胶粘剂中的溶剂从粘合端面挥发或者被粘物自身吸收，形成粘合膜而发挥粘合力，是一种纯粹的物理可逆过程。固化速度随着环境的温度、湿度、被粘物的疏松程度、含水量以及粘合面的大小、加压方法而变化。这种类型的胶粘剂有环氧、聚苯乙烯、丁苯等。

化学反应型胶粘剂的固化是由不可逆的化学变化而引起的。按照配方及固化条件，可分为单组分、双组分甚至三组分等的室温固化型、加热固化型等多种形式。这类胶粘剂有酚醛、聚氨脂、硅橡胶等。

热熔型胶粘剂以热塑性的高聚物为主要成分，是不含水或溶剂的固体聚合物。通过加热熔融粘合，随后冷却、固化，发挥粘合力。这一类型的胶粘剂有醋酸乙烯、丁基橡胶、松香、虫胶、石蜡等。

压敏型胶粘剂是一类不固化长期可粘的粘合剂，受指压即可粘接，俗称不干胶。

（3） 按主要成分分类

以无机化合物为主要成分制成的胶粘剂称为无机胶粘剂。无机胶粘剂有硅酸盐类、铝酸盐类、磷酸盐类、硫酸盐类等。这类胶粘剂有较高的耐热性和耐老化性，但脆性大、韧性较差，使用的接头形式宜采用轴套或槽榫结构，应尽量避免弯曲、剥离等应力。这类胶粘剂广泛地用于工具、刀具和机械设备制造及维修方面。

以天然或合成聚合物为主要成分的胶粘剂称为有机胶粘剂。有机胶粘剂分天然与合成两大类，见表10-1。

有机胶粘剂分类　　表10-1

<table>
<tr><td rowspan="3">天然粘胶剂</td><td colspan="2">动物性</td><td>皮胶、骨胶、虫胶、酪素胶、血蛋白胶、鱼胶</td></tr>
<tr><td colspan="2">植物性</td><td>淀粉、糊精、松香、阿拉伯树胶、天然树胶、天然橡胶</td></tr>
<tr><td colspan="2">矿物性</td><td>矿物蜡、沥青</td></tr>
<tr><td rowspan="4">合成粘胶剂</td><td rowspan="2">合成树脂型</td><td>热塑性</td><td>纤维素酯类烯类聚合物，如聚醋酸乙烯酯、聚乙烯醇、过氯乙烯、聚异丁烯等，聚酯类、聚醚类、聚酰胺类、聚丙烯酸酯类、α－氰基丙烯酸酯类、聚乙烯醇缩醛类等</td></tr>
<tr><td>热固性</td><td>酚醛树脂、脲醛树脂、三聚氰胺甲醛树脂、环氧树脂、有机硅树脂、呋喃树脂、不饱和聚酯树脂、丙烯酸酯树脂(SGA)、聚酰亚胺、聚苯并咪唑、酚醛聚乙烯醇缩醛、酚醛聚酰胺、酚醛环氧树脂、环氧聚酰胺、环氧有机硅树脂、聚氨酯等</td></tr>
<tr><td colspan="2">合成橡胶型</td><td>氯丁橡胶、丁苯橡胶、丁基橡胶、丁腈橡胶、异戊橡胶、聚硫橡胶、聚氨酯橡胶、硅橡胶、氯磺化聚乙烯、SBS、SIS</td></tr>
<tr><td colspan="2">树脂橡胶复合型</td><td>酚醛－丁腈、酚醛－氯丁、酚醛－聚氨酯、环氧－丁腈、环氧－聚硫</td></tr>
</table>

天然胶粘剂来源丰富，价格低廉，毒性低，但耐水、耐潮和耐微生物作用较差。在家具、书籍、包装、木材综合加工和工艺品制造中有广泛的应用。

合成胶粘剂一般有良好的电绝缘性、隔热性、抗震性、耐腐蚀性、耐微生物作用和较好的粘合强度，而且能针对不同用途要求来配制不同的胶粘剂。合成胶粘剂品种多，是胶粘剂的主要部分。

（4） 按用途分类

通用胶粘剂：一般能常温固化、使用方便，适用于粘接多种金属和非金属材料，是一种在常温下具有较好的粘接性能的胶粘剂。

高强度胶粘剂：粘接接头的抗剪强度高于15MPa，能承受较大应力并有适当的耐热性，是一种综合性能较好的工业用粘合剂。

软质材料用胶粘剂：橡胶制品、软质塑料或泡沫塑料、纤维纺织品、无纺布、皮革制品等使用的粘胶剂，其柔韧性很好，可随软质材料的变形而相应变形。大部分是溶剂型，少数是乳液型或无溶剂型。

热熔型胶粘剂：一类不含液体以热塑性聚合物为主要成分，加热能熔融，冷却即固化的胶粘剂，又称为热熔胶，具有易于贮存、运输，适用期长，无公害等特点。

压敏胶及胶粘带：指压即能粘合，多做成胶粘带或膜，以纸、塑料膜为载体。多用于标签、电线绝缘、铭牌粘贴、贴墙纸及金属表面和仪器表面的保护。

特种胶粘剂：除具有一般胶粘剂的性能外，还具有一些特种功能的，能满足特种需要的胶粘剂。按功能特性又可分为：导电胶、点焊胶、耐高温粘合剂、耐低温胶粘剂、医用胶粘剂、光学胶、难粘材料用胶粘剂、导磁胶等。

（5） 按外观状态分类

按外观状态分类，胶粘剂可分为溶液类、乳液类、膏糊类、粉末状类、膜状类和固体类等。

2. 胶粘剂的组成

胶粘剂通常是由粘接物质、固化剂、增塑剂、稀释剂及填充料等原料配制而成的。它的粘接性能主要取决于粘接物质的特性。不同种类的胶粘剂粘接强度和适应条件是各不相同的。

（1）粘接物质

粘接物质是胶粘剂中的主要组分，又称粘料、基料，起粘接两物体的作用。一般建筑工程中常用的有：热固性树脂、热塑性树脂、橡胶类及天然高分子化合物等。

（2）固化剂

固化剂是促使粘接物质进行化学反应，加快胶粘剂固化的一种试剂。如胺类固化剂等。

（3）增塑剂

增塑剂是为了改善粘接层的韧性，提高其抗冲击强度的一种试剂。常用的主要有邻苯二甲酸、二丁酯和邻苯二甲酸二辛酯等。

（4）稀释剂

稀释剂又称“溶剂”，主要对胶粘剂起稀释、分散和降低粘度的作用。常用的有机溶剂有丙酮、甲乙酮、苯、甲苯等。

（5）填料

填料能使胶粘剂的稠度增加，降低热膨胀系数，减少收缩性，提高胶层的抗冲击韧性和机械强度。常用的品种有滑石粉、石棉粉、铝粉等。

除此以外，为了改善胶粘剂的性能，还可分别加入防腐剂、防霉剂、阻聚剂及稳定剂等。

10.1.2 常用建筑胶粘剂

胶粘剂的种类很多，目前经常使用的胶粘剂主要有酚醛树脂类胶粘剂、环氧树脂类胶粘剂、聚醋酸乙烯酯类胶粘剂、聚乙烯醇缩甲醛胶粘剂、聚氨酯类胶粘剂和橡胶类胶粘剂等六大类。

1. 酚醛树脂类胶粘剂

酚醛树脂类胶粘剂是以酚醛树脂为主要成分的胶粘剂，其性能和用途见表 10-2。

2. 环氧树脂类胶粘剂

环氧树脂类胶粘剂是以环氧树脂为主要原料，掺加适量固化剂、增塑剂、填料、稀释剂等辅料配制而成。环氧树脂类胶粘剂具有粘结强度高、收缩率小、耐腐蚀、电绝缘性好、耐水、耐油等特点，可在常温、低温和高温等条件下固化，是目前应用最多的胶粘剂之一。环氧树脂类胶粘剂除了对聚乙烯、聚四氟乙烯、硅树脂、硅橡胶等少数几种塑料胶接性较差外，对于铁制品、玻璃、陶瓷、木材、塑料、皮革、水泥制品、纤维材料等都具有良好的粘结能力。在粘接混凝土方面，其性能远远超过其他胶粘剂。常用环氧树脂类胶

酚醛树脂类胶粘剂品种的性能和用途 表 10-2

品　种	性 能 特 点	用　途
酚醛树脂胶粘剂	胶粘剂强度较高、耐热性好，但胶层较脆硬	主要用于木材、纤维板、胶合板、硬质泡沫塑料等多孔性材料的粘接
酚醛－缩醛胶粘剂	耐低温，耐疲劳，使用寿命长，耐气候老化性极好，韧性优良，但长期使用温度最高只能为 120℃	主要用于粘接金属、玻璃、纤维、塑料和其他非金属材料制品
酚醛－丁腈胶粘剂	高强、坚韧、耐热、耐寒、耐气候老化，使用温度为－55～260℃	主要用于粘接金属、玻璃、纤维、木材、皮革、PVC、尼龙、酚醛塑料、丁腈橡胶等
酚醛－氯丁胶粘剂	固化速度快、无毒、胶膜柔韧、耐老化等	主要用于皮革、橡胶、泡沫塑料、纸张等材料的粘接
酚醛－环氧胶粘剂	耐高温、高强，耐热，电绝缘性能好	主要用于金属、陶瓷和玻璃钢的粘接

环氧树脂类胶粘剂的品种、性能和用途 表 10-3

名　称	性 能 特 点	用　途
AH－03 大理石粘结剂	耐水、耐候、使用方便，粘结强度：2.0MPa	大理石、花岗石、瓷砖与水泥基层的粘接
EE－1 高效耐水胶粘剂	粘结强度高、耐热性好、耐水，粘结强度：3MPa，抗扯离强度：9.0MPa	粘贴外墙饰面材料，尤其适用于厨房、卫生间、地下室等潮湿的地方，贴瓷砖、水泥制品等
EE－3 建筑胶粘剂	粘结强度：> 4.0MPa	用于粘贴瓷砖、锦砖及顶棚
YJI～IV 建筑胶粘剂	耐水、耐湿热、耐腐蚀、低毒、低污染、不着火、不爆炸	适用于在混凝土水泥砂浆等墙地面，粘贴瓷砖、大理石、锦砖等
4115 强力地板胶	常温固化、干燥迅速、粘结力强，干燥后防水性能好，收缩率低	粘接各种木、塑卷材地板、地砖及各种化纤地毯
WH－1 白马牌万能胶	系双组分改性环氧胶。粘结强度高，耐热、耐水、耐油、耐冲击、耐化学介质腐蚀	用于金属、塑料、玻璃、陶瓷、橡胶、大理石、混凝土以及灯座、插座、门牌等的粘接
6202 建筑胶粘剂	是一种常温固化的双组分无机溶剂触变环氧型胶粘剂，粘结力强，固化收缩小，不流淌，粘合面广，使用简便，清洗方面	可用于建筑五金的固定、电器的安装等，对不适合打钉的水泥墙面，用该胶粘剂更为合适

粘剂的品种、性能和用途见表 10-3。

3. 聚醋酸乙烯酯类胶粘剂

聚醋酸乙烯酯类胶粘剂是由醋酸乙烯单体经聚合反应而得到的一种热塑性胶，可分为溶液型和乳液型两种。它们具有常温固化快、粘结强度高、粘结层的韧性和耐久性好，不易老化，无毒、无味、无臭，不易燃爆，价格低，使用方便等特点。但耐热性和耐水性较差，只能作为室温下使用的非结构胶，可用于粘接墙纸、水泥增强剂、木材的胶粘剂。其性能和用途见表 10-4。

4. 聚乙烯醇缩甲醛胶粘剂

聚乙烯醇缩甲醛胶粘剂是由聚乙烯醇和甲醛为主要原料，加入少量盐酸、氢氧化钠和水，在一定条件下缩聚而成。这类胶粘剂耐水性、耐老化性差，但成本低，是在装修工程中广泛使用的胶粘剂。聚乙烯醇缩甲醛类胶粘剂的产品、特点和用途见表 10-5。

5. 聚氨酯类胶粘剂

聚氨酯类胶粘剂是从聚氨酯为主要成分的胶粘剂，其品种的特点和用途见表 10-6。

6. 橡胶类胶粘剂

聚醋酸乙烯酯类胶粘剂的性能和用途 表 10-4

名称	性能特点	用途
聚醋酸乙烯胶粘剂(白乳胶)	乳白色稠厚液体;固化含量:50±2%;pH 值:4~6	用于木材、墙纸、墙布、纤维板的粘合及作为涂料、印染、水泥等的胶料
424A 地板胶	粘结强度较高、干燥块、耐潮湿	用于聚氯乙烯地板与水泥地面的粘接
SG792 建筑装修胶粘剂	系单组分胶,具有使用方便、粘结强度高、价格低等特点。 抗拉强度:混凝土-木 1.4MPa; 陶瓷-混凝土 1.59MPa	用于在混凝土、砖、石膏板等墙面上粘接木条、木门窗框、木挂镜线、窗帘盒、瓷衣钩、瓷砖等,还可粘接石材贝壳装饰品,以及粘接钢、铝等金属件等
4115 建筑胶粘剂	以溶液聚合的聚醋酸乙烯为基料而配成的常温固化单组分胶粘剂。固体含量高、收缩率低、早强挥发快、粘结力强、防水、抗冻、无污染	对于多种微孔建筑材料,如木材、水泥制件、陶瓷、石棉板、纸面、石膏板、矿棉板、刨花水泥板、玻璃纤维增强水泥板、钙塑板等有优良的粘接性
GCR-803 建筑胶粘剂	以改性聚醋酸乙烯为基料加入填充料制成。粘结强度高、无污染、施工方便	对混凝土、木材、陶瓷、石板刨花水泥板、石棉板等具有良好的粘接性

聚乙烯醇缩甲醛类胶粘剂的产品特点和用途 表 10-5

名称	性能特点	用途
107 胶	系聚乙烯醇缩甲醛为主要成分的一种透明水性胶体,无毒、无臭,具有良好的粘结性能	用作壁纸、墙布、水泥制品等的粘接剂,用 107 胶配制的聚合砂浆可用于贴瓷砖、锦砖等
801 建筑胶水	含固率高、粘度大、粘结性好	锦砖、瓷砖、墙布、墙纸的粘贴及人造革、木质纤维板的粘接等
中南牌墙布粘结剂	无毒、无味、耐碱、耐酸 抗拉强度:0.132MPa	粘贴塑料壁纸、玻璃纤维墙布、无纺墙布等

聚氨酯类胶粘剂品种的特点和用途 表 10-6

名称	性能特点	用途
长城牌 405 胶	以聚氨酯与异氰酸酯为原料制成的胶粘剂,具有常温固化、使用方便等特点	用于金属、玻璃、橡胶等多种材料的粘接
1 号超低温胶	以聚氨酯与异氰酸酯为原料制成。剪切强度(铝-铝);室温≥4.0MPa-116℃≥18.0MPa	适用于玻璃钢、陶瓷及铝合金的粘接
CH-201 胶	由聚氨酯预聚体为主体(甲)和以多羟基化合物或二元胺化合物为主体(乙)的固化剂所组成。具有常温固化、能在干燥或潮湿条件下粘结,气味小、适用期长等特点	供地下室、宾馆走廊以及使用腐蚀性化工原产的车间等潮湿环境和经常用水冲洗的地面粘接用,适用于粘接 PVC 与水泥地面、木材钢板等

(1) 氯丁橡胶胶粘剂

氯丁橡胶胶粘剂是以氯丁橡胶(CR)为基料,加入氧化锌、氧化镁、抗老化剂、抗氧化剂等辅料组成,对水、油、弱酸、弱碱、脂肪烃和醇类都具有良好的抵抗力,可在-50~80℃的温度下工作,但具有徐变性,且易老化。为改善其性能常掺入油溶性的酚醛树脂,配成氯丁酚醛胶。氯丁酚醛胶粘剂可在室温下固化,常用于粘接各种金属和非金属材料，如钢、铝、铜、玻璃、陶瓷、混凝土及塑料制品等。

（2） 丁腈橡胶胶粘剂

丁腈橡胶胶粘剂是以丁腈橡胶（NBR）为基料，加入填料和助剂等原料组成。丁腈橡胶胶粘剂最大的优点是耐油性好、剥离强度高、对脂肪烃和非氧化性酸具有良好的抵抗力。为获得很好的强度和弹性，可将丁腈橡胶与其他树脂混合使用。丁腈橡胶胶粘剂主要用于粘接橡胶制品以及橡胶制品与金属、织物、木材等的粘接。

橡胶类胶粘剂品种的特点和用途见表 10-7。

橡胶类胶粘剂品种的特点和用途 表 10-7

名 称	性 能 特 点	用 途
301 胶	由甲基丙烯酸甲酯、氯丁橡胶、苯乙烯等聚合，再加入助剂而制成，具有良好的耐水、耐油性能，可在室温或低温下固化	适用于铝、钢、PVC 板、有机玻璃等材料的粘接，使用温度为 -60～60℃
长城牌 303 胶	由氯丁橡胶和其他树脂组成，具有耐水、耐热(70℃)、耐寒(-30℃)、耐酸碱、绝缘等性能	适用于橡胶、金属的胶接
XY-401 胶	由氯丁橡胶与酚醛树脂经搅拌，使其溶解于乙酸乙酯和汽油的混合液中而成。胶液粘结性好、贮存稳定	适用于橡胶与橡胶、金属、玻璃、木材等材料的粘合
XY-402 胶	以氯丁橡胶、酚醛树脂为主体材料的胶粘剂，具有固化速度快、无毒、胶膜柔韧、耐老化等特点	用于皮革、橡胶、泡沫塑料、棉布、纸张等材料的粘接
南大 703 胶	系室温硫化硅橡胶的一种，属单体系的常温固化弹性胶粘密封剂，除基本保持硅橡胶原有的优良电子性能和耐高低温、耐老化和弹性好等性能外，还具有固化速度快、密封性能好、粘结力强、无毒，对金属无腐蚀、使用方便等优点	对一般金属、非金属，如铝、铜、锌、铁、镍、不锈钢、钛合钢、陶瓷、玻璃、水泥、有机玻璃、热固化橡胶、塑料、纸张、木材等均有良好的粘接性能

10.1.3 装饰工程用胶粘剂的技术要求

1. 陶瓷墙地砖胶粘剂的技术要求

陶瓷墙地砖胶粘剂按组成与物理形态分为 5 类：

A 类：由水泥等无机胶凝材料、矿物集料和有机外加剂等组成的粉末产品。

B 类：由聚合物分散液与填料等组成的膏糊状产品。

C 类：由聚合物分散液与水泥等无机胶凝材料、矿物集料等两部分组成的双包装产品。

D 类：由聚合物溶液和填料等组成的膏糊状产品。

E 类：由反应性聚合物及其填料等组成的双包装或多包装产品。

陶瓷墙地砖胶粘剂按耐水性分为 3 个级别：

F 级：较快具有耐水性的产品。

S 级：较慢具有耐水性的产品。

N 级：无耐水性要求的产品。

陶瓷墙地砖胶粘剂的技术性能详见《陶瓷墙地砖胶粘剂》（JC/T 547—94）。

2. 壁纸胶粘剂的技术要求

壁纸胶粘剂按其材性和应用分为两大类：

第 1 类：适用于一般纸基壁纸粘贴的胶粘剂。

第 2 类：具有高湿粘性、高干强，适用于各种基底壁纸的胶粘剂。

每类按其物理形态又分为粉型（F）、调制型（H）、成品型（Y）三种，每类的三种形态分别以 1F，1H，1Y 和 2F，2H，2Y 表示。

每类胶粘剂的技术性能详见《壁纸胶粘剂》（JC/T 548—94）。

3. 顶棚胶粘剂的技术要求

顶棚胶粘剂按其组成分为 4 类：

乙酸乙烯系：以聚乙酸乙烯酯（即聚醋酸乙烯 PVAC）及其乳液为粘料，加入添加剂。

乙烯共聚系：以乙烯和乙酸乙烯的共聚物（E/VAC）为粘料，加入添加剂。

合成胶乳系：以合成胶乳为粘料，加入添加剂。

环氧树脂系：以环氧树脂为粘料，加入添加剂。

顶棚胶粘剂及基材和顶棚材料的代号见表 10-8。

顶棚胶粘剂及基材和顶棚材料的代号 表 10-8

胶粘剂	代号	材料	代号					
乙酸乙烯系	VA	基材	石膏板		石棉水泥板		木板	
乙烯共聚系	EC		GY		AS		WO	
合成胶乳系	SL	顶棚材料	胶合板	纤维板	石膏板	石棉水泥板	硅酸钙板	矿棉板
环氧树脂系	ER		GL	FI	GY	AS	SI	MI

顶棚胶粘剂在产品上标有适用的基材和顶棚材料，如用于石膏板和矿棉板的乙酸乙烯酯天花板胶粘剂的标记为：顶棚胶粘剂 VA（GY—MI）。

顶棚胶粘剂的技术性能详见《天花板胶粘剂》（JC/T 549—94）

4. 水溶性聚乙烯醇缩甲醛胶粘剂

水溶性聚乙烯醇缩甲醛胶粘剂的技术指标详见《水溶性聚乙烯醇缩甲醛胶粘剂》（JC 438—91）

5. 聚乙酸乙烯酯乳液木材胶粘剂

聚乙酸乙烯酯乳液木材胶粘剂分为Ⅰ型和Ⅱ型。Ⅰ型胶的粘接强度高于Ⅱ型，适用于粘接力要求高的装饰工程。其技术性能详见《聚乙酸乙烯酯乳液木材胶粘剂》（GB1117—89）。

6. 半硬质聚氯乙烯块状塑料地板胶粘剂

有关塑料地板块胶粘剂的技术要求见《半硬质聚氯乙烯块状塑料地板胶粘剂》（JC/T 550—94）。

10.2 建筑密封材料

建筑密封材料的功能是以防止水分、空气、灰尘和热量的通过来实现建筑物的密封。高质量的建筑密封材料必须长期保持不透水性和气密性；不受热和紫外线的影响，能长期保持密封所需要的粘结性和内聚性；并且要求其自身应具有弹性，能长期经受被粘附构件的伸缩或振动等。

通常把密封材料分为定型密封材料和不定型密封材料两大类，见表 10-9。

建筑嵌缝密封的分类及主要品种　　表 10-9

大类	类型		主要品种
不定型密封材料	非弹性密封材料	油性嵌缝密封材料	马牌油膏
		沥青基嵌缝密封材料	橡胶改性沥青油膏、桐油橡胶沥青油膏、石棉沥青腻子、沥青鱼油油膏、苯乙烯油膏
		热塑性嵌缝密封材料	聚氯乙烯胶泥、改性聚氯乙烯胶泥、塑料油膏、改性塑料油膏
	弹性密封材料	溶剂型弹性密封材料	丁基橡胶密封膏、氯丁橡胶密封膏、氯磺化聚乙烯橡胶密封膏、丁基氯丁再生胶封膏、橡胶改性聚酯密封膏
		水乳型弹性密封材料	水乳丙烯酸密封膏、水乳型氯丁橡胶密封膏、改性 EVA 密封膏、丁苯胶密封膏
		反应型弹性密封材料	聚氨酯密封膏、聚硫密封膏、硅酮密封膏
定型密封材料	密封条带		丁基密封腻子、铝合金门窗橡胶密封条、丁腈胶－PVC 门窗密封条、彩色自粘性密封、自粘性橡胶、水膨胀橡胶、PVC 胶泥墙板防水带
	止水带		橡胶止水带、嵌缝止水密封胶、无机材料基止水带（BW 复合止水带）、塑料止水带

10.2.1　沥青基密封材料

沥青基密封材料目前在我国建筑密封产品市场上仍占有着相当大的比重，其以石油沥青和煤焦油为主要原料。改性后的沥青基密封材料具有一定的弹塑性和耐久性，但其弹性较差，延伸性亦不太理想，故使用年限较短。

目前使用较多的沥青基密封材料有橡胶改性沥青油膏、桐油橡胶沥青油膏、石棉沥青腻子、沥青鱼油油膏、苯乙烯焦油油膏等品种。

1. 橡胶改性沥青油膏

橡胶改性沥青嵌缝油膏是以石油沥青为基料，以废橡胶粉（或浆）改性，同时按一定比例加入松焦油、重松节油、机油及石棉、滑石粉等填料制成的一种弹塑性冷施工嵌缝材料。它具有粘结力强、耐高低温性能好、老化缓慢等特性。适用于各种混凝土屋面及地下工程防水、防渗、防漏和大型轻型板块、墙板的接缝密封等，是一种较好的嵌缝密封材料。

2. 桐油橡胶沥青油膏

桐油橡胶沥青油膏系以 60 号石油沥青、桐油、废橡胶粉以及滑石粉、石棉绒等为原料配制而成的一种建筑嵌缝材料。桐油橡胶沥青油膏耐高低温性能符合使用要求，寒冬不脆裂，炎夏不流淌，粘结力强，耐老化性能好，价格低廉，常温下冷施工，操作维修方便。广泛用于工业及民用建筑，适用于预制屋面板嵌缝、伸缩缝、墙缝、桥梁、山洞嵌缝及地下工程的防水、防潮、防渗漏等。

3. 石棉沥青腻子

石棉沥青腻子商品名叫 YXM-02 石棉漆，系以石油沥青为基料加石棉等外加剂而制成的一种建筑嵌缝材料。该石棉沥青腻子价格较低，适用于嵌填混凝土屋面的裂缝；修补石棉瓦、玻璃钢塑料瓦、菱苦土瓦、白铁瓦屋面的裂缝以及钉眼、螺丝孔的漏水；修补白铁皮天沟、斜沟、泛水的沙眼、脱焊、烂损造成的渗漏；修补墙面、顶棚、窗门框、挡水板、盖缝条等的拼接缝渗漏等。

4. SBS改性沥青弹性密封膏

SBS改性沥青弹性密封膏采用SBS热塑性弹性体改性沥青加入软化剂、防老化剂配制而成。它主要用于各种工业与民用建筑的墙板接缝，各类地下工程、水利工程及混凝土路面的接缝防水，也适用于建筑物裂缝的修补及做屋面防水层。

10.2.2 热塑性嵌缝密封材料

热塑性嵌缝密封材料延伸性能良好，粘结力强，具有良好的弹塑性，并且价格低廉，施工方便，使用寿命一般在10年左右，优于其他油基嵌缝材料。目前我国使用较多的品种有聚氯乙烯胶泥、改性聚氯乙烯胶泥、塑料油膏及改性塑料油膏等。

1. 聚氯乙烯胶泥

聚氯乙烯胶泥简称为PVC胶泥，是以煤焦油为基料，聚氯乙烯树脂为改性材料，掺入一定量的增塑剂、稳定剂和填料，在130~140℃温度下塑化而成的热施工嵌缝材料。其主要特点是生产工艺简单、成本低、原材料来源广、材料技术性能好，具有良好的耐热性、粘结性、弹塑性、防水性和较好的耐寒性、耐腐蚀性和抗老化性，且成本低、施工方便。适用于各种工业厂房和民用建筑的屋面防水和嵌缝，以及含硫酸、盐酸、硝酸及氢氧化钠等酸碱腐蚀介质的屋面工程，也可用于水渠、管道的接缝以及地下油管的接缝。

2. 塑料油膏

塑料油膏是以废旧聚氯乙烯塑料对煤焦油改性，并添加增塑剂、稀释剂、防老化剂和填充料等配制而成的一种主要是热施工的弹塑性嵌缝材料。其性能在常温下与聚氯乙烯胶泥相似，低温下比聚氯乙烯胶泥柔软，施工方便。塑料油膏炎夏不流淌，寒冬柔软，粘结力强，弹塑性较好，抗老化性能较好，有一定的耐酸碱和耐油能力，可满足我国大部分地区的防水密封需要。塑料油膏主要用做嵌缝和涂膜防水。用于嵌缝时适用于各种混凝土屋面板、地下板、墙板、楼板、渡槽、天沟、桥梁、堤坝、管道等构配件、建筑及构筑物的缝；用作涂膜时可做屋面防水层，也可用于地面、楼面、地下室、洞库和池罐的防渗、防潮、抗蚀。

10.2.3 溶剂型弹性密封材料

常见的溶剂型弹性密封材料有丁基橡胶密封膏、氯丁橡胶密封膏、氯磺化聚乙烯橡胶密封膏和丁基氯丁再生胶密封膏等。

1. 丁基橡胶密封膏

溶剂型丁基橡胶密封膏是由丁基橡胶、增塑剂、填料和溶剂等原材料混合配制所成的一种单组分或双组分型的弹性密封材料。可分为流平型和非流淌型两类，前者用来填充水平接缝、细长的竖缝和小的缝隙，后者用于一般的接缝。丁基橡胶固化后是塑性的，不适用于伸缩较大的变形缝。但其特别适合制成一定规格的嵌缝条，如安装玻璃用的嵌缝条。

2. 溶剂型氯丁橡胶密封膏

溶剂型氯丁橡胶密封膏是以氯丁橡胶为主体材料，掺入少量的增塑剂、硫化剂、增韧剂、防老化剂、溶剂及填充料制成的一种膏状嵌缝密封材料。它与砂浆、混凝土、铁、铝及石膏板粘结性能良好，具有优良的延伸和回弹性能。用于屋面及墙板嵌缝，可适应由于振动、沉降、冲击和温度所引起的各种变化。具有抗老化、耐热、耐低温性能和气候稳定性优良等特点，可用于垂直在纵向缝、水平缝及各种异形变形缝的嵌缝密封。

用软氯丁橡胶配制的密封材料，可用作建筑构件的防水密封，墙板、地板及屋顶构件的接头嵌缝密封，公路和机场跑道的接头嵌缝，船上甲板及点焊的嵌缝密封，铸铁、陶瓷管道等的承插连结，热电站真空冷凝器管箱接头密封等。用通用型氯丁橡胶也可配制密封腻子尤其适合船用，主要用于甲板、船体、水密舱等木板连接处的嵌缝密封，使用方便，效果较油质麻丝好，且耐油、耐冲击、耐老化、耐腐蚀，使用寿命高。

3. 氯磺化聚乙烯橡胶密封膏

氯磺化聚乙烯橡胶密封膏也是溶剂型的嵌缝油膏，总固体含量约为 87%。固化后的油膏具有很好的抗臭氧、抗化学、耐水、耐热和耐老化性能，弹性好，与混凝土、玻璃、陶瓷、木材和金属等材料粘结力强，抗拉强度较高，延伸率较大，对基层的伸缩和开裂的适应性强等特点。其价格也比聚硫、硅橡胶及聚氨酯类油膏低。

4. 丁基氯丁再生橡胶密封膏

丁基氯丁再生橡胶密封膏是以丁基再生胶和氯丁再生胶为基料，加上沥青、补强剂、填充剂、软化剂等配制而成。具有较好的低温柔性和延伸率，价格比较便宜。适用于屋面和地下防水封接部位或缝线部位的防水，多用于屋面建筑预制结构接头的密封防水。

5. 橡胶改性聚酯密封膏

橡胶改性聚酯密封膏的商品名称为 DD－884 建筑密封膏，是以聚醋酸乙烯酯为基料，配以丁腈橡胶及其他助剂配制而成的一种溶剂型单组分建筑用密封膏。其特点是快干，粘结强度较高，使用不受季节变化和温度的影响，不需打底，不用保护，且在同类产品中价格最低。主要用于铝合金窗接缝的密封，以及用作建筑填缝和低温冷库的防漏材料。

10.2.4 水乳型弹性密封材料

水乳型弹性密封材料目前应用较多的品种主要有水乳丙烯酸密封膏、氯丁橡胶（YJ-4 水乳型）建筑密封膏、改性 EVA 密封和丁苯胶密封膏。

1. 水乳丙烯酸密封膏

水乳丙烯酸密封膏通常是以丙烯酸乳液为基料，再加入增塑剂、防冻剂、稳定剂和颜、填料等经搅拌、研磨等制成的一类水溶性密封材料。它具有良好的粘结性能、弹性、低温柔性、耐老化性能和延伸率，无溶剂污染，低毒、不燃、使用安全。丙烯酸酯建筑密封膏的理化性能标准执行国家建材行业标准 JC484—92，见表 10-10。

上海汇丽化学建材总厂生产的 YJ-5 型水乳丙烯酸密封膏的技术性能见表 10-11。

水乳丙烯酸密封膏属中档建筑密封材料，其适用范围广、价格便宜、施工方便，其性能优于前述大多数非弹性和热塑性密封材料，弹性和延伸性能较聚氨酯、聚硫和硅酮等高档密封材料稍差。其使用温度范围很大，但温度为零度或低于零度时则不能使用。该密封材料中含有15% 的水，故体积会发生收缩，使用时必须考虑施工部位的适应性。尤其适用于吸水性较大的材料如混凝土、加气混凝土、石料、石板、木材等多孔材料所构成的接缝施工。主要用于外墙伸缩缝、屋面板缝、各种门窗缝、石膏板缝及其他人造板材的接缝处。但其耐水性稍差，故不宜用于经常泡在水中的工程。

2. 水乳型氯丁橡胶建筑密封膏

丙烯酸酯建筑密封膏的理化性能标准(JC484—92) 表 10-10

项目		指标		
		优等品	一等品	合格品
密度(g/cm³)		规定值±0.1		
挤出性(mL/min),≮		100		
表干时间(h),≯		24		
渗出性指数,≯		3		
下垂度(mm),≯		3		
初期耐水性		未见混浊液		
低温贮存稳定性		未见凝固,离析现象		
收缩率(%),≯		30		
低温柔性(℃)		-40	-30	-20
拉伸粘结性	最大拉伸强度(MPa)	0.02~0.15		
	最大拉长率(%),≮	400	250	150
恢复率(%),≮		75	70	65
拉伸-压缩循环功能	级别	7020	7010	7005
	平均破坏面积(%),≯	25		

YJ-5 型水乳丙烯酸密封膏的技术性能 表 10-11

项目	指标	项目	指标
密度(g/cm³)	1.36	延伸率(%)	>300
表干时间(h)	0.5~1.0	回弹率(%)	>85
施工性(40℃, 5h)	合格	收缩率(%), 30d	9
耐热性(70℃, 5h)	合格	粘结力(MPa), 60d	1.7
低温柔性(℃)	-35, 不脆不裂	干砂浆	>0.37
人工老化(周期数)	>7	湿砂浆	>0.28

水乳型氯丁橡胶建筑密封膏商品名称为 YJ-4 水乳型建筑密封膏，系以氯丁橡胶为主要原料，掺入少量增塑剂、硫化剂和填料配成的一种粘稠状建筑用密封膏。它具有优良的弹塑性、耐热耐寒性、延伸性和粘结性，同时又具有很好的施工性能，能在潮湿的混凝土基面上施工，无大气污染，施工工具易于清洗等特点。适用于石膏板、石棉板、钢板等围护结构及混凝土内外墙板、地板等板缝及门窗框、卫生间的接缝密封，也适宜用作室外小位移量的各种建筑的嵌缝密封防水。

10.2.5 反应型弹性密封材料

反应型弹性密封材料是密封材料中质量最好，弹性、耐久性和感温性能都非常优良的一类，其主要品种包括聚氨酯密封材料、聚硫密封材料和硅酮密封材料等。

1. 聚氨酯密封材料

聚氨酯密封材料是由多异氰酸酯聚醚通过加聚反应制成预聚体后，加入固化剂、助剂等在常温下交联固化而成的一类高弹性建筑用密封膏。它对金属、混凝土、玻璃、木材有良好的粘结性能，具有模量低、延伸率大、弹性高、耐低温、耐水、耐油、耐酸碱、抗疲劳、化学稳定性好等优点。聚氨酯建筑密封膏的技术性能标准执行国家建材行业标准 JC482—92，相应的技术指标见表 10-12。

聚氨酯建筑密封膏的技术性能指标(JC482—92) 表 10-12

项目		指标		
		优等品	一等品	合格品
密度(g/cm^3)		规定值±0.1		
适用期(h), ≮		3		
表干时间(h), ≯		24	48	
渗出性指数, ≯		2		
流变性	下垂度(N 型), (mm), ≯	3		
	流平型(L 型)	5℃自流平		
低温柔性(℃)		-40	-30	
拉伸粘结性	最大拉伸强度(MPa)≮	0.200		
	最大伸长率(%), ≮	400	200	
定伸粘结性(%)		200	160	
恢复率(%), ≮		95	90	85
剥离粘结性	剥离强度(N/mm), ≮	0.9	0.7	0.5
	粘结破坏面积(%), ≯	25	25	40
拉伸-压缩循环性能	级别	9030	8020	7020
	粘结和内聚破坏面积(%), ≯	25		

聚氨酯密封膏有双组分和单组分两种产品形式。我国部分双组分聚氨酯密封膏产品的技术性能见表 10-13。单组分聚氨酯密封膏产品的技术性能见表 10-14。

聚氨酯密封膏与聚硫、硅硐等弹性建筑密封材料相比，其价格较低。广泛用于屋面板、外墙板、混凝土建筑物沉降缝、伸缩缝的密封，阳台、窗框、卫生间等部位接缝的防水密封，以及给排水管道。

我国部分双组分聚氨酯密封膏产品的技术性能 表 10-13

上海汇丽化学建材总厂		湘潭市新型建筑材料厂	
项　目	指　标	项　目	指　标
密度(g/cm³)	1.3~1.4	密度(g/cm³)	1.3~1.4
延伸率(%)	200~300	延伸率(%)	200~400
剥离强度(MPa)	≥0.3	剥离粘结强度(N/3cm)	90
回弹率(%)	≥85	回弹率(%)	90
表干时间(h)	12 夏季冬季	表干时间(h)	≥4
抗下垂率(mm)	≤3	固化后耐热性(℃)	>80
耐低温性(℃)	-40 水脆裂	低温柔性(℃)	-30,软
硬度(邵氏 A)	15~50	硬度(邵氏 A)	15~50
施工活性期(h)	4	耐腐蚀性(常温)	可耐低浓度酸碱

单组分聚氨酯密封膏的技术性能 表 10-14

项　目		指标 LM-J-1006	指标 LM-J-1007
抗拉强度(MPa),≮		1.96	1.96
伸长率(%),≮		300	300
硬度(HAS),≯		50	50
表干时间(h),≯		48	48
拉伸粘结强度(MPa),≮	玻璃	0.59	0.59
	铝	0.69	0.60
	混凝土	0.89	0.89
流平性		—	自流平
抗流淌性(mm),≯		3	—
挤出性能(mL/s),≮		11.4	—
污染性		无污染	无污染
低温柔性(℃)		-50	-50

2. 聚硫密封材料

聚硫密封材料的主体是液态聚硫橡胶，加入氧化剂后容易在室温下硫化成固态高分子弹性体。它是目前世界上应用最广，效果最好的一类弹性密封材料之一。聚硫密封材料的特点为高弹性，具有优异的耐候性、气密性和水密性，良好的耐油、耐溶剂、耐氧化、耐湿热、耐水和耐低温性能，使用温度范围广，工艺性能良好，材料粘度低，对金属、非金属（混凝土、玻璃、木材等）材质有良好的粘结力。

聚硫建筑密封膏的技术性能要求执行国家建材行业标准 JC 483—92，相应的技术指标规定见表 10-15。我国部分聚硫密封膏产品的技术性能分别见表 10-16 和表 10-17。

聚硫建筑密封膏的技术性能指标（JC483—92）　　表 10-15

项目 ＼ 等级		A类		B类		
		一等品	合格品	优等品	一等品	合格品
密度(g/cm^3)		规定值±0.1				
适用期(h)		2~6				
表干时间(h),≯		24				
渗出性(指数),≯		4				
流变性	下垂度(N型)(mm),≯	3				
	流平型(L型)	光滑平整				
低温柔性(℃)		-30		-40	-30	
拉伸粘结性	最大拉伸强度(MPa),≮	1.2	0.8	0.2		
	最大伸长率(%),≮	100		400	300	200
恢复率(%),≮		90		80		
拉伸-压缩循环性能	级别	8020	7010	9030	8020	7010
	粘结破坏面积(%),≯	25				
加热失重(%),≯		10		6	10	

北京航空材料研究所聚硫密封膏产品的技术性能　　表 10-16

项目	指标		
	BT-100	BT-101	XM-38
密度(25℃,g/cm^3)	1.70	1.68	—
不挥发分含量(%)	98.5	99.9	—
基膏粘度(20℃,Pa·s)	4.00	760	900~2500CP(25℃)
流淌性(23℃,mm)	1	2	不流淌
活性期(23℃,h)	1~8	2	1~8
低温柔性(℃)	-50	-50	-55
剥离强度(kN/m)	4.3	3.9	≥2
拉伸强度(MPa)	1.50	1.70	≥1.0
扯断伸长率(%)	500	280	≥150

化工部锦西化工研究院 JLC 系列聚硫密封膏产品的技术性能　　表 10-17

项　目	指　标				
	JLC-2	JLC-6	JLC-8	JLC-11	JLC-14
抗张强度(MPa)	≥1.46	≥0.2	≥0.49	≥1.0	≥0.5
相对伸长率(%)	≥250	≥350	≥150	≥150	≥250
永久变形(%)	≤20	≤50	≤20	≤20	
邵氏硬度	≥30	≥10	≥30	≥30	20~40
抗剥强度(N/cm)	≥50	≥15	≥20	≥20	≥20

聚硫建筑密封膏容易混合均匀，施工方便，适用于建筑物的混凝土墙板、天然石材、石膏板、瓷质材料之间的嵌缝密封，也适用于卫生间上下水管道与楼板缝隙的防水。特别适用于中空玻璃、钢窗、铝合金门窗结构中的防水、防尘密封，其气密性优于一般橡胶密封条。同时也可用于汽车、冷库和冷藏车的密封。

3. 硅酮密封材料

硅酮密封材料是以有机硅橡胶为基料配制成的一类高弹性高档密封膏，分单组分和双组分两种类型。单组分型密封膏利用其优异的粘结性能，主要用来悬挂玻璃、铺贴瓷砖、连结金属窗框与玻璃等。双组分型利用其较低的模数和粘结性能，在错动较大的板材的接缝以及预制混凝土、砂浆、大理石等过去认为较难施工部位进行施工时，可发挥其最大效果。硅酮密封膏产品有以下几个系列：

（1）GM 系列硅酮密封膏

我国目前使用的硅酮密封材料主要为单组分建筑密封膏，主要有 GM-615、GM-616、GM-617、GM-622 和 GM-631 5 个品种。广泛用于高级建筑物的结构和非结构密封。

（2）SSG-4000 硅酮建筑结构密封胶

SSG-4000 硅酮建筑结构密封胶系一种单组分、高性能、中性建筑结构用密封胶。其耐候性优异，抗紫外线、臭氧老化性能优良；在雨水、冰雪及高低温度变化（-62~88℃）条件下仍能保持弹性，不会硬化破裂；它性能稳定，使用方便；施工温度范围广，在-40~+66℃温度下施工，胶的质量不变；它对被嵌填密封的材料无任何腐蚀作用，还具有高模量、高抗拉张力以及良好的伸长和压缩恢复能力，±50%接口宽度的变形位移不影响其附着力。这种密封胶主要用于玻璃幕墙的玻璃与金属结构性粘结装配，橱窗玻璃装配，以及工厂在装配产品时，作最终修饰与密封等。

（3）SCS-2000 硅酮耐候密封胶

SCS-2000 硅酮耐候密封胶系一种单组分、高性能中性建筑用耐候密封胶。其耐候性优异，耐臭氧、紫外线照射及雨水、冰雪作用强，在高低温变化（-48~93℃）条件下仍保持弹性，不会硬化破裂；施工温度范围广，在-37~60℃温度下施工，胶的质量不变。它对材料无任何腐蚀作用，其相容性好，且模量低，适于各种接缝的连接，具有较高的接口变位能力；色彩丰富，有 12 种颜色可供选择，粘结性能优良，除混凝土、油漆面及塑料板面外，对绝大数材料的粘结密封不需使用底漆。SCS-2000 硅酮耐候密封胶可广泛用于各种耐候性和防水性场所，主要用于玻璃幕墙装配非结构性粘合，户外装置的防水密封以及工厂装配产品时作最后修饰与密封等。

10.2.6 密封条带

密封条带是指加工成条状或带状具特定形状的一类建筑密封衬垫材料，它同密封垫、止水带等同为常用的定型建筑密封材料。

根据弹性性能，密封带可分为非回弹、半回弹和回弹型三种。非回弹型可以聚丁烯为基料，并用少量低分子量聚异丁烯或丁基橡胶增强，或以低分子量聚异丁烯为基料，可用于二次密封，装配玻璃、隔热玻璃等。半回弹型往往以丁基橡胶或较高分子量的聚异丁烯为基料。高回弹型密封带是以固化丁基橡胶或氯丁橡胶为基料，可用于幕墙和预制构件，也可用于隔热玻璃等。

作为衬垫使用的定型密封材料由高恢复性的材料制成。预制密封垫常用的材料有氯丁橡胶、三元乙丙橡胶、海帕伦、丁基橡胶等。氯丁橡胶恢复率优良，在建筑物及公路上的应用处于领先地位。以三元乙丙为基料的产品性能更好，但价格更贵。

目前国内使用密封条带的主要品种有丁基密封腻子、铝合金门窗橡胶密封条、丁腈胶－PVC 门窗密封条、彩色自粘性密封条、自粘性橡胶、水膨胀橡胶以及 PVC 胶泥墙板防水带等。

1. 丁基密封腻子

丁基密封腻子是以丁基橡胶为基料，添加增塑剂、增粘剂、防老剂等辅助材料配成的一种非硫化型建筑密封材料（不干性腻子）。具有寿命长，价格较低，无毒、无味、安全等特点，具有良好的耐水粘结性和耐候性，带水堵漏效果好，使用温度范围宽，能在－40～100℃范围内长期使用，且与混凝土、金属、塑料等多种材料具有良好的粘结力，可冷施工，使用方便。适用于建筑防水密封，涵洞、隧道、水坝、地下工程的带水堵漏密封，家用电器工艺密封，汽车的防水、防尘、防震密封，环保工程管道密封、船舶仓库密封、水下电器密封等。在建筑密封方面，其可用于外墙板接缝、卫生间防水密封、大型屋面板伸缩缝嵌缝、女儿墙与屋面接缝密封、活动房屋嵌缝等。

2. 铝合金门窗橡胶密封条

铝合金门窗橡胶密封条是以氯丁、顺丁和天然橡胶为基料，利用冷喂料挤出剪切机头连续硫化生产线制成的橡胶密封条。产品规格多样（目前有 50 多个规格），准确均一，强度高，耐老化性能优越。广泛用于高层建筑、豪华宾馆、商店及民用建筑门窗、柜台等，系铝材加工厂生产铝合金门窗的配套产品。

3. 丁腈胶 -PVC 门窗密封条

丁腈胶 -PVC 门窗密封条是以丁腈胶和聚氯乙烯树脂为基料，通过一次挤出成型工艺生产的新型建筑密封材料，具有较高的强度和弹性，适当的硬度和优良的耐老化性能。产品广泛用于建筑物门窗、商店橱窗、地柜和铝型材的密封配件，镶嵌在铝合金与玻璃之间，能起固定、密封和轻度避震作用，防止外界灰尘、水分等进入系统内部，广泛用于铝合金门窗的装配。产品规格有塔型、U 型、掩窗型等系列，也可根据要求加工多种特殊规格和用途的密封条。

4. 彩色自粘性密封条

彩色自粘密封条系以丁基橡胶和三元乙丙橡胶为基料，加入防老剂和无机填料等，经混炼压延制成的彩色自粘密封材料。具有优良的耐久性、气密性、粘结力和延伸率。适用于混凝土、塑料、金属构件、玻璃、陶瓷等各种接缝的密封；可与“851”聚氨酯涂膜配合使用，对屋面裂隙进行密封，也广泛用于铝合金屋面接缝、金属门窗框的密封等。

5. 自粘性橡胶

自粘性橡胶系由特种合成橡胶加工处理而成。该自粘性橡胶类产品具有良好的柔顺性，在一定压力下能填充到各种裂缝及空洞中去，延伸性能良好，能适应较大范围的沉降错位，具有良好的耐化学性和极优良的耐老化性能，能与一般橡胶制成复合体。可单独作腻子用于接缝的嵌缝防水，或与橡胶复合制成嵌条用于接缝防水，也可用作为橡胶密封条的辅助粘结嵌缝材料。广泛用于工农业、给排水工程，公路、铁路工程以及水利和地下工程。

6. 遇水自膨胀橡胶

遇水自膨胀橡胶是由水溶性聚醚预聚体加氯丁橡胶混炼而成。其是一种既具有一般橡胶制品的性能，又能遇水膨胀的新型密封材料。它具有优良的弹性和延伸性，在较宽的温度范围内均可发挥优良的防水密封作用。遇水膨胀倍率可在100%～500%之间调节，耐水性、耐化学性和耐才老性良好，可根据需要加工成不同形状的密封嵌条、密封圈、止水带等，也能与其他橡胶复合制成复合防水材料。主要用于各种基础工程和地下设施和隧道、地铁、水电给排水工程中的变形缝、施工缝的防水，混凝土、陶瓷、塑料管、金属等各种管道的接缝防水等。

7. 聚氯乙烯胶泥墙板防水带

聚氯乙烯胶泥墙板防水带又称胶泥条，系以煤焦油、聚氯乙烯为基料，按一定比例加增塑剂、稳定剂、填充剂，混合后加热搅拌，在130～140℃温度下塑化，并成型为一定规格的防水密封材料。其特点是胶泥条经加热后与混凝土、砂浆、钢材等良好的粘结性能，防水性能好，弹性较大、高温不流淌，低温不脆裂，因而能适应大型墙板因荷载、温度变化等原因引起的构件变形。主要用于混凝土墙板的垂直和水平接缝的防水。

10.2.7 止水带

止水带又名封缝带，是处理建筑物或地下构筑物接缝（如伸缩缝、施工缝、变形缝等）用的一类定型防水密封材料。目前常用的品种包括橡胶止水带、嵌缝止水密封胶、无机材料基止水带（BW复合止水带）及塑料止水带等。

1. 橡胶止水带

橡胶止水带又称止水橡皮或水封，系采用天然橡胶或合成橡胶及优质高级配合剂为基料压制而成。具有良好的弹性、耐磨性和抗撕裂能力，适应变形能力强，防水性能好，使用温度范围一般为-40～40℃，适用于建筑工程、水利工程、地下工程等的防止渗漏、密封和减震缓冲，以及游泳池、屋面及其他建筑物的变形缝防水。

2. 嵌缝止水密封胶

嵌缝止水密封胶是以合成橡胶为基料配制而成的一种新型橡胶嵌缝止水材料。它能和混凝土、塑料、玻璃、钢铁等材料牢固粘合，具有优良的耐气候老化性能及密封止水性能，同时还具有一定的机械强度和较大的伸长率，可在较宽的温度范围内适应基层材料的热胀冷缩变化，并且施工方便，质量可靠，可大大减少维修费用。主要用于建筑和水利工程等混凝土建筑物的接缝、电缆接头、汽车挡风玻璃、建筑用中空玻璃及其他用途的止水密封。

3. 无机材料基止水带

无机材料基止水带是以无机材料和胶凝材料基料制成的一种自带粘性的条状止水带。具有优良的粘结力和延伸率，可以利用自身的粘性直接粘在混凝土施工缝表面。无机材料基止水带为膨胀性材料，遇水可快速膨胀，封闭结构内部的细小空隙，止水效果好。其主体材料为无机类，包于混凝土中间，故不存在老化问题。适用于各种地下工程防水混凝土水平缝和垂直缝，主要代替橡胶止水带和钢板止水带使用，也适用于地面各种存、贮水设施，给排水管道的接缝防水密封等。

4. 塑料止水带

塑料止水带目前多为软质聚氯乙烯塑料止水带，系由聚氯乙烯树脂加入增塑剂、稳定剂等辅料，经塑炼、造粒、挤出、加工成型而成。它的特点是原料充足，成本低廉（仅为天然橡胶的40%～50%），而耐久性好，生产效率高，物理力学性能能满足使用要求，可节约橡胶和紫铜片。主要用于工业和民用建筑地下防水工程、隧道、涵洞、坝体、溢洪道、沟渠等变形缝防水。

复习思考题

1. 胶粘剂如何分类？
2. 常用胶粘剂有哪几类？各有何特色？
3. 建筑密封材料的功能是什么？
4. 非弹性密封材料有哪几种类型？试各举一例说明它的特点和用途。
5. 弹性密封材料有哪几种类型？
6. 哪些是硅酮密封材料？它们的特点和用途是什么？
7. 密封条带的主要品种有哪些？其特点和用途是什么？

第11章　其他装饰材料

11.1　装饰壁纸、墙布

装饰壁纸、墙布是目前国内外使用最为广泛的墙面装饰材料之一。它以多变的图案、丰富的色泽、仿制传统材料的外观（如仿木纹、石纹、仿锦缎、仿瓷砖、仿粘土砖等），深受用户的喜爱。装饰壁纸、墙布在宾馆、住宅、办公楼、舞厅、影剧院等有装饰要求的室内墙面、顶棚、柱面应用比较普遍。目前我国常用的装饰壁纸有塑料壁纸(见8.2.2中介绍)、纸基织物壁纸、麻草壁纸等，常用的装饰墙布有玻璃纤维印花贴墙布、无纺贴墙布、化纤装饰贴墙布、棉纺装饰墙布等,常用的高级织物有锦缎、丝绒、呢料等。

11.1.1　装饰壁纸

1. 纸基织物壁纸

纸基织物壁纸是以棉、麻、毛等天然纤维制成的各种色泽、花色和粗细不一的纺线，经特殊工艺处理和巧妙的艺术编排，粘合于基纸上而制成的。这种壁纸面层的艺术效果，主要是通过各色纺线的排列来体现的，有的将纺线排出各种花纹，有的带有莹光，有的线中夹有金、银丝，使壁纸呈现金光点，别具一格。纸基织物壁纸主要产品、规格、技术性能见表11-1。

纸基织物壁纸、麻、毛壁纸主要产品、规格、技术性能及生产厂　　表11-1

产品名称	规格(mm)	技术性能	生产厂
纺织艺术壁纸(虹牌)	幅宽:914.4, 5300 长度:914.4 宽:15000 530 宽:10050	耐光色牢度:> 4 级 耐磨色牢度:4 级 粘接性:良好 收缩性:稳定 阻燃性:氧指数 30 左右 防霉性(回潮 20% 封闭定温):无霉斑	上海第二十一棉纺织厂
花色线壁纸(大厦牌)	幅度:914 长度:7300,50000	抗拉强力:纵 178N, 横 34N 吸湿膨胀性:纵 -0.5%, 横 +2.5% 风干伸缩性:纵 -0.5% ~ -2%, 横 0.25% ~ 1% 耐干摩擦:2000 次 吸声系数:(250 ~ 2000Hz)平均 0.19 阻燃性:氧指数 20 ~ 22 抗静电性:$4.5 \times 10^7 \Omega$	上海第五制线厂
草编壁纸	厚度:0.8 ~ 1.3 宽度:914 长度:7315,5486	耐光色牢度:日晒半年内不褪色	上海彩虹墙纸厂
麻草壁纸		具有阻燃、吸声、散潮湿等特点	北京长城印花厂
生麻壁纸 熟麻壁纸 葛麻壁纸 三角草壁纸	厚度:1 宽度:914 长度:5500,7300	符合日本工业标准 JIA6921《壁纸》规定的各项指标	浙江省磐安墙纸厂

2. 麻草壁纸

用草、麻、木材、树叶等天然材料与纸基复合，可制成各种植物纤维壁纸，其风格独特，生活气息浓厚，颇受人们喜爱。麻草壁纸即是其中应用较多的一种。麻草壁纸是以编织的麻草和纸基复合而成的墙面装饰织物，具有吸声、阻燃、散潮湿、不变形等特点，格调清新淡雅，富有自然、古朴、粗犷的美感。适用于会议室、接待室、影剧院、歌舞厅、宾馆客房及家庭居室等的墙面装饰，亦可用于商店的橱窗设计。麻草壁纸产品规格及生产厂家见表 11-1。

11.1.2 装饰墙布

除了装饰壁纸以外，还有许多装饰织物在不同的环境中使用，各具特色。如玻璃纤维印花贴墙布、无纺贴墙布、化纤装饰贴墙布、高级墙面装饰织物、窗帘等。

1. 玻璃纤维印花贴墙布

玻璃纤维印花贴墙布是以中碱玻璃纤维布为基材，表面涂以耐磨树脂，印上彩色图案而制成的一种新型墙面装饰材料。这种墙布的厚度为 0.15～0.17mm，幅度为 800～840mm，每 $1m^2$ 的质量为 200g 左右。这种贴墙布色彩鲜艳，花色繁多，有布纹质感，经套色印花后，装饰效果好；室内使用不褪色、不老化，防火、耐潮性强，可用肥皂水洗刷；施工简便，粘贴方便，价格低廉。玻璃纤维印花贴墙布适用于宾馆、饭店、商店、展览馆、会议室、餐厅、居民住宅等内墙面装饰，特别适用于室内卫生间、浴室等墙面的装饰。

玻璃纤维印花贴墙布在使用中应注意防止硬物与墙面发生摩擦，否则表面树脂涂层磨损后，会散落出玻璃纤维，损坏墙布。另外，在运输和贮存过程中应横向放置，放平，切勿立放，以免损伤两侧布边，影响施工时对花。当墙布有污染和油迹后，可用肥皂水清洗，切勿用碱水清洗。玻璃纤维印花贴墙布的主要规格、技术性质及生产厂见表 11-2。

玻璃纤维印花贴墙布的主要规格、技术性能及生产厂　　表 11-2

产品名称	规格				技术性能					生产厂
	厚(mm)	宽(mm)	长(mm)	单位质量(g/cm²)	日晒牢度(级)	刷洗牢度(级)	摩擦牢度(级)	断裂强力(N)		
								经向	纬向	
玻璃纤维印花贴墙布	0.71～0.20	840～880	50	190～200	5～6	4～5	3～4	≥700	≥600	上海耀华玻璃公司玻璃纤维厂(万年青牌)
	0.20	880	50	200	4～6	4(干洗)	4～5	≥500		陕西兴平玻璃纤维厂
	0.71	860～880	50	180	5	3	4	≥450	≥400	湖北宜昌玻璃纤维厂

2. 无纺贴墙布

无纺贴墙布是采用棉、麻等天然纤维或涤、腈等合成纤维，经过无纺成型、上树脂、印制彩色花纹而成的一种贴墙材料。有棉、麻、涤纶、腈纶等品种，并有多种花色图案。

无纺贴墙布挺括，富有弹性，不易折断，纤维不老化，不散头，对皮肤无刺激作用。无纺贴墙布色彩鲜艳，图案雅致，粘贴方便，具有一定的透气性和防潮性，可擦洗而不褪色，适用于宾馆、饭店、商店、展览馆、会议室、餐厅、居民住宅等内墙面装饰。尤其是涤纶棉无纺贴墙布，除具有麻质无纺贴墙布的所有性能外，还具有质地细洁、光滑的特点，特别适用于高级宾馆、高级住宅等建筑物。无纺贴墙布的规格和性能见表 11-3。

无纺墙布的规格和性能　　**表 11-3**

品　名	规格(mm)	技术性能	生产单位
涤纶无纺墙布	厚度:0.12～0.18 宽度:850～900 单位质量:75g/cm²	强度:2.0MPa(平均) 粘贴牢度: 1. 粘贴在混合砂浆墙面上 5.5N/2.5cm 2. 粘贴在油漆墙面上 3.5N/25cm	上海市无纺布厂 浙江瑞安县建材公司
麻无纺墙布	厚度:012～0.18 宽度:850～900 单位质量:100g/cm²	强度:1.4MPa(平均) 粘贴牢度: 1. 粘贴在混合砂浆墙面上 2.0N/25cm 2. 粘贴在油漆墙面上 1.5N/25cm	江苏省南通市海门无纺布厂
无纺印花涂塑墙布	厚度:0.8～1.0 宽度:920 长度:50m/卷 每箱 4 卷共 210m	强度:200N/(5cm×20cm) 摩擦牢度:3～4 级 胶合剂:聚酯酸乙烯乳胶	江苏省南通市海门无纺布厂

3. 化纤装饰贴墙布

化纤称为“人造纤维”，种类繁多，性质各异。如粘胶纤维、醋酸纤维、聚丙烯、腈纤维、变性聚丙烯腈纤维、锦纶、聚酯纤维、聚丙烯纤维等。“多纶”贴墙布就是多种纤维与棉纱混纺的贴墙布，也有以单纯化纤布为基材，经一定处理后，印花而成的化纤装饰贴墙布。

化纤装饰贴墙布具有无毒、无味、透气、防潮、耐磨、无分层等优点，并有多种花色品种。其规格为：宽 820～840mm, 厚 0.15～0.18mm，卷长 50mm，适用于各级宾馆、旅店、办公室、会议室和住宅。“多纶”贴墙布的性能见表 11-4。

“多纶”贴墙布的性能　　**表 11-4**

名　称	项　　目	指　　标	规　　格	生产单位
“多纶”	日晒牢度:黄绿色类 红棕色类	4～5 级 2～3 级	重量:8.5kg/50m 厚度:0.32mm 长度:50m/卷 胶粘剂:配套使用 “DL”香味胶水粘结剂	上海第十印染厂
	摩擦牢度:干 湿	3 级 2～3 级		
	强度:经向 N/(5cm×20cm) 纬向 N/(5cm×20cm)	300～400 290～400		
	老化度	3～5 年		

4. 棉纺装饰墙布

棉纺装饰墙布是以纯棉平布为基材经过处理、印花、涂布耐磨树脂等工序制作而成的墙布，强度大、静电小、蠕变性小、无光、吸声、无毒、无味，对施工人员和用户均无害，花型色泽美观大方。可用于宾馆、饭店及其他公共建筑和较高级的民用建筑中的装饰，适合于水泥砂浆墙面、混凝土墙面、白灰墙面、石膏板 胶合板、纤维板、石棉水泥板等墙面基层的粘贴或浮挂。棉纺装饰墙布还常用作窗帘。棉纺装饰墙布的主要规格、技术性能见表11-5。

棉纺装饰墙布主要规格、性能及生产厂 表 11-5

产品名称	规格	技术性能	生产厂
棉纺装饰墙布	厚度：0.35mm	拉断强度(纵向)：770N/(5cm×20cm) 断裂伸长率：纵向3%，横向8% 耐磨性：500次 静电效应：静电值184V，半衰期1s 日晒牢度：7级 刷洗牢度：3~4级 湿摩擦：4级	北京印染厂

5. 高级墙面装饰织物

锦绒、丝绒、呢料等织物，因价格较贵，装饰格调华美高雅，多用作高级建筑室内墙面装饰，属高级墙面装饰织物。这些织物由于纤维材料、织造方法及处理工艺的不同，所产生的质感和装饰效果也不相同，它们均能给人以美的感受。

锦缎也称织锦缎，是我国的一种传统丝织装饰品，其上织有绚丽多彩、古雅精致的各种图案，加上丝织品本身的质感与丝光效果，使其显得高雅华贵，具有很高的装饰作用。常被用于高档室内墙面的浮挂装饰，也可用于室内高级墙面的裱糊。

丝绒色彩华丽，光泽柔和，质感厚实温暖，格调高雅，耐磨性好，主要用作高级建筑室内窗帘、软隔断或浮挂，可营造出富贵、豪华的氛围。

粗毛呢料或仿毛化纤织物和麻类织物，质感粗实厚重，具有温暖感，吸声性能好，还能从纹理上显示出厚实、古朴等特色，适用于高级宾馆等公共厅堂柱面的裱糊装饰。

锦缎、丝绒、呢料等高级墙面装饰织物不易擦洗，稍受潮就会留下斑痕，易生霉变，使用中应予以注意。

6. 窗帘

随着现代建筑装潢的发展，窗帘已成为室内装饰不可缺少的内容。窗帘除了装饰室内之外，还有遮挡外来光线，防止灰尘进入，保持室内清静，并起到隔声消声等作用，有时还可以起调节室内温度，为室内创造出舒适环境的作用。

织物窗帘按材质一般分为四大类：

(1) 粗料 包括毛料、仿毛化纤织物和麻料编织物等。

(2) 绒料 含平绒、条绒、丝绒、毛巾布等。

(3) 薄料 含花布、府绸、的确良、乔其纱和尼龙纱等。

(4) 网扣及抽纱。

窗帘的悬挂方式很多，从层次上分为单层和双层；从开闭方式上分为单幅平拉、双幅平拉、整幅竖拉和上下两段竖拉等；从配件上设置窗帘盒分有暴露和不暴露窗帘杆两种；从拉开后开状分为自然下垂和半弧形等等。

11.2 地 毯

地毯是一种古老的、世界性的高级铺地材料。它既有实用价值，又有极好的装饰效果。地毯铺在室内地面上，能起到很好的隔热、保温及吸声作用，还能防止滑倒，减轻碰撞，使人脚感舒适，并能以其特有的质感和艺术风格，创造出其他材料难以达到的装饰效果，使室内环境气氛显得高贵华丽、美观悦目。

我国是世界上制造地毯最早的国家之一。中国地毯做工精细，图案配色优雅大方，具有独特的风格。有的明快活泼，有的古色古香，有的素雅清秀，各具风姿，令人赏心悦目，富有东方民族特色。世界上其他著名的地毯还有波斯地毯、印度地毯、土耳其地毯等。

11.2.1 地毯的等级和分类

1. 地毯的等级

地毯按其所用场所不同，可分为六级，见表11-6。

地毯的等级 **表 11-6**

序号	等　级	所 用 场 所
1	轻度家用级	铺设在不常使用的房间或部位
2	中度家用级(或轻度专业使用级)	用于主卧室或家庭餐厅等
3	一般家用级(或中度专业使用级)	用于起居室及楼梯、走廊等行走频繁的部位
4	重度家用级(或一般专业使用级)	用于家中重度磨损的场所
5	重度专业使用级	用于特殊要求场合
6	豪华级	地毯品质好，绒毛纤维长，具有豪华气派的特点，用于高级装饰的场合

建筑物室内地面铺设的地毯，是根据建筑装饰的等级、使用部位及使用功能等要求而选用的。总的来说，要求高级者选用纯毛地毯，一般装饰则选用化纤地毯或塑料地毯。

2. 地毯的分类

地毯所用的材料从最初的原状动物毛，逐步发展到精细的毛纱、麻、丝及人工的合成纤维等，编织方法也从手工编织发展到机械编织。因此，地毯已成为品种繁多，花色图案多样，低、中、高档皆有的系列地面铺装材料。

(1) 按装饰花纹图案分类

1) 北京式地毯　北京式地毯简称“京式地毯”，它图案工整对称，色调典雅、庄重古朴，常取材于中国传统艺术，如传统绘画、宗教纹样等，寓意深刻。

2) 美术式地毯　美术式地毯突出美术图案，其图案构图完整，色彩华丽，富于层次感，显得富丽堂皇。它借鉴了西欧装饰艺术的特点，常以盛开的玫瑰、郁金香、苞蕾卷叶等组成花团锦簇的美丽图案。

3) 彩花式地毯　彩花式地毯的图案清新活泼，图案如同工笔花鸟画，多表现一些婀娜多姿的花卉，色彩绚丽夺目，构图富于变化，名贵大方。

4) 素凸式地毯　素凸式地毯色调较为清淡，图案为单色凸花织作，纹样剪片后清晰、美观，犹如浮雕，富有幽静、雅致的情趣，让人回味无穷。

(2) 按材质分类

按材质的不同，地毯可分为纯毛地毯、混纺地毯、化纤地毯、塑料地毯、剑麻地毯和橡胶地毯等6大类。

1）纯毛地毯　纯毛地毯即羊毛地毯，是以粗绵羊毛为主要原料而制成的。由于原料纤维长、弹性好、有光泽，所以纯毛地毯质地厚实、经久耐用，装饰效果极好，为高档铺地装饰材料。

2）混纺地毯　混纺地毯是以羊毛纤维与合成纤维混纺后编制而成的地毯。如在羊毛纤维中加入20%的尼龙纤维，可使耐磨性提高5倍，装饰性能不亚于纯毛地毯，并且价格便宜。

3）化纤地毯　化纤地毯，也叫“合成纤维地毯”，是用簇绒法或机织法将合成纤维制成面层，再与麻布底层缝合而成。常用的合成纤维材料有丙纶、腈纶、涤纶等。化纤地毯的外观和触感与纯毛地毯相似，耐磨而富有弹性，为目前用量最大的中、低档地毯品种。

4）塑料地毯　塑料地毯是采用PVC树脂、增塑剂等多种辅助材料，经均匀混炼、塑制而成的一种新型轻质地毯。它质地柔软、色彩鲜艳、自熄不燃，可水洗，经久耐用，为宾馆、商场、浴室等一般公共建筑和住宅地面使用的装饰材料。

5）剑麻地毯　剑麻地毯是以剑麻（植物纤维）为原料，经纺纱、编织、涂胶、硫化等工序而制成，产品分素色和染色两类，有多种花色。剑麻地毯具有耐酸碱、、耐磨、无静电等特点，但弹性较差，手感粗糙。可用于宾馆、饭店、会议室等公共建筑地面及家庭地面。

6）橡胶地毯　它是以天然橡胶为原料，用地毯模具在蒸压条件下模压而成的。它不仅具有色彩丰富、图案美观、脚感舒适、耐磨性好等特点，而且还具有隔潮、防霉、防滑、耐蚀、防蛀、绝缘及清扫方便等优点，适用于经常淋水或需经常擦洗的场合，如浴室、走廊、卫生间等。

（3）按编织工艺分类

按编织工艺的不同，地毯可分为手工编织地毯、簇绒地毯和无纺地毯3类。

1）手工编织地毯　手工编织地毯专指纯毛地毯。它是采用双经双纬，通过人工打结栽绒，将绒毛层与基底一起织做而成。这种地毯做工精细，图案千变万化，是地毯中的高档品。但工效低，产量少，成本高，价格贵。

2）簇绒地毯　簇绒地毯又称“栽绒地毯”，是目前生产化纤地毯的主要工艺。它是通过往复式穿针的纺机，生产出厚实的圈绒地毯，再用刀片横向切割毛圈顶部而成的，故又称“割绒地毯”或“切绒地毯”。

3）无纺地毯　无纺地毯是指无经纬编织的短毛地毯，是用于生产化纤地毯的方法之一；是将绒毛线用特殊的钩针扎刺在划好图案纹样的合成纤维网布底衬上，然后将特制胶液涂于毯背，固定绒线结扣而成。这种地毯又称针刺地毯或粘合地毯，其工艺简单，价格低，但弹性和耐磨性较差。为提高其强度和弹性，可在毯底加缝或加贴一层麻布底衬。

另外，地毯按规格尺寸，可分为块状地毯和卷装地毯。

11.2.2　地毯的主要技术性能

选购地毯时，不仅要注意地毯的花色图案、颜色、手感等，而且要注意直接影响地毯使用寿命的技术性能。

1. 剥离强度

剥离强度反映了地毯面层与背衬间复合强度的大小，也反映地毯复合之后的耐水能力，通常以背衬剥离强力表示。化纤簇地毯要求剥离强力≥25N。我国上海产簇绒和机织丙纶、腈纶地毯，无论干燥状态，还是潮湿状态，其剥离强力均在35N以上，超过了国外同类产品的水平。

2. 绒毛粘合力

绒毛粘合力是衡量地毯绒毛固着于背衬上的牢固程度的一项性能指标。化纤簇绒地毯的粘合力以簇绒拔出力表示，要求平绒毯簇绒拔出力≥12N，圈绒毯≥20N。我国上海产簇绒丙纶（麻布背衬）地毯的粘合力高达63.7N，远远超过了日本同类产品51.5N的水平。

3. 耐磨性

地毯的耐磨性是评价其使用耐久性的一项重要指标，通常是以地毯在固定压力下，磨至露出背衬时所需的次数表示。耐磨次数越多，则地毯耐磨性越好。地毯绒毛纤维的质量好、长度长，地毯的耐磨性好，地毯越厚越耐磨，化纤地毯耐磨性优于羊毛地毯。对于手工羊毛地毯，道数越多，地毯越致密，耐磨性能也越好。

4. 弹性

弹性是反映地毯承受压力后，其绒面层在厚度方向上压缩变形的程度。该指标决定了地毯舒适柔软的程度。一般化纤地毯的弹性不如纯毛地毯，丙纶地毯的弹性又次于腈纶地毯。目前我国生产的化纤地毯的弹性尚未赶上国外同类产品的水平。

5. 静电性能

静电性能表示地毯带电和放电的性能。一般说来，化学纤维经摩擦后易产生静电，因其本身绝缘，静电不易释放，严重时会使人有触电的感觉。未经处理的化纤地毯所带静电较大，极易吸收灰尘，给清扫除尘带来困难。因此，在生产化学纤维时，常掺加一定量的抗静电剂，并采用增加抗电性处理方式，以提高化纤地毯的抗静电性。国产化纤地毯的抗静电性仍需进一步提高。

6. 抗老化性

化学地毯的老化是指其在光照和空气等因素作用下，经过一定时间后毯面化学纤维老化，导致地毯性能指标下降的过程。通常用地毯经一段时间紫外线光照后，其耐磨性、弹性及表面光泽、色泽的变化程度来评定抗老化性能的优劣。国产化纤地毯经光照后弹性有所降低，且在受撞击区域因纤维老化而产生粉末。

7. 耐燃性

耐燃性是指化学地毯遇到火种时，在一定时间内燃烧的程度。化学纤维一般均易燃，耐燃性较差。在生产过程中一般需加入阻燃剂，以使织成的地毯具有自熄或阻燃的性能。凡在12min的燃烧时间内，燃烧面积的直径不大于17.96cm的化纤地毯被认为耐燃性合格。

8. 抗菌性

地毯作为地面覆盖物，在使用过程中较易被虫、菌类所侵蚀而引起霉变。因此地毯在使用过程中需作防霉抗菌等处理。通常规定，凡能经受8种常见霉菌和5种常见细菌的侵蚀而不长菌或霉变者，即认为抗菌性合格。化纤地毯的抗菌性优于纯毛地毯。

11.2.3 纯毛地毯

纯毛地毯分手工编织地毯和机织地毯两种。前者为传统的高级手工工艺品之一，后者则是近代发展起来的较高级的纯毛地毯制品。

1. 手工编织纯毛地毯

我国的手工编织纯毛地毯，早在二千多年以前就已经开始生产了，一直以“中国地毯”的艺精工细而闻名于世，成为国际市场上十分畅销的热门货。手工编织纯毛地毯是采用我国特有的土种优质绵羊毛纺纱、染色，用精湛的技艺织成瑰丽的图案后，再以专用机械平整毯面或剪成凹花式周边，最后用化学方法洗出丝光而制成的。手工编织纯毛地毯是自下而上逐步垒织栽绒打结，每垒织打结完一层称一道，通常以一英尺高的毯面上垒织的道数多少来表示地毯栽绒密度。道数越多栽绒密度越大，地毯质量越好，价格也越高，地毯的档次与道数成正比关系。一般家用地毯为 90 ~ 150 道，高级装修用的地毯均在 200 道以上。手工编织纯毛地毯具有图案优美，色泽鲜艳，富丽堂皇，质地厚实，富有弹性，柔软舒适，经久耐用等特点。由于做工精细、产品名贵、售价高，所以常用于国际、国内重要建筑物的室内地面的铺装，也用于高级宾馆、饭店、住宅、会客厅、舞台等装饰性要求高的建筑及场所。

2. 机织纯毛地毯

机织纯毛地毯是以羊毛为主要原料，采用机织的工艺而制成的。这种地毯具有毯面平整、光泽、富有弹性、脚感柔软、经磨耐用等特点。与化纤地毯相比，其回弹性、抗静电、抗老化、耐燃性都优于化纤地毯。与手工编织纯毛地毯相比，其性能相似，但价格远低于手工地毯。因此，纯毛机织地毯是介于化纤地毯和手工编织纯毛地毯之间的中档地面装饰材料。机织纯毛地毯特别适用于宾馆、饭店的客房、楼梯、宴会厅、酒吧间、会客室、会议室，以及体育场所、家庭等满铺使用。阻燃型的机织纯毛地毯，可用于防火要求较高的建筑地面。

近年来，我国还发展生产了纯羊毛无纺地毯，它是不用纺织或编织方法而织成的纯毛地毯，它具有质地优良，消声抑尘，使用方便等特点。这种地毯工艺简单，价格低，但其弹性和耐久性稍差。

我国纯毛地毯的主要规格和性能详见表 11-7。

11.2.4 化纤地毯

化纤地毯是一种新型地面铺装材料。它以锦纶、丙纶、腈纶、涤纶等化学合成纤维为原料，经机织或簇绒等方法加工成面层织物后，再与背衬材料进行复合处理而成。

1. 化纤地毯的构造

化纤地毯由面层、防松涂层和背衬三部分构成。

(1) 面层　面层一般采用中长纤维制作，其绒毛不易脱落、起球，使用寿命较长。纤维的粗细对地毯的脚感和弹性有较大影响。

从纤维的性能上看，丙纶纤维密度小，抗拉强度、湿强度、耐磨性均较好，但回弹性和染色性较差。腈纶纤维密度稍大，色彩鲜艳，静电小，回弹性优于丙纶纤维，而耐磨性较丙纶差，且易起球，涤纶纤维具有上述的两种纤维的优点，但价格稍贵。随着对地毯功能要求的不断提高，可采用两种不同的化学纤维混纺织成面层。

我国化纤地毯面层多采用机织及簇绒法制作。机织地毯毯面纤维密度较大，毯面平整性较好，但织造速度较簇绒法低，工序多，成本较高。

纯毛地毯的主要规格和性能　　　　表 11-7

品　名	规格(mm)	性能特点	生产厂
90 道羊毛地毯 120 道羊毛艺术挂毯	厚度:6～15 宽度:按要求加工 长度:按要求加工	用上等纯羊毛手工编制而成。经化学处理,防潮、防蛀、图案美观、柔软耐用	武汉地毯厂
90 道机拉洗高级羊毛手工地毯 120、140 道高级艺术挂毯	任何尺寸与形状	产品有:北京式、美术式、彩花式、素凸式以及风景式、京彩式、京美式等	青岛地毯厂
高级羊毛手工栽绒地毯 (飞天牌)	各种形状规格	以上等羊毛加工而成,有北京式、美术式、彩花式、素凸式、敦煌式等	兰州地毯总厂
羊毛满铺地毯 电针绣枪地毯 艺术壁毯 (工美牌)	各种规格	以优质羊毛加工而成。电绣地毯可仿制传统手工地毯图案,古色古香,现代图案富有时代气息,壁毯图案粗犷朴实,风格多样,价格仅为手工纺织壁毯的 1/5～1/10	郑州市地毯二厂
全羊毛手工地毯 (松鹤牌)	各种规格	以优质国产羊毛和新西兰羊毛加工而成，具有弹性好、抗静电、阻燃、隔声、防潮、保暖等优良特点	杭州地毯厂
90 道手工栽绒地毯 提花地毯艺术挂毯 (风船牌)	各种规格	以西宁优质羊毛加工而成。产品有:北京式、美术式、彩花式、素凸式,以及东方式和古典式。古典式图案分:青铜画像、蔓草、花鸟、锦锈五大类	天津地毯 工艺公司
机织纯毛地毯	幅度: <5000 长度:按需要加工	以上等纯毛机织而成,图案优美,质地优良	天津市地毯八厂
90 道手工栽绒纯毛地毯	尺寸规格按需要加工	产品有:北京式、美术式、彩花式和素凸式	西安地毯厂
120 道艺术挂毯		图案有:秦始皇陵铜车马、大雁塔、半坡纹样、昭陵六骏等	

(2) 防松涂层　防松涂层是指用一种特制的乳液型涂料涂刷于面层织物背面初级背衬上的涂层，可增加地毯绒面纤维在初级背衬上的固着牢度，使之不易脱落；同时，可防止胶粘剂渗透到绒面层而使其发硬，并可减少胶粘剂的用量，增加粘结强度。

(3) 背衬　背衬材料一般为麻布，采用胶结力很强的胶粘剂将麻布与经防松涂层处理的初级背衬粘结复合，形成次级背衬。然后再经加热加压，烘干等工序即成卷材成品，背衬不仅覆盖织物层的针码，改善了地毯背面的耐磨性，还加强了地毯的厚实程度，可使人获得步履轻松的感觉。

2. 化纤地毯的主要品种及等级

(1) 化纤地毯主要品种及标准

化纤地毯按纤维不同可分为丙纶地毯、腈纶地毯、锦纶地毯、涤纶地毯等。若按面层织物的织造方法不同，可分为簇绒地毯、针刺地毯、机织地毯、编织地毯、粘结地毯、静电植绒地毯等多种，其中以簇绒地毯的产销量最大，其次为针刺地毯和机织地毯，它们的产品标准分别为《簇绒地毯》（GB11746—89）、《针刺地毯》(GB/T15051—94)、《机织地毯》（GB/T 14252—93）。

(2) 簇绒地毯的等级及分等规定

根据 GB11746—89 的规定，簇绒地毯按其技术要求评定等级，其技术要求分内在质量和外观质量两个方面，具体要求分别见表 11-8 和表 11-9。按内在质量评定分合格品和不合格品两等，达到全部内在质量指标者为合格品，有一项不达标者即为不合格品，并不再进行外观质量评定。按外观质量评定则分优等品、一级品和合格品三个等级，以各项外观疵点的等级的最低者定级。簇绒地毯是在内在质量评定为合格品的情况下，以外观质量所定的等级作为该产品的最终等级。

簇绒地毯内在质量指标　　表 11-8

序号	项目	单位	技术指标	
			平割绒	平圈绒
1	动态负载下厚度减少(绒高 7mm)	mm	≤3.5	≤2.2
2	中等静负载后厚度减少	mm	≤3	≤2
3	绒簇拔出力	N	≥12	≥20
4	绒头单位质量	g/cm^2	≥375	≥250
5	耐光色牢度(氙弧)	级	≥4	
6	耐摩擦擦色牢度(干摩擦)	级	纵向	≥3~4
			横向	
7	耐燃性(水平法)	mm	试样中心至损毁边缘的最大距离≤75	
8	尺寸偏差	%	宽度	在幅宽的 ±0.5 内
			长度	卷装:卷长不小于公称尺寸 块状:在长度的 ±0.5 以内
9	背衬剥离强力	N	纵向	≥25
			横向	

簇绒地毯外观质量评等规定　　表 11-9

序号	外观疵点	优等品	一等品	合格品
1	破损(破洞、撕裂、割伤)	不允许	不允许	不允许
2	污渍(油污、色渍、胶渍)	无	不明显	不明显
3	毯面折皱	不允许	不允许	不允许
4	修补痕迹	不明显	不明显	较明显
5	脱衬(背衬粘接不良)	无	不明显	不明显
6	纵、横向条痕	不明显	不明显	较明显
7	色条	不明显	较明显	较明显
8	毯边不平齐	无	不明显	较明显
9	渗胶过量	无	不明显	较明显

3. 化纤地毯的特点

一般来说，化纤地毯具有的共同特性是不霉、不蛀、耐腐蚀、质轻、耐磨性好、富有弹性、脚感舒适、吸湿性小、易于清洗、铺设简便、价格较低等，它适用于宾馆、饭店、招待所、接待室、餐厅、住宅居室、活动室及船舶、车辆、飞机等地面装饰铺设。对于高绒头、高密度、格调新颖、图案美丽的化纤地毯，可用于三星级以上的宾馆。机织提花工艺地毯属高档产品，其外观可与手工纯毛地毯媲美，其缺点是：与纯毛地毯相比，均存在着易变形，易产生静电以及吸附性和粘附性污染，遇火易局部熔化等问题。

化纤地毯可以摊铺，也可以粘铺在木地板、锦砖地面、水磨石地面及水泥混凝土的面上。

4. 新型地毯

最近，国外研究出杀菌地毯、吸尘地毯、抗污地毯、多能地毯、发光地毯、变色地毯、防水地毯、电热地毯、音响电热地毯、拼接地毯等，地毯向深加工方向发展。

（1） 杀菌地毯　这种地毯是经过特殊的化学处理，当人走地地毯时，鞋底的杂物有70%左右被吸住，既能吸收尘埃，又能杀死细菌。

（2） 吸尘地毯　由一种静电效应很强的聚合材料制造。铺设这种地毯后能吸尘土、污物。

（3） 抗污地毯　这种地毯是在尼龙纤维表面增加一层新的物质，具有抗污性能。酒类、饮料、巧克力以及各种油脂撒到地毯上，均不会渗到里面去，只是在表面结成小珠状，用纸或布擦去即可。

（4） 多能地毯　英国以聚丙烯短纤维为原料，制成一种耐洗、耐溶液、无霉、不褪色、不怕日晒和冰雪严寒的地毯。它适用于游泳池边、轮船甲板等公共场所。

（5） 发光地毯　在一般的织造过程中加进丙烯酸系列光学纤维，因而能发出各种闪光和美丽的图案。并研究出荧光楼梯脚垫，脚垫周围边缘涂上1cm宽的荧光胶，夜间无灯光照明时，脚垫周围发光，人们行走安全。

（6） 变色地毯　这种地毯若要根据人们的不同喜爱变颜色时，只需在洗毯时加入特殊的化学变色剂，便可得到自己理想的色调。每洗一次地毯都可以使它变一种颜色。

（7） 防水地毯　基布有一层防水橡胶，一般用于野外宿营或货物堆场。

（8） 电热地毯　电热地毯内部有一块氟碳松膜，厚度只有0.7mm，但很坚固。用氟碳松膜粘合的地毯，具有与普通地毯相同的弹性和柔软度。使用时接上电源就能传热，而且不怕卷曲、碰撞和挤压。这种地毯的传热效果比电炉、电暖器效果更佳，耗电却很少，既可作为地毯又可取暖。

11.3 隔热、吸声材料

隔热、吸声材料都具有轻质、疏松、多孔或纤维状的特点。建筑物采用适当的隔热材料，不仅能满足人们居住的要求，而且有着明显的节能效果；采用良好的吸声材料，可以保持室内良好的音响效果和减少噪声污染的危害。隔热和吸声材料制品不仅能满足一定的功能，而且其表面经加工后能满足一定的装饰要求。具有一定装饰性隔热和吸声材料的制品，一般用于有隔热和吸声要求的顶棚和墙面。

隔热材料隔热性能主要用导热系数表示，材料的导热系数决定于材料的成分、内部结构、构造情况、表观密度等，也与介质温度和材料含水率等因素有关。

隔热材料按化学成分的不同可分为有机和无机两大类，按材料的构造可分为纤维状、微孔状、气泡状和层状等四种。隔热材料通常可制成板、片、卷材或管壳等多种形式的制品。隔热保温材料有：石棉、矿棉、玻璃棉及其制品，植物纤维复合板，陶瓷纤维绝热制品，膨胀蛭石及其制品，膨胀珍珠岩及其制品，微孔硅酸钙制品，泡沫玻璃，泡沫塑料，泡沫混凝土及加气混凝土等。

保温隔热材料由于其轻质及结构上的多孔特征，故具有良好的吸声性能。因此对于一般的建筑物来说，吸声材料无需单独使用，其吸声功能是与具有隔热保温和装饰功能的新型材料相结合来实现的。吸声系数是评定材料吸声性能好坏的主要指标，它与声音的频率及声音的入射方向有关。在同一声频作用下，材料的吸声性能与材料的表观密度和内部构造有关。在建筑装修中，吸声材料的厚度、材料背后是否有空气层、以及材料的表面状况，对吸声性能都有影响。

建筑常用的吸声材料有：石膏砂浆、水泥膨胀珍珠岩板、矿渣棉、沥青矿渣棉毡、玻璃棉、泡沫玻璃、泡沫塑料、木丝板、穿孔纤维板、胶合板、地毯、帷幕等。

本节主要介绍几种具有隔热和吸声性能的装饰材料，如矿棉装饰吸声板、珍珠岩装饰吸声板、玻璃棉装饰吸声板、钙塑泡沫装饰吸声板、聚苯乙烯泡沫塑料装饰吸声板等。

11.3.1 矿棉装饰吸声板

1. 岩棉、矿棉及其制品

岩棉、矿棉是以岩石、工业废渣和石灰石等为主要原料，经高温熔融，用离心力、高压载能气体喷吹而成的。其产品按结构形式，可分为棉、板、带、毡、缝毡、贴面毡和管壳等。产品的质量要求，应符合《绝热用岩棉、矿渣棉及其制品》(GB11835—89)的规定。

2. 矿棉装饰吸声板

(1) 矿棉装饰吸声板的特点和用途

矿棉装饰吸声板是以矿渣棉为主要原料，加入适量的粘结剂和附加剂，通过成型、烘干、表面加工处理而成的。用这种材料吊顶，装配化程度高，完全是干作业，重量轻并具有隔热、吸声、防火、装饰等多种功能。

矿棉装饰吸声板可用于会堂、影剧院、音乐厅、播音室、录音室等场所，可以控制和调整室内的混响时间，消除回声，改善室内的音质，提高语音清晰度。它适用于旅馆、医院、办公室、会议室、商场，以及吵闹场所和需要安静的场所，如工厂车间，仪表控制室，可以降低室内噪声等级，同时还能起到隔热和保温的作用。

(2) 矿棉装饰吸声板的规格和技术性能

矿棉装饰吸声板的形状主要为正方形和长方形，常用尺寸为500mm×500mm、600mm×600mm、 610mm×610mm、 625mm×625mm、 600mm×1000mm、 600mm×1200mm、625mm×1250mm，厚度为9～20mm。矿棉板表面有各种色彩，花纹图案繁多。有的表面加工成树皮纹理；有的则加工成小浮雕或满天星图案，具有一定装饰效果。

矿棉装饰吸声板的主要技术性能参见表11-10。

矿棉装饰吸声板的主要技术性能 表11-10

项　目		指　标	备　注
密度(g/cm^3)		≤500	参照北京市矿棉装饰吸声板厂产品
抗折强度(MPa)	板厚9mm	≥0.744	
	12mm	≥0.846	
	15mm	≥0.795	
	19mm	≥0.653	
含水率(%)		<3	
吸声系数		0.4～0.6	
导热系数 W/(m·K)		<0.0875	
难燃性		难燃一级	

11.3.2 珍珠岩装饰吸声板

珍珠岩是一种酸性火山玻璃质岩石，它因具有珍珠裂隙而得名。膨胀珍珠岩是由珍珠岩经破碎、焙烧膨胀而制成的粒状多孔绝热材料。珍珠岩装饰吸声板，又称膨胀珍珠岩装饰吸声板，是以膨胀珍珠岩为骨料，配以粘结料，经搅拌、成型、干燥、焙烧(或养护)而成。粘结料有：水玻璃、水泥、磷酸盐、聚合物等。

1. 珍珠岩装饰吸声板的分类

按所使用胶结剂的不同，珍珠岩装饰吸声板分水泥珍珠岩装饰吸声板、水玻璃珍珠岩装饰吸声板、石棉珍珠岩装饰吸声板和聚合物珍珠岩装饰吸声板等四种。

按表面结构形式的不同，珍珠岩装饰吸声板分为不穿孔珍珠岩装饰吸声板、半穿孔珍珠岩装饰吸声板、穿孔珍珠岩装饰吸声板、凹形珍珠岩装饰吸声板和复合型珍珠岩装饰吸声板等五种。

2. 珍珠岩装饰吸声板的特点、用途及性能

珍珠岩装饰吸声板具有隔热、保温、质量轻、防火、防蛀、耐酸、可割等优点；板面可以喷涂各种颜色的涂料，也可进行漆化处理，使装饰板具有较好的装饰效果。由于在板内部形成互不连通的微孔结构，从而可使声音衰减。该装饰吸声板的内部结构、饰面、压洞、花纹，都具有吸收高、中、低频噪声的功能，是城市公共设施和住宅较好的吊顶材料。

珍珠岩装饰吸声板适用于礼堂、剧院、音乐厅、会议室、餐厅等公共建筑的音质处理和工业厂房的噪声控制，可降低噪声等级，控制和调整室内混响时间，消除回声，提高语音的清晰度。彩色和图案吸声板最适用于办公室、医院、旅馆、住宅，既可美化环境，又可改善室内的生活条件。

珍珠岩装饰吸声板的技术性能见表 11-11。

珍珠岩装饰吸声板的技术性能 表 11-11

名　称	抗弯强度 (MPa)	堆积密度 (kg/m^3)	导热系数 W/(m·K)	吸声系数 (NRC)	吸湿率 (%)
珍珠岩装饰吸声板	> 1.0	352 左右	0.079	平均 0.32	≤5

11.3.3 玻璃棉装饰吸声板

玻璃棉装饰吸声板是玻璃棉的深加工产品，它所有的原料是玻璃棉板半成品，经磨光、喷胶、贴纸、加工等工序制成。为了保证其具有一定的装饰效果，表面基本上有两种处理方法：一是贴上塑料面纸，二是在其表面喷涂。喷涂往往做成浮雕形状，其造型有大花压平、中花压平及小点喷涂等图案。它有多种色彩可供选择，目前用得较多的是白色。

1. 玻璃棉装饰吸声板的特点及用途

玻璃棉装饰吸声板具有重量轻、吸声、隔热保温、防火、美观大方等特点。它可用于剧院、宾馆、礼堂、播音室、商场、办公室、工业建筑等处的吊顶及用作内墙装修的保温、隔热材料，提高室内语音的清晰度，降低噪声，改善环境。

2. 玻璃棉装饰吸声板的性能

玻璃棉装饰吸声板的物理性能见表 11-12。

玻璃棉装饰吸声板的物理性能　　表 11-12

种　　类	密度(kg/m³)	导热系数 W/(m·K) (平均温度 70±5℃)	最高使用湿度(℃)
2号	24 32 40 48	≤0.049 ≤0.047 ≤0.044 ≤0.043	300 350
	64,80,96,120	≤0.042	400
3号	80,96,120	≤0.047	

11.3.4　钙塑泡沫装饰吸声板

钙塑泡沫装饰吸声板是以高压聚乙烯、合成树脂加入无机填料、轻质碳酸钙、助剂和颜料等，经混练、模压、发泡成型而成。这种材料分普通和难燃(阻燃)型两种；表面有凹凸图案和平板穿孔图案两种。穿孔的吸声性能较好，是一种多功能的装饰材料。

1. 钙塑泡沫装饰吸声板的特点和用途

钙塑泡沫装饰吸声板具有质轻、吸声、隔热、耐水及施工方便等优点；表面形状、颜色多种多样，造型美观，立体感强，表面还可以刷漆；温差变形小，且耐破、撕裂性能好，有利于抗震。如果采用穿孔钙泡沫吸声板，既可以保持整体的装饰效果，又能达到很好的音响效果。这种板可用于礼堂、剧场、电影院、电视台、工厂、商店等建筑的室内平顶装饰吸声。

2. 钙塑泡沫装饰吸声板的性能

钙塑泡沫装饰吸声板的技术性能指标参见表 11-13。

钙塑泡沫装饰吸声板技术性能指标　　表 11-13

规格尺寸 (mm)	拉伸强度 (MPa)	伸长率 (%)	堆积密度 (kg/m³)	导热系数 W/(m·K)	吸水性 (kg/m²)	耐寒性 (-30℃,6h)	热变性(%) (热 60℃,6h;冷,2h)
496×496(±2) 厚度:4	≥0.8	≥30	≤250	0.068~0.136	≤0.02	无断裂	≤5

11.3.5　聚苯乙烯泡沫塑料装饰吸声板

1. 聚苯乙烯泡沫塑料

聚乙烯泡沫塑料是以聚苯乙烯树脂为基料，加入发泡剂等助剂，经发泡加工而制成的轻质保温材料。它适用于建筑物的保温和隔热。

聚苯乙烯泡沫塑料按用途分为三类：Ⅰ类使用时不承受负荷，可作屋顶、墙体及其他绝热情况；Ⅱ类可承受有限负荷，如地板绝热等；Ⅲ类可承受较大载荷，如停车平台绝热等。按是否阻燃，又分为普通型（PT）和阻燃型（ZR）两种。

聚苯乙烯泡沫塑料的质量要求，参见《绝热用聚苯乙烯泡沫塑料》（GB10801—89）。

2. 聚苯乙烯泡沫塑料装饰吸声板

聚苯乙烯泡沫塑料装饰吸声板是以聚苯乙烯树脂为基料，加入发泡剂、稳定剂、色料等辅助材料，经捏和、混炼、加热发泡、拉片、切粒、挤出成型而成的一种塑料泡沫板。

它具有质轻、吸声、防水、保温、隔热、隔声、耐腐、导热系数低等优点，同时具有各种凹凸图案，色泽鲜艳，可代替石膏浮雕板，是一种施工很方便的装饰吸声板材。这种材料适用于剧场、会堂、电影院、医院、商店等建筑物的室内吊顶或墙面装饰。

11.3.6 纤维增强硅酸钙板

1. 硅酸钙绝热制品

硅酸钙绝热制品是经蒸压形成的以水化硅酸钙为主要成分，并掺增强材料的制品，产品有平板、弧形板、管壳等。它适用于650℃以下的各类设备、管道。按增强纤维的不同，分为有石棉和无石棉两种；按表观密度的不同，分为240号、220号和170号；按外观质量的不同，分为优等品、一等品和合格品。其规格尺寸有多种，技术质量要求，参见《硅酸钙绝热制品》（GB 10699—89）。

2. 纤维增强硅酸钙板

纤维增强硅酸钙板，也称轻质硅酸钙吊顶板、微孔硅酸钙保温板，是以一定的二氧化硅粉质材料和石灰钙质材料为基材，选用有机和无机纤维作增强材料，并掺入轻骨料，降低密度，经成型、高压蒸汽养护而制成的一种新型的纤维增强吊顶板。它具有质轻、高强、不燃、隔热保温、隔声、耐潮湿、耐老化，不会霉烂变质、防虫蛀鼠咬，使用温度高等特点。这种板材正表面平整光洁，可涂刷油漆、粘结墙布和壁纸，也可加装饰塑料饰面，可锯、可钉、可钻，施工方便，属于硬质保温材料。

纤维增强硅酸钙板适用于礼堂、电影院、播音室、餐厅、会议室等公共建筑以及高层建筑的室内吊顶和隔墙，也可用作工矿企业的保温隔热和隔声材料。

复习思考题

1. 塑料壁纸通常分为哪几种类型？
2. 塑料壁纸的特点和用途有哪些？
3. 除塑料壁纸以外，还有哪些壁纸、墙布？通常适用于何处？
4. 地毯分哪几个等级？分别用于什么场所？
5. 地毯分哪几种类型？
6. 纯毛地毯与化纤地毯有何区别？
7. 常用的隔热、吸声材料有哪些？
8. 隔热、吸声板材有何特点？各用于何处？
9. 矿棉装饰吸声板的特点和用途是什么？
10. 珍珠岩装饰吸声板的特点和用途是什么？

第12章　建筑装饰材料的选择与应用

12.1　建筑美学与建筑装饰材料

12.1.1　建筑装饰设计与装饰材料的选用

建筑空间是人们日常生活中必不可少的工作和生活的场所。作为实用性、技术性和艺术性结合的产物，美观的建筑不仅能满足人们的使用要求，还能带来美的享受，从而满足人们的精神需求。建筑的美不仅包括空间和构件的实用美，还包括形式美；即空间和构件的造型美及装饰美。因此，建筑装饰工程就成为建筑工程的一个重要组成部分。

建筑装饰工程的一个重要阶段就是装饰设计。建筑装饰设计是以一定的审美要求为出发点，结合建筑的各种功能及使用要求，并考虑其他因素和条件，选择并应用一定的装饰材料，创造出美观的建筑及空间形象的过程。

装饰设计的主要内容包括建筑外部装饰设计和室内设计两部分。在一个新建的建筑工程中，外部装饰设计一般与建筑设计互相融合在一起，由建筑师设计完成；只有当建筑外部进行装饰改造时，才会进行单独的建筑外部装饰设计。而室内设计则不同，随着社会的发展，室内设计已成为一个蓬勃发展的新兴行业。一般新建大中型建筑的内部装饰设计，已逐步从建筑设计中脱离出来，转而由室内设计师完成；而要完成建筑内部空间及装饰的改造，室内设计更是必不可缺的环节与过程。

建筑装饰设计的主要任务是进行空间和构件的艺术构思及创作，并确定装饰材料和构造；二者往往是紧密结合，同时进行的。一个优秀的装饰设计，只有通过合适的装饰材料与合理的构造方式、先进的施工技术的相互配合，才能获得实现并取得满意的装饰效果。因此，建筑装饰材料的选用不仅是装饰设计的主要内容之一，而且将直接影响着建筑装饰的效果。

12.1.2　建筑美学与建筑装饰材料

建筑美学的一个重要内容就是形式美，建筑的美观及环境气氛效果不仅取决于建筑的体型、立面及空间造型，还取决于空间各界面和构件的装饰效果。设计师对建筑形式美的创意除了通过建筑的各种空间及构件的造型等来表现外，很大程度上要通过选择与应用各种建筑装饰材料来实现。因此，我们可以说，建筑装饰材料的选择与应用是表现设计师美学构思的极为重要的一种基本手段，设计者的美学观及美学设计手法往往通过装饰材料的选用表现出来；设计者所处的时代、地域、气候、民族、社会的差异，也会通过对装饰材料的偏好体现出来。正是由于这一点，建筑史上才会产生各种不同装饰风格的建筑。

古代社会中，人们一般以采用天然装饰材料为主，如油漆、染料，或是带有天然颜色及纹理的石材等。比如北京故宫三大殿，其金色琉璃瓦的屋顶、红色粉饰的宫墙以及白色汉白玉的高大台基，是中国宫殿建筑装饰艺术的杰出代表。而江南一带的住宅，则是青砖为顶、白粉饰墙，近似木质本色的油漆门窗，体现了亲切、宜人的建筑装饰风格。

而在现代社会，新型的人造建筑装饰材料不断出现，装饰材料的选择有了极大的余地。建筑也因此体现出完全不同的形象及装饰效果。如玻璃、金属板等装饰材料大量运用于建筑中，其光亮绚丽、与周围环境交相辉映的特有装饰效果，充分展示了人类的建筑和科技的成就，显示了时代特色。

另外，同一建筑的外形或室内空间，也往往因使用的装饰材料不同，呈现出不同的风格特点和装饰效果；在一些旧建筑的改造中，往往就利用这一点，来达到建筑"换装"的目的，这也是建筑装饰材料运用的一个重要方面。

12.2 装饰材料选用的原则

12.2.1 装饰材料的基本功能

基于设计者不同的美学观点，建筑装饰材料运用的方法和偏好会有所不同，但是选择和应用装饰材料的要求还是类似的：就是应在充分了解和掌握材料的性能和功能的前提下，结合各种使用和装饰的要求，选用合适的饰材。建筑装饰材料应具有装饰功能、保护建筑结构的功能及改善使用效果等功能。

1. 装饰美化的功能

建筑物的艺术效果，很大程度上是通过装饰材料特有的装饰性能来表现的。这一功能的实现主要取决于饰材本身的形式、色彩和质感，材料的形、色、质只有与空间环境的其他装饰因素（如光线等）完美融合，协调统一，才能具有艺术感染力。设计师应熟练地了解和掌握各种装饰材料的性能、装饰功能与效果以及获得途径，从而合理地选择和正确使用装饰材料，才能使建筑物获得美感。

（1）形式

这里所说的材料形式，是指材料本身的形状尺寸，以及使用后形成的图形效果，包括材料组合后形成的界面图形、界面边缘及材料交接处的线脚等。除少数材料种类（如涂料）外，一般装饰材料本身由于加工等因素的影响，均有一定的形状尺寸。有意识地利用这一点，就可以在使用材料时可以做到最有效经济。还可以结合一些美学规律和手法进行排列组合，以便形成新的形式与图案，从而获得更好的装饰效果。

（2）色彩

这里所说的色彩是指装饰材料的表面颜色。材料的色彩可以来源于其自身的颜色，也可以通过染色等方式获得或改变；同时，色彩可以因不同的光照条件而有所改变。

不同的色彩，或者不同色彩组合时，由于人的心理或视觉作用，能给人以不同的物理感觉，如温度感、距离感、对比感、重量感等；还能引发人的情绪感觉和联想，如庄重、轻快、沉稳、活泼等。比如，鲜艳的红、橙等颜色，会使人感觉温暖、醒目、跳跃，使人兴奋、焦躁，还能引发喜庆、热烈、愤怒等联想；而青、蓝、紫等颜色，则使人感到寒冷、后退、沉静，使人联想到绿荫、海水等。

色彩是影响建筑装饰效果的重要因素之一。在室内装饰工程中，可以利用色彩的物理效应及对人生理、心理方面的感觉和联想，充分发挥色彩的作用，调整空间尺度，制造空间气氛，达到改善室内艺术环境、满足人们审美需求的目的。

(3) 质感

质感是人们对装饰材料外观质地的一种整体感觉，它包括装饰材料的粗细程度、自身纹理及花样、软硬程度、色彩的深浅程度、光泽度、光滑度、透明度等等。装饰材料的质感主要来源于材料本身的质地、结构特征，同时还取决于材料的加工方法和加工程度。

不同的材料质感会使人产生不同的联想，产生不同的空间比例感和视觉效果。比如，保持天然纹理及质地的木材给人以亲切淳朴之感，凿毛的花岗岩则表现出厚重、粗犷和力量，而磨光的镜面花岗岩则让人感觉轻巧和富丽堂皇。充分利用这些质感及其联想，可以创造出特定的视觉效果及环境氛围，从而使人们获得建筑艺术上的良好享受。

另外，在装饰工程中，还可以选用各种质感的装饰材料进行组合搭配，从不同材料质感的协调配合或对比映衬中，又可以产生新的富于魅力的装饰效果。

2. 保护建筑结构、构件的功能

建筑物暴露在各种环境条件下，会受到各种外界侵害，如风霜雨雪的侵袭、有害物质腐蚀、光热辐射以及冲撞磨损等。通过一定的施工或构造处理，将装饰材料铺设、粘贴或涂刷在建筑表面，可使装饰材料对建筑构件起到一定的保护作用，不仅美化了建筑，还提高了建筑的耐久性。例如，建筑物的外墙上常使用面砖、饰材等做贴面装饰，它们就对墙面起到了一定的保护作用；而住宅内部，常沿墙体设置墙裙，从而有效地保护了墙体不受家具及人的撞击磨损，这也是在美化、装饰的基础上，装饰材料发挥保护功能的典型实例。

3. 改善使用效果的功能

由于建筑装饰材料本身具有的特性或采用不同的加工方式，某些装饰材料不仅能美化、保护建筑物，还能对建筑的使用功能及效果有一定的改善，如增强建筑防潮防水、保温隔热、吸声隔声或耐热防火等方面的能力。比如防火装饰板、石膏装饰板等既是很好的饰面材料，又有较好的阻燃效果；夹丝安全玻璃有一定的抗爆作用；地毯是很好的吸声材料等等。

4. 复合功能

这里所说的复合功能是指使用一定的组合或构造方式，将两种或两种以上的装饰材料组合在一起，从而产生多重功能。比如，固定在龙骨上的石膏多孔装饰板吊顶，内部填充了玻璃棉，不但有材料本身的阻燃防火、装饰美化功能，还利用材料组合及构造方式形成了宽频吸声功能。

12.2.2 装饰材料选用的基本原则

1. 满足使用和装饰要求

选择装饰材料时，首先应从建筑及个部位的使用要求和装饰要求出发，结合建筑的规模等级、功能、造型及艺术风格、周围环境条件等因素，充分考虑相关装饰材料的性质及功能，选择合适的装饰材料，使材料的位置、形式、色彩、质感、耐久性等均符合设计要求，以便获得良好的使用性及装饰效果。

2. 合理选材

选用建筑装饰材料时，应充分考虑材料的加工难易程度及构造可能性，其做法应符合国家相应的技术标准、规范等，从而保证材料使用时方便、合理与可靠。

3. 保证材料安全耐久

选择和使用装饰材料时，必须保证安全，不留隐患。这不仅包括装饰构造的安全性（如牢固、稳定等），还要特别注意即使在某些特殊情况下（如受热、遇火、受潮等），材料也不会因分解等给使用者带来危害，构造也不会因变形等影响安全使用及装饰效果。

4. 考虑经济性

装饰材料的选用应注意经济合理，特别要考虑装饰工程完成后，为长期保持装饰效果所需的维护费用及工作量。

总之，设计师应以把握整体艺术风格为出发点，在充分了解和掌握材料性质和功能的基础上，全面评价、合理选择和使用装饰材料，以保证装饰效果。

12.3 建筑外部装饰材料的选择与应用

建筑物与自然环境直接接触的部位主要有：外墙及外门窗、屋顶、雨篷、出入口台阶坡道等。从建筑造型及立面美观的角度看，外墙及外门窗的美化对整体装饰效果起着极为重要的作用；而屋顶、檐口、雨篷等构件则起到细部刻画和重点装饰的作用。除了构件的形式及组合关系之外，墙面等所用的装饰材料及装饰构造做法往往决定了建筑物的装饰效果。

12.3.1 建筑外部装饰材料的选择

1. 建筑外部装饰对装饰材料的要求

(1) 美观

建筑外部装饰选材首先要考虑美观，也就是说，材料的装饰性能，如色彩、质感、形状尺寸等，均应服从于建筑整体设计的需要，并结合建筑物的性质、规模、造型等选择合适的装饰材料。

(2) 保护

由于外墙等构件暴露于自然环境之中，容易受到风霜雨雪的直接侵袭，并且要承受阳光辐射、温度变化、冲击磨损及腐蚀等造成的破坏。因此，在选择外部装饰材料时，需要特别注意材料本身应有良好的耐久性和抗侵袭、抗老化性能，以保证在美化的同时，对建筑物起到保护的作用。

(3) 实施的可能与安全

建筑物的外部装饰与室内不同，其装饰面积往往比较大，高度也较大。因此，在选用装饰材料时应充分考虑实施的可能性和安全性，必须结合材料的性能，确定合理的构造方式和施工方式，以便使装饰材料与建筑物连接牢固。尤其是高层建筑，随着高度的增加，风荷载等外力对外墙的影响加大。这时，应特别注意材料的安全使用，一般不宜选用重量较大的装饰材料。

另外，由于建筑物建造完成后，其外部构件（特别是外墙）的清洁工作难度较大，因此选择饰材时，还应考虑材料的耐污、自洁等性能。

(4) 经济性

建筑外部装饰材料的选择还需考虑其经济性，应选用既符合要求且质优价廉的饰材。另外，由于是用于建筑外部装饰，还应着重考虑材料在自然条件下，保持最佳装饰状态的时间长短，即材料的耐久性能时间长，则所需的维护、更换和清洗等费用就低，经济性也较好。

2. 常用建筑外部装饰材料

适于建筑物外部使用的装饰材料种类及其丰富，包括了多种饰材类型。比较常用的装饰材料种类、品种及主要应用部位见表 12-1。

常用建筑外部装饰材料　　表 12-1

种　类	品　种	主 要 应 用 部 位
装饰混凝土	彩色混凝土、露骨料混凝土等	大型建筑物外墙、檐口、雨篷等
装饰砂浆	抹灰类饰面	建筑物外墙、雨篷、檐口屋顶等
	石碴类饰面	建筑物外墙、檐口
建筑陶瓷	各类墙地砖	建筑外墙、雨篷、檐口
	陶瓷锦砖(马赛克)	中小型建筑外墙、雨篷、檐口等
装饰石材	天然花岗岩、大理石等、各类人造石材	建筑外墙、雨篷、檐口等
装饰涂料	各类外墙涂料	建筑外墙、雨篷、檐口屋顶等
装饰玻璃	彩色玻璃、吸热玻璃、热反射玻璃、夹层玻璃、中空玻璃	建筑外墙(包括幕墙)、雨篷、屋顶、门窗
	夹丝玻璃	建筑天窗、雨篷、屋顶
	玻璃锦砖	中小型建筑外墙、雨篷、檐口等
金属装饰材料	不锈钢制品	大中型建筑外墙(包括幕墙)、雨篷、门窗、栏杆扶手
	彩色钢板制品	大中型建筑外墙(包括幕墙)、雨篷、屋顶
	铝合金制品	建筑外墙(包括幕墙)、雨篷、屋顶、门窗、栏杆扶手
	铜制品建筑	大中型建筑外墙、门窗、栏杆扶手
建筑塑料	各类装饰板材	建筑外墙、檐口屋顶、采光罩
复合装饰材料	复合装饰板材(铝塑板、复合钢板等)	大中型建筑外墙(包括幕墙)、雨篷、屋顶
	塑钢门窗	建筑门窗

12.3.2 建筑外墙装饰材料的应用

建筑物的外墙是将建筑空间从自然环境中分隔出来的主要构件，它是建筑外部造型的主要角色。因此，外墙的装饰效果将直接影响建筑整体的造型美。

建筑外墙的装饰因其结构不同而有所差异，主要有两大类。一类是外墙面的装饰，即仅在外墙表面做装饰层。这种类型最为普遍，适用于各种性质的建筑物以及各类建筑结构形式。另一类则在非承重墙结构体系（如框架结构等）中最为多见，称为幕墙式外墙，即建筑物的外墙本身的材料具有围护与装饰的双重功能，无需再另做装饰。

1. 外墙面的装饰

建筑外墙面的装饰方式因所使用的装饰材料、施工方法不同而有所差异。根据目前经常使用的饰材及其装饰效果分类，主要有装饰砂浆及装饰混凝土类、板块材类和涂料类。

(1) 装饰砂浆及装饰混凝土饰面的应用

这类装饰是采用装饰砂浆或装饰混凝土作为建筑外墙的表面，属于外墙面整体装饰类型，对外墙面有美化、保护的功能，是一种比较经济的装饰方式。

在我国，采用砖或混凝土作为墙体结构材料的建筑仍占多数，因此，装饰砂浆与装饰混凝土饰面仍有较广泛的运用。但由于材料性质的限制，它们形成的饰面比较单调沉闷。为丰富建筑立面，在装饰工程中，常采用一些方法增加饰面的变化，最常见的就是线条分格、调整质感和增加色彩等。

1) 立面线条与分格　砂浆饰面一般采用普通水泥砂浆或装饰砂浆经分层施工完成。而装饰混凝土则多为整体浇筑而成。虽然这些材料均有良好的可塑性，其造型可根据需要决定，但装饰层过厚显然不经济。因此，为改善装饰效果，同时考虑施工分块、接槎等因素影响，设计师常常结合设引条缝等施工工序，按照建筑造型要求，将立面划分成各种格块。这种装饰方式，不但利用格块以及格块之间的缝隙线条来美化建筑墙面，还可调整建筑尺度与质感，同时又方便了施工，可谓一举多得。

另外，还可以利用材料的可塑性，在建筑外墙的门窗、雨篷、檐口等局部做出装饰线脚或小型装饰构件。这些线脚和构件不仅有自身的凹凸曲直变化，而且还在立面上形成了一定的光影变化效果，改变了立面单调呆板的感觉，因此装饰效果极佳。由于是局部使用，所以对经济性及整体施工难度影响不大。

图 12-1 所示为采用装饰砂浆的建筑立面（局部），采用局部线脚、装饰构件与分格及凹缝结合饰面处理。由于格块的大小、形状有所不同，所形成的缝隙也就增加了立面的变化，再加上窗型的多样，建筑立面较为丰富。

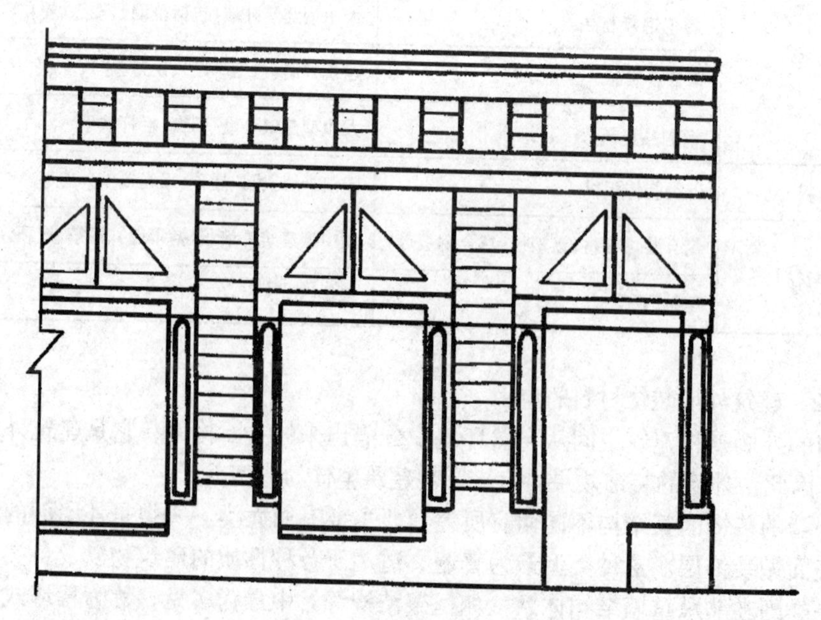

图 12-1　建筑立面格块划分及线脚装饰

2）调整墙面质感　一般情况下，砂浆、混凝土均含有骨料，而且有一定的强度。通过使用一定的施工工艺，如水冲、斧剁等，可使骨料中的一部分从饰面层中暴露出来，或者使饰面表层粗糙，形成特殊的纹理、层次及质感，装饰效果极佳，如水刷石、斩假石、露石混凝土、塑性混凝土等。其中，水刷石、斩假石、露石混凝土等饰面方式操作技术要求高，工艺较复杂，工效低，不适于大面积墙面操作；而利用特制模板浇筑成型的塑性混凝土饰面则相对工效较高，特别适合于以混凝土作墙体的建筑外墙饰面。特殊质感的混凝土饰面在国外早有广泛应用，著名建筑大师勒柯布西耶设计的现代建筑名作马赛公寓、朗香教堂均为使用这种饰面材料的代表，因其墙面不似一般混凝土饰面光滑，而是被塑造成特殊的粗糙质感，被人们称为“粗野主义建筑”。

3）增加色彩　随着材料科学的发展，彩色砂浆和彩色混凝土日益增多，且色彩日益丰富，这为设计师在选用装饰材料及色彩时提供了更大的余地。需要注意的是，色彩的运用只有遵循建筑美学的相关原则，才能取得较好的效果。

（2）装饰涂料的应用

采用建筑外墙涂料装饰墙面，色彩多样，操作简单，便于维护更新，经济性好，因而使用日益广泛。尤其是近年来，一些新型涂料，因其抗水透气，耐久性好，且可擦洗，更是受到设计师和使用者的青睐。

目前，建筑外墙涂料的施工一般有基层处理、涂料准备及涂装几道工序。基层处理主要是将被涂墙表面的污物、杂物清除，并处理平整；一般采用墙体结构层外作水泥砂浆抹灰装饰找平；然后再用基层封闭涂料作底层涂刷，以封闭毛孔，并防止涂料中的某些成分与墙体材料发生反应，出现脱层、变色等现象。涂料在使用之前应该充分搅拌均匀，在使用中仍需不断搅拌以免颜色分布不均。如果使用的是配合性涂料，则应特别注意涂料不同组分的配合比例，防止因比例不同造成色差，影响装饰效果。涂料涂装的施工以滚涂、喷涂等方法使用较多，涂装应注意涂刷均匀，上一遍干透后再复涂。

涂料的应用关键在于色彩要选择得当。建筑物的色彩应根据建筑物的性质、气候、周围环境及审美要求等因素决定。西藏拉萨布达拉宫，拥有鲜艳而对比强烈的红、白两色宫墙、金碧辉煌的屋顶以及色彩丰富的幔帐旗幡，以湛蓝的天空为背景，产生了光彩夺目、震撼人心的艺术效果，可以说是建筑涂料饰面色彩运用的典范。

相对来说，涂料饰面色彩虽丰富，但在质感等方面的装饰效果较差，建筑表面比较单调。为改进这一缺点，可以在用抹面砂浆做基层处理时，就采用分块、分缝等表面装饰方法进行先期装饰，再结合使用不同或相同颜色的涂料；还可以利用涂料在墙面绘制装饰画。使用这些方法，可以使建筑立面突破平淡从而变得丰富多彩。

文前彩图 12-1 为美国的著名办公类建筑波特兰大厦，其外墙的台座部分为绿色面砖，墙面采用奶油和浅蓝等颜色的合成涂料及红色的拱心石，建筑立面色彩分布搭配得当，色相丰富，改变了办公类建筑用色相对沉稳的习惯做法。

（3）板块型装饰材料的应用

这一类的饰面方法主要是将各类板块型装饰材料，通过挂、贴等方法布置在外墙面上，形成墙面装饰层。这也是目前使用最为广泛的外墙饰面方式之一。

板块型的外墙装饰材料种类很多，在装饰工程中，应根据建筑的性质、规模等选择适合的材料。在我国，各种墙砖、锦砖等因其价格相对低廉而使用较多，适用于大多数建筑的外墙面，一般采用粘贴法施工。花岗岩等天然或人造板材美观耐久，色彩、纹理多样，装饰性好，但价格相对较高，一般用于大中型建筑的外墙面或者用于局部外墙装饰；根据板材的大小，可分别采用挂、贴两种方法施工。而铝合金等金属板材则是近年来开始大量使用的新型饰材，它们经久耐用，色泽独特而富于现代感；作为墙体饰面材料，其施工方法也比较简便，采用金属型材将板材与墙体连接固定即可。

1）板块型饰材的饰面方式　采用板块型材料饰面，首先应在设计时，就选择好材料的质地、颜色、形状尺寸，并确定材料的排列方式。通过材料的各种质地、颜色、形状大小及排列方式的搭配组合，在墙面形成各种美观的装饰效果。

文前彩图 12-2 为日本著名建筑师矶崎新设计的筑波中心的局部立面。其外墙面采用银色陶砖、铸铝线脚与混凝土墙面相结合，饰材色泽、质感及形状大小的对比，充分利用了材料的不同特性，体现了建筑的时代特征。

文前彩图 12-3 为一商业建筑的主入口，采用晚霞红、幻彩绿及大花白等颜色、纹理的花岗岩板及装饰构件贴面，不锈钢包柱，镜面铜饰面门框，色彩丰富而活泼。与白色的建筑主体墙面形成对比，使得入口部分十分醒目，体现了商业建筑的特色。

2）板块型饰材的粘贴　粘贴方式适用于面砖、锦砖等较小尺寸的块材饰面，而边长不大于 400mm、厚度较小的薄型板材也可以使用这种方法固定。在粘贴之前，应首先进行基层处理，主要是进行墙面找平，找平层的做法与砂浆饰面的底、中层做法相同。粘贴前，板块材一般应浸透并取出阴干；然后采用掺 5%～10% 建筑胶的水泥砂浆粘贴。施工完成后，应根据设计要求处理板块材之间的缝隙，并及时清理饰材表面以保证清洁和装饰效果。

3）中大型板材的挂设　用于外墙面装饰的中大型板材，主要有花岗岩等石质板材及铝板等金属板材。金属板材的墙面固定方式与幕墙构造相似，将在后文讲述。石质板材由于重量较大，一般采用挂设方式进行施工和固定；这样可避免因板材自重过大，用于粘贴的砂浆承受不了拉力而使板材掉落。

在进行石质板材挂设前，首先应对墙体做基层处理，使基面平整，方法同粘贴法的找平层做法。然后按照施工大样图要求的横竖距离，在墙体上固定钢筋骨架，一般采用 φ8 的竖向筋，间距为 1200mm 左右；在竖向钢筋的外侧绑扎 ϕ6 横向钢筋，间距根据板材的高度确定，如图 12－2 所示。板材在挂设前应钻孔打眼，以方便就位，如图 12－3 所示。安装时，采用镀锌钢制锚固件，将板材分层自下而上固定到钢筋骨架上，板材与墙体之间一般留 30mm 的缝隙；每挂一层，用 C20 细石混凝土或水泥砂浆浇灌 1/3 的板高，待锚固处固定后，再灌至距上部锚固处 30mm 处为止，剩余量待上层板材安装完毕后，再灌缝，以保持良好的饰面整体性。

4）板块型饰材的接缝处理　板块型饰材是有一定尺寸的，在进行墙面装饰时，总会有接缝存在。在外墙面装饰中，板块型饰材的交接处理得当，不但能弥补缺陷，而且能利用缝隙的线型、光影等要素增加立面的美观。

常见的板块材缝隙分布有两种主要形式，一种是密缝，缝宽根据板块材形式及施工规范要求确定；另一种是宽缝，其宽度一般由设计师按建筑造型及装饰要求确定。

在板块材接缝处，一般采用勾缝方式处理。常见的勾缝方式有平缝、凹缝、斜缝等，如图 12-4 所示；还可以采用嵌条、镶板及板边造型处理的方式来调整缝隙的造型，如图

12-5 所示。

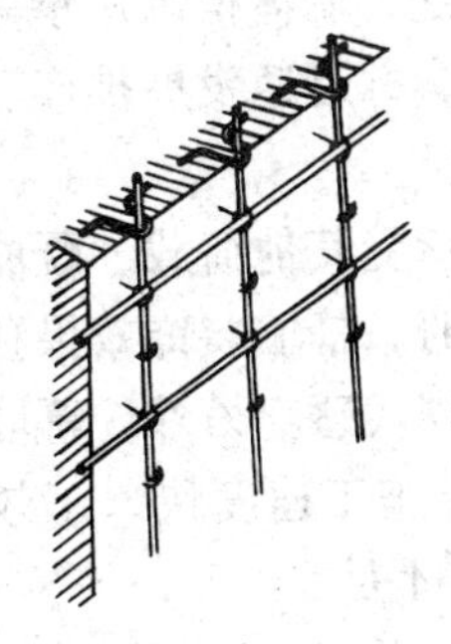

图 12-2 墙面钢筋绑扎

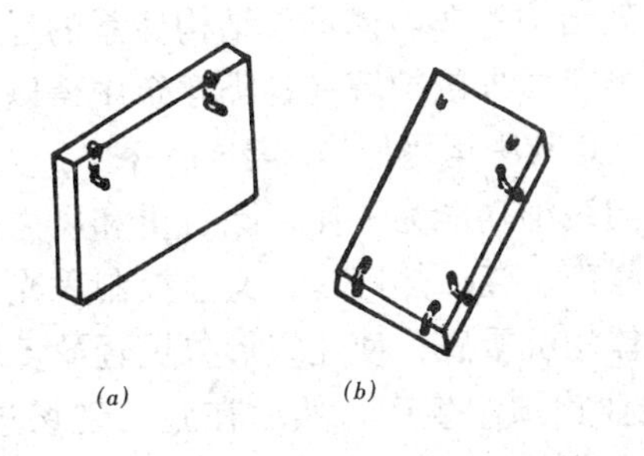

图 12-3 板材的钻眼打孔

(*a*)牛鼻子孔；(*b*)牛鼻子孔；(*c*)斜孔

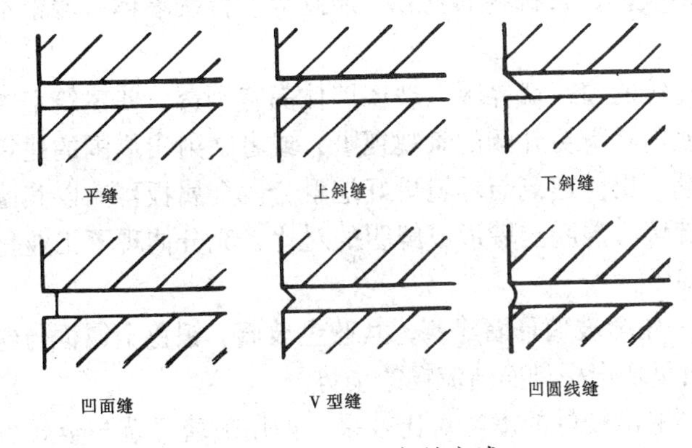

图 12－4 常见勾缝方式

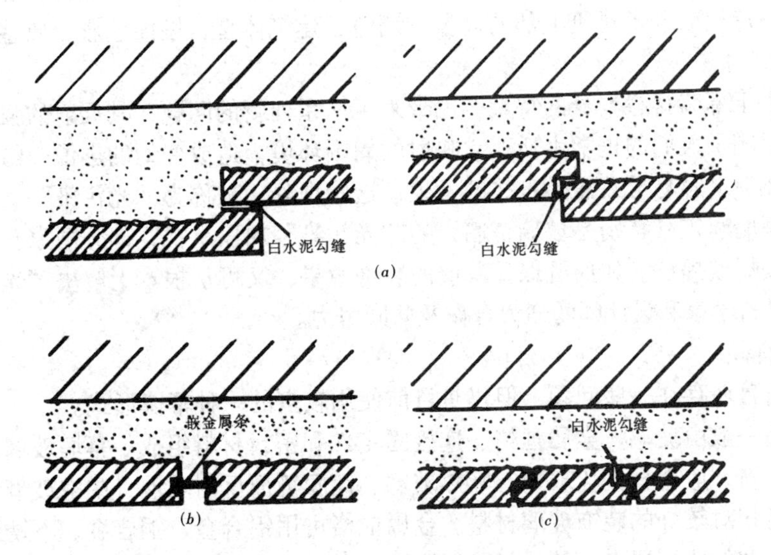

图 12-5 板缝造型处理

(*a*)错缝；(*b*)平缝加平嵌条；(*c*)镶板勾凹缝

2. 幕墙式建筑外墙

现代建筑中，框架结构等非墙体承重结构体系的运用日益广泛，墙体得以从承重中解放出来，因而许多新型轻质外围护墙在各类建筑中得以大量运用，并迅速发展推广。轻质悬挂式外墙——幕墙就是其中运用相当广泛的一种。

幕墙集结构功能与装饰功能为一体，除自重和风力外一般不承受其他荷载，既能抵御外界侵袭（如雨雪、噪声、光、热等），又能控制采光通风。同时，幕墙装饰效果独特，它改变了传统建筑墙体的沉重感，使建筑形象更轻盈多彩，又具现代感。另外，幕墙的各组成构件均可进行工业化预制生产，然后在施工现场进行组装，施工速度快，工效比较高。但是，由于幕墙的墙体一般均比较薄，其保温隔热等功能仍有不足。

幕墙类外墙按照墙体的材料分，主要有玻璃幕墙、金属板幕墙及轻质混凝土幕墙等。目前，以前两者使用最为广泛。

（1）幕墙的装饰特色

幕墙作为一种新型墙体，其材料的色彩、质感等与传统墙体有着根本的差异，因而形成了全新的建筑形象。

玻璃幕墙打破了传统的窗、墙界限，玻璃墙体晶莹剔透，使建筑室内外空间在视觉上有更好的流通性，使室内具有更开阔的景观视野；或者映射出周围的建筑和景色，减轻了建筑的体积感和压抑感，也使建筑与环境更好地融合。金属板幕墙以其墙体材料特有的光泽和质感，与古老的砖墙、混凝土墙形成鲜明的对比，充分体现了工业化为建筑带来的变化，具有强烈的时代特征。

文前彩图 12-4 为一座全玻璃幕墙建筑，其蓝色玻璃、银色金属框与建筑圆弧形的体型结合密切，使整个建筑呈现出一种简洁流畅的动势。

幕墙建筑也可以创造出较好的虚实对比效果。如用玻璃幕墙与金属板幕墙或石质墙面结合，利用材料的不同色泽、质感，可形成各部分比例协调、对比强烈的建筑形式。

文前彩图 12-5 为国外的一座办公建筑，下部为白色花岗岩为主的墙面，上部为蓝色玻璃幕墙。这一造型减轻了建筑上部的体量，调整了建筑体型，墙面色彩、质感及虚实对比关系。

但是，由于幕墙材料本身的特点，也带来了一系列新的问题：其反射的强烈光线，在一定程度上影响了人们的正常生活；它映射的周围环境，造成变幻的影像，给行人、司机造成了视觉疲劳，容易导致意外事故的发生；这些现象，被称为“光污染”。近年来，国内外均已对幕墙建筑（特别是玻璃幕墙）的“光污染”加以重视，部分国家已有限制玻璃幕墙使用的法规或提议。如何既保证幕墙的装饰效果，又可从根本上解决“光污染”的问题，还需要材料学家和设计师的通力合作及共同努力。

（2）玻璃幕墙

虽然玻璃幕墙存在一些问题，但仍是目前使用较多的一种幕墙形式。

玻璃幕墙一般由玻璃、金属框格、连接固定件和密封材料组成。幕墙玻璃作为主要的外围护墙体材料，应选择钢化玻璃、吸热玻璃、镀膜镜面反射玻璃、中空玻璃等强度、保温隔热等性能相对较好的装饰玻璃材料。金属框格可用铝合金、铜合金、不锈钢等型材。目前以铝合金型材使用居多，其材料断面应综合考虑墙体受力状况、玻璃固定位置、材料连接方式、水排除等因素，材料还可根据装饰要求处理成金、银、茶、古铜等颜色供选用。连接固定件一般采用型钢、厚钢板等。密封材料则有专用硅酮密封胶、密封条等。

按照构造方式分类，玻璃幕墙可分为有框式和无框式两大类。

有框式玻璃幕墙一般由金属框格支撑、连接一定形状尺寸的玻璃以形成墙体，可分为框格式、隐框式和半隐框式三种。框格式玻璃幕墙由竖框和横框组成露明的格形骨架，用来固定玻璃或开启窗。隐框式玻璃幕墙则完全将金属框格隐藏在玻璃后面，而采用结构硅酮密封胶使玻璃四周与框格胶结在一起以提供支持力。半隐框式玻璃幕墙的构造则介于上述二者之间，即垂直或水平的其中一个方向使用外露框格，另一方向则为隐框式。有框式玻璃幕墙能形成面积很大的墙体，也可以利用框格的不同位置、方向来创造不同的建筑形象，因而这种幕墙适用于各种类型的建筑，应用的范围比较广泛，如图 12-6 所示。

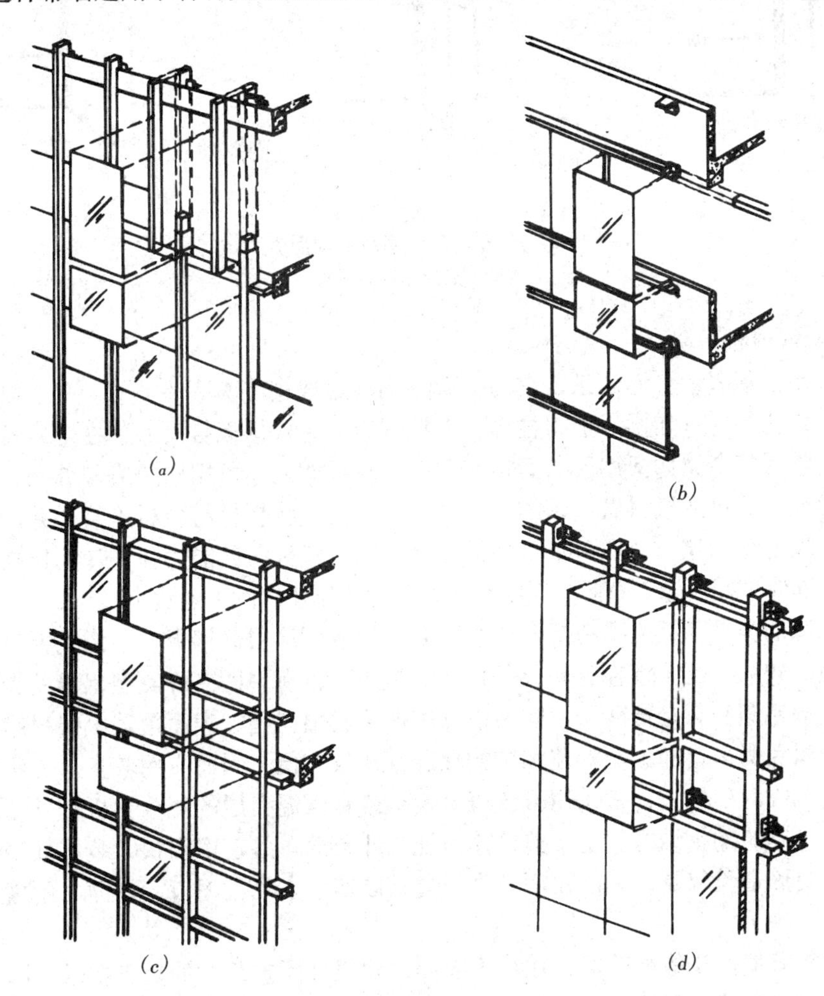

图 12-6　有框式玻璃幕墙

(a)竖框式(竖框主要受力并外露)；(b)横框式(横框主要受力并外露)；
(c)框格式(竖框、横框外露成框格状态)；(d)隐框式(框格隐藏在面板之后)

无框式玻璃幕墙不设金属框格，因而形成了面积较大的无遮挡透明墙面，比较适用于商业建筑的营业厅、办公建筑的门厅或旅馆建筑的大堂等处。

这种幕墙有全玻式、点状固定式等形式。全玻式玻璃幕墙的刚度全靠玻璃本身，所以应选用厚度较大的钢化玻璃或夹层钢化玻璃。而且为了增加刚度，往往每隔一段距离就设条形玻璃加强纵肋，如图 12-7 所示。全玻式玻璃幕墙因支承方式不同分为座地式和吊挂式。前者支承点在下部，玻璃高度一般在 4.5m 以下；当高度大于 4.5m 时，全玻式幕墙应采用吊挂式，这样幕墙受力更合理，施工和使用都比较安全。点状固定式是目前新兴的一种幕墙形式，它主要是采用点式连接固定件对玻璃进行点状固定，并通过连接件将固定件固定在建筑结构上。

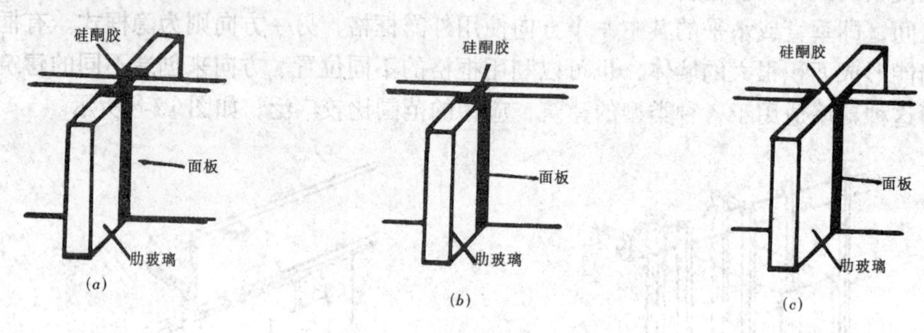

图 12-7　全玻式玻璃幕墙的加肋方式

(a)双肋；(b)单肋；(c)通肋

(3) 金属薄板幕墙

这种幕墙是新兴的幕墙体系，它的构造方式与隐框式玻璃幕墙类似。一般以受力金属骨架与建筑结构构件（如梁、板、柱等）连接固定；再根据板材尺寸，在金属骨架上固定轻钢型材，然后将金属薄板用压条固定在型材上；板材之间可用压条或勾缝条，再用防水填缝橡胶填充。若仅用板材做墙体的饰面材料，则直接将板材与型材连接，并固定于墙体即可。与玻璃幕墙相比，金属薄板幕墙的强度较高，抵抗荷载能力强，使用比较安全；色彩丰富，装饰效果好；施工简便，速度快且特别适应于建筑的工业化生产。

用于幕墙的金属薄板主要有铝合金板、复合铝板、涂层薄钢板、不锈钢板等。前三种在工程中使用较为广泛。铝板有单层平板及压型板，也有中间夹蜂窝型铝箔的夹层铝板。复合铝板（即铝塑板）是指两层中间夹以低密度聚乙烯树脂、表面覆盖氟碳树脂涂料的铝板，这种板材色彩多，加工、安装和维护保养都比较方便，因而应用较多。近年来，在一些工业建筑和临时建筑上，常采用彩色压型钢板或带保温夹层的复合钢板作外墙；板材通过轻钢龙骨与建筑的钢结构固定，整体建筑施工非常简单且速度很快，装饰效果也很好。而不锈钢板材因造价较高，一般仅用于高级建筑装修，多见于檐口、柱面、雨篷、出入口等建筑局部。

金属薄板幕墙由于板材较薄，往往不能满足建筑外围护结构的热工要求。因此，在墙板内层常常要另做保温隔热层，或结合室内装饰做轻质内衬墙。从这一角度看，自带保温隔热层的复合型金属板材将有更广泛的用途和发展余地。

12.4 建筑内部装饰材料的选择与应用

随着社会的发展，人们对生活环境质量的要求也越来越高，特别是建筑室内环境，与人们的日常生活、工作更加密切。因此，建筑室内装饰开始从仅对室内表面进行装点和修饰，发展到创造完美的室内空间环境，并逐步成为一个相对独立的新兴行业——室内设计。

12.4.1 室内设计与装饰材料的选择

室内设计是根据建筑物的使用性质、所处环境和相应标准，运用各种物质技术手段和艺术手法，创造切实合理、舒适美观且满足人们物质和精神需要的室内环境。

1. 室内设计的内容

室内设计的内容主要包括以下几个方面：

空间组织设计：在室内功能分析的基础上，对已有建筑空间进行进一步的调整、组织与构成，从而更好地解决空间的形状、大小、位置、关系等问题。

空间形象设计：按空间环境艺术形象的要求，对空间的各界面要素，如顶棚、墙面、地面进行装饰处理，包括确定各要素的具体形象、选用相应的装饰材料并确定构造做法。

空间物理环境设计：主要是通过对采光通风调节、温湿度控制等方式手段的选择与运用，创造一个舒适的室内体感气候。

空间陈设设计：包括家具设备、灯具、陈设艺术品、绿化等方面的选择与布置等。

其中，空间的形象设计与装饰材料的关系最为密切，所选材料是否得当，构造做法是否合理，将直接影响到室内空间的形象与使用的方便与安全。

2. 室内设计装饰材料的要求

与建筑的外部装饰材料的选择相比，室内设计在选择装饰材料时有更大的余地，其范围几乎可以涵盖全部装饰材料。因为室内空间相比外部环境，没有风雨的侵袭，温湿度变化的影响相对较小，对材料的耐久性等方面的要求相对低一些，很多不适于建筑外部使用的装饰材料，仍然能用于内部空间装饰。那么，选择内部装饰材料时应着重于材料哪些方面的功能呢?

(1) 材料的美观功能

从根本上说，室内设计的目的之一就是为了美化室内环境，因而材料的色彩、质感等成为选择时考虑的首要因素。但是，与选择外部装饰材料相比，除应满足整体装饰效果外，还需注意以下几点：

1) 不同光照条件下的装饰效果。一般情况下，建筑外部装饰仅考虑材料在日照条件下的装饰效果即可。而在室内，白天、夜晚的光照条件不同，由于材料在日光与灯光的照射下，装饰效果会产生一定的变化；尤其是材料的色彩，在不同的光照条件下，其色调相差较大，应予以特别重视。

2) 不同欣赏距离下的装饰效果。由于建筑体量较大，当我们欣赏其整体形象时，一般均与建筑物保持一定距离，所以选择装饰材料时，更应注重其整体及一定距离下的装饰效果。而在室内则情况不同，由于室内相对空间较小，人们往往是近距离观赏，所以选择有细密质地、精致花纹等的材料装饰效果会更好。

3) 不同欣赏方式下的装饰效果。建筑外部的装饰我们一般是以观看的方式来欣赏的。而在室内，人们除观看外，还喜欢触摸欣赏。因此，选择室内装饰材料不仅应注意材料的视觉效果，还应注意其触感效果，特别要考虑装饰材料带给人们的心理感受。

(2) 材料的改善、保护等功能

除了材料的美观功能外，室内设计还比较注重改善材料的使用效果。在室内设计中，往往要进行空间的再创造，即重新分隔、组合空间。随着原有空间使用功能的改变，空间的防潮防湿、保温隔热、吸声隔声、耐热防火等功能往往要由分隔空间的结构材料和装饰材料来完成。因此，具有此类功能的装饰材料既能美化空间，又能改善使用效果，能起到事半功倍的作用。

另外，选择装饰材料在考虑材料的耐久性时，室内外装饰的着重点是不同的。对建筑外部装饰材料，则较注重其耐外界侵袭、耐有害腐蚀、抗温度变化等方面的性能。而室内空间在一般情况下受到的外界侵袭、腐蚀较少，温湿度也相对稳定，室内设计也更注重材料的耐磨损、抗冲撞等性能。

（3）材料的安全性能

室内环境与室外不同，通风等条件相对室外来说较差。所以，一旦发生火灾等意外情况，危害很大；特别是走廊、楼梯间等重要疏散空间，其安全尤为重要。因此，室内设计选择装饰材料时，还应对材料自身的安全性能加以考虑，比如，材料的耐热阻燃性、材料的成分、挥发分解难易程度等。应尽量选择既美观又有较好的安全性能的材料，而且应尽量选用安全、无毒的“绿色”环保材料。

3. 常用的室内装饰材料

目前比较常用的饰材种类、品种及使用部位见表 12-2。

12.4.2 室内装饰材料的应用

在室内设计中，空间形象设计与选择应用装饰材料的关系最为密切。运用各种设计手法，结合应用各种适当的装饰材料、设备等，就可以创造出美观实用的室内空间。本节主要介绍室内空间的主要界面（墙面、地面和顶棚）的设计与装饰材料的运用。

1. 内墙面装饰材料的应用

内墙装饰以墙面装饰为主。在装饰工程中，应根据室内设计要求，结合墙体结构的材料，选择合适的装饰材料并确定构造做法。根据施工方法分，内墙面一般常用的有抹灰类、贴面类、铺钉类、裱糊类、涂刷类等装饰方法。

（1）抹灰类饰面

抹灰类饰面现在一般只用于普通建筑的内墙装饰，或者是做为其他饰面方式的基层处理方法。与外墙抹灰饰面类似，内墙抹灰饰面的构造层次也分为三层，即底层、中间层和面层。运用的装饰手法也基本相同。所不同的是，室内抹灰饰面的面层一般采用水泥混合砂浆以保证墙面的平整；也有一些空间的墙面采用拉毛、水刷石等装饰砂浆饰面方法，以追求粗犷的艺术效果，或与玻璃、木材、磨光石材等表面光滑的饰材形成质感对比。

（2）贴面类饰面

这一类饰面方法一般选用小型板块材，如各类内墙砖、陶瓷砖、小型石板材等，用加入建筑胶的水泥砂浆粘贴，施工方法、工艺与外墙板块材贴面相同。这种饰面不仅可利用材料的颜色、质感进行组合装饰，而且还可利用贴面材料的耐水、防火、耐腐、易清洁的特性，起到保护墙体的作用。因而特别适用于厨房、卫生间、泳浴场所、手术室、实验室等经常有水、常需清洁的空间。

（3）涂刷类饰面

这种饰面方式就是将各种涂料通过涂、刷等施工方法覆盖于墙面，对墙面进行装饰。

室内常用装饰材料　　表 12-2

类　型	品　种	主要使用部位
装饰石膏制品	装饰石膏板	墙面、顶棚
	纸面石膏板	墙面、顶棚
装饰砂浆	水磨石	地面、墙面、楼梯踏步
	水刷石	墙面
装饰石材	大理石板材	墙面、地面、台面
	花岗岩板材	墙面、地面、台面
	人造石材	墙面、地面
陶瓷饰材	釉面内墙砖	墙面
	地砖	地面
	陶瓷砖及壁画	墙面
装饰玻璃	普通、磨砂、压花、镭射玻璃	墙面、隔断
	玻璃砖	墙面、隔断
金属饰品	不锈钢及其制品	墙面、栏杆扶手、门窗、装饰件
	铝、铝合金及其制品	墙面、栏杆扶手、门窗、装饰件
	铜、铜合金及其制品	墙面、栏杆扶手、装饰件
	铁、钢制装饰制品	墙面装饰件、隔断、栏杆扶手
木质饰材	木质装饰板	墙面、顶棚、台面
	木地板	地面、墙裙
塑料饰材	玻璃钢、有机玻璃板	墙面、栏板、隔断
	塑料装饰板	墙面、栏板、顶棚
	塑料地板块及卷材	地面
涂料	内墙涂料	墙面、顶棚
	地面涂料	地面
	油漆	各部位
壁纸		墙面、顶棚
装饰织物	墙布、装饰布	墙面、顶棚
	丝绸、锦缎等织物	墙面
	地毯	墙面
功能性装饰板	吸声板	墙面、顶棚
	隔热板	墙面、顶棚
	防火板	墙面、顶棚

首先，应根据室内设计的需要，选择适合的涂料种类及颜色；选择时，应注意涂料的稳定性、耐擦洗性以及安全性等。其次，还应根据墙体结构的材料或已做面层的材料来确定涂料体系。一般须选用有耐碱性能的墙体涂料，或用基层涂料做封闭处理，防止因基层的碱析出，影响涂层的装饰效果。现在有某些内墙乳胶涂料，均备有配套的专用底层涂料，其作用即在于防止“返碱”。对于木质或金属基层，则以选用油漆饰面居多。由于近年来，涂料品种不断增加，无毒的“绿色”环保涂料也越来越多，而且涂料色彩多样、施工简便、经济性好，所以在室内设计中越来越多地选用各种涂料做为墙面装饰，均取得了较好的效果。

（4）铺钉类饰面

铺钉类饰面是借助于钉、胶等固定方式，将各种轻质板材固定在墙体上，借助板材的形式、色彩、质感等对墙面进行装饰。这种装饰方法大多采用装配法干式作业，安装方便，装饰性强，是室内设计经常采用的一种墙体饰面方法。铺钉类饰面适用于大多数空间的墙面；但由于某些饰面板材（如木板）防水能力较差，所以这些材料形成的饰面不适于浴室等潮湿空间。

这种装饰方式可供选择的饰材很多，但构造方法基本类似，一般主要由骨架和面板组成。骨架有木质骨架、金属骨架（主要为轻钢龙骨）。与墙体之间多采用预埋连接、膨胀螺栓固定等方式。用于面板的饰材范围广泛，现使用的大多为人造板材、各种木质装饰板、塑料装饰板、金属装饰板材及各种装饰玻璃、石膏及矿棉装饰板等。面板主要通过镶、贴、钉等方式与骨架固定。

与此相类似的构造方法，还可用于皮革、织物等软包墙体饰面方式等。

1）板材铺钉饰面。板材饰面的装饰效果，主要是通过板材自身的色彩、质感、纹理以及板材组合后的形式来达到的如图 12-8 所示；还可利用板材的拼接缝隙形成的线条、凹凸变化等来进行装饰，如图 12-9 所示。

图 12-8 板材拼花图案

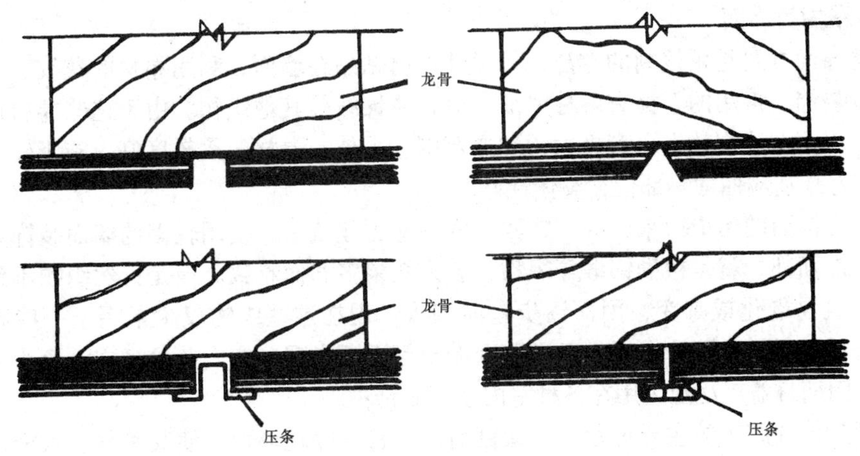

图 12-9　板缝处理方式

镜面装饰也是墙面铺钉类装饰的一种，它的主要作用是利用镜面玻璃的反射性给人一种扩展空间的感受，或利用玻璃特有的光泽来装饰墙面。这种形式主要有大型整体镜面墙和小型镜面组合墙两种。小型镜面可以用强力胶带将其贴在墙体找平层上，也可以用金属或木质压条固定；大型镜面墙则应在底板面上用木框、金属框或圆头泡钉固定。

2）软包饰面。建造空间所使用的一般都是硬质材料，为了丰富室内空间材料的色彩和质感，给人以柔和的空间感受，室内设计中经常采用软包饰面，即用装饰织物铺钉在墙面或骨架上，形成软性的装饰面。因为表层织物下常填充海绵等吸声效果较好的多孔材料，这种方式还有一定的吸声作用。软包墙面有明钉、暗钉两种方式，如图 12-10 所示，也可用木质或金属压条固定。软包的分块形状、大小及织物的色彩、纹样，应根据室内设计的需要确定。

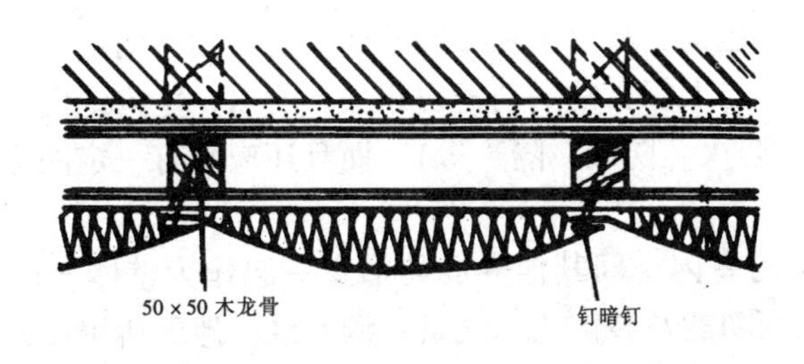

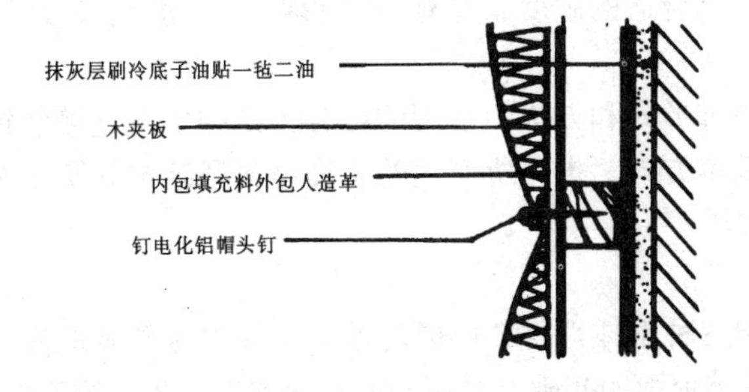

图 12-10　软包墙面钉固方式

(5) 裱糊类饰面

这类饰面方式是用裱糊的方法，将柔性卷材粘贴在墙面，利用卷材的花纹、质感等对墙面进行装饰。常用的卷材有各种壁纸、墙布或锦缎等其他织物。由于这些卷材色彩、图案繁多，因而在装饰效果上有极大的选择范围。另外，卷材的柔软度好，施工较为方便，且可以较好地适应曲面等部位，整体性好。

裱糊类饰面的历史由来已久。在西方的一些古建筑中，使用较多的墙面装饰方式除了木板铺钉饰面外，就是裱糊锦缎等织物，装饰效果多彩而雅致。但是天然织物不耐脏，不耐擦洗，且易老化或霉变，因而逐步趋向淘汰，现在这些织物仅少量用于一些高级装饰中。随着材料科学的逐步发展，新型壁纸墙布等不断出现，它们花纹多样，色彩美丽，耐用性好，因而日益广泛地运用在各种室内空间装饰中。

裱糊类饰面施工的主要过程：在裱糊前，应首先处理墙面，使其平整、致密、洁净；然后经弹线、润纸等工序，即可开始裱糊；其关键是边贴边赶气泡，并注意拼缝对花。

2. 装饰性隔墙与隔断

隔墙与隔断均为室内常用的分隔空间构件，但装饰效果却有所不同。隔墙是封闭到顶的，分隔效果较好；隔断则常采用不到顶、镂空等方法，仍保持墙体两边空间某种程度的连续。在室内设计中，经常需要调整重组原有空间，因而也就需要增设隔墙或隔断。

隔墙、隔断有两种组成方式。一种是块材、板材直接形成墙体，或用龙骨加面板组合而成，如砖或砌块隔墙、轻钢龙骨纸面石膏板隔墙、条式石膏板隔墙等；这类墙体建成后，仍需采用一定的内墙饰面方式对其表面进行美化、装饰，因而可称之为结构性隔墙。另一种是利用一些装饰性材料，结合相应的构造措施，直接形成美观的分隔构件，我们称之为装饰性隔墙、隔断。这类分隔构件种类、形式较多，如玻璃隔墙或隔断、镶板式隔墙、镂空式隔断等。

3. 室内地面装饰材料的应用

建筑室内空间的地坪包括首层地面和各层楼面，统称为室内地面，它是室内形象设计的重要界面要素。因为它与人们日常活动密切相关，所以，室内地面不仅要满足人们的使用要求(如承载、耐磨、防火、防潮、隔声等)，而且还应具有一定的形式、色彩和质感，给人们以美的享受。

室内地面的装饰应与室内空间其他界面的形象一起作为整体设计，地面的形式、色彩、质感等应与室内空间功能及整体艺术气氛协调一致；地面所用装饰材料应有良好的保护结构层的作用，具有一定的耐磨、防火、防潮抗水、耐腐蚀等功能；地面还应考虑人们使用时的舒适安全，应有合适的硬度，并有一定的隔声等功能；同时，地面还应有较简单的维护保养方式。

室内地面有多种装饰形式和方法，常用的可分为结构层上直接装饰，以及结构层上先设龙骨再做面层两种基本方式。根据所使用的装饰材料和装饰施工工艺的不同，则有整体地面、铺贴类地面两大类。

(1) 整体类地面

整体类地面主要指各种整体性材料形成的地面，如水泥砂浆地面、水磨石地面、混凝土地面等，也包括在整体地面的基础上再用油漆　涂料进一步装饰而形成的地面。

1) 水泥砂浆地面。水泥砂浆地面构造简单，一般以 15~20mm，厚 1:3 水泥砂浆打底、找平，面层为 5 ~ 10mm 厚 1 : 2 水泥砂浆压实抹光。

这种地面耐磨性好，并有较好的防潮抗水性能，是造价低廉、使用较普遍的一种地面装饰。但它易起灰，不易清洁，冬季脚感较冷。目前，在公共建筑和居住建筑中，多将这种地面做为其他地面装饰的基层处理方式。

2）水磨石地面。水磨石地面是目前在中低档公共建筑装饰中使用较多的地面装饰形式，有普通水磨石和彩色水磨石两类。通过分块、配色，可达到较好的装饰效果，如图 12-11 所示。水磨石地面表面光洁，不易起灰，坚固耐磨，但它造价比水泥砂浆地面略高，空气湿度大时易返潮。这种地面适用于公共建筑的大厅、走廊、楼梯踏步及其他大部分空间的地面。

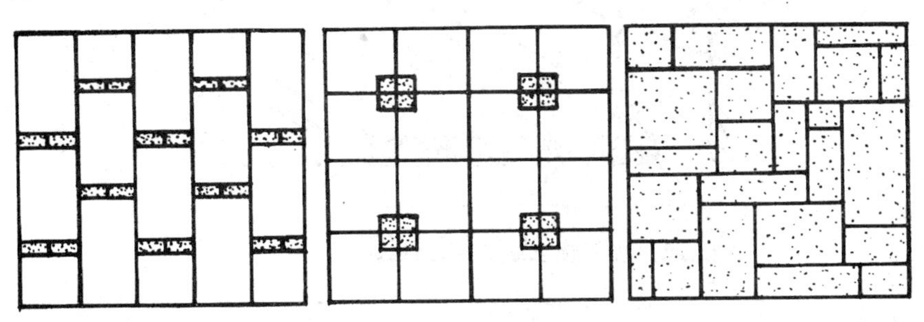

图 12-11　拼花水磨石地面

水磨石地面的做法：在 20mm1: 3 水泥砂浆找平层上，每间距 1m 左右（可按设计）立玻璃条或铜条分格，格内浇 15mm 厚 1: 2 白水泥、白石子（或掺有色石子、或采用掺白水泥）面层，经养护并磨光打蜡而成。

3）涂料面层。这种面层主要用作水泥砂浆地面的表面再装饰，一般是在水泥砂浆地面上抹 2 ~ 3mm 厚水泥彩色腻子，并做带色涂料二道。这种地面装饰方式色彩多样，但面层耐磨性较差，易斑驳剥落，目前使用不多。

（2）铺贴类地面

利用各种预制装饰板块材铺或贴在地面上的装饰方式称为铺贴类装饰地面，它包括地砖、石质板材等饰材的粘贴、木质条板的铺钉和粘贴、各类柔性地面装饰材料的铺贴等。

1）地砖、石质板材的铺贴。用于室内地面铺贴的地砖种类很多，而且色彩丰富，有些品种有花纹，一般均可按需要进行尺寸调整，使用时可根据室内设计的要求，进行拼色、拼花。

室内地面目前使用最多的石质板材是磨光花岗岩、大理石板材，颜色多样、纹理变化丰富，一般可根据需要切割成各种形状和尺寸，也可进行拼色、拼花铺贴。大理石板材因其耐磨性、耐腐性较差，相对使用较少。

地砖、石质板材的铺贴方法基本类似，一般是在找平层上，用 5 ~ 8mm 厚掺建筑胶的 1: 1 水泥砂浆作结合层，上铺板块材并用稀水泥浆擦缝，缝宽应按国家施工规范和设计要求确定。

2）木质地板的粘贴和铺钉。木质地面是一种较理想的地面装饰材料，它有一定的弹性，脚感舒适，易清洁，材料纹理多样美观，在室内设计及装修中很受欢迎，常用于住宅室内地面装饰，公共建筑中一般只作局部使用。木质地面装饰材料常用的有纯木质和复合木地板两种，形式现多采用条形企口地板；一般直接在实体基层（结构层）上铺设，称为实铺式，做法有龙骨架空铺设和粘贴铺设两种。在墙与地板交接处一般采用高100~150mm的木质踢脚线，即美观又可保护墙面。

木质地板的粘贴式做法相对比较简单，一般是将木地板直接用胶粘剂粘贴在结构找平层上，如图12-12所示。但这种做法对地面防潮性以及平整度要求较高，因为基层湿度大易引起地板的变形，平整程度不足易引起地板翘曲，尤其是企口地板，甚至铺设时就可能产生企口无法吻合的情况。所以地面最好先做防潮层，找平层的平整度要好。

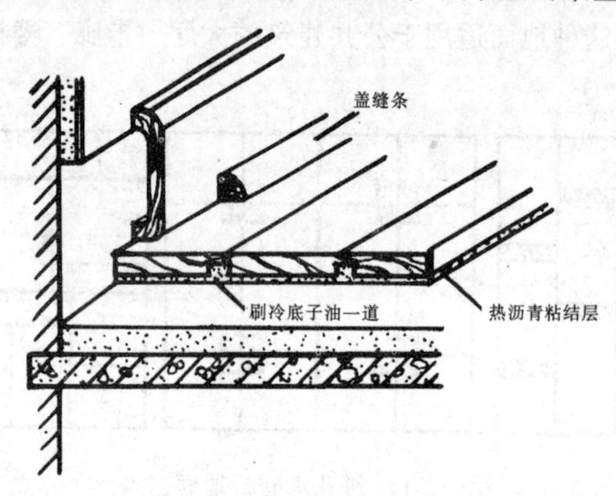

图12-12　粘贴式木地板

用龙骨架空铺设木地板的工序相对复杂。基层最好先做防潮处理，为保证完成后的地板面平整，可通过龙骨尺寸来调整水平。架空铺设有单层和双层做法之分，如图12-13所示。

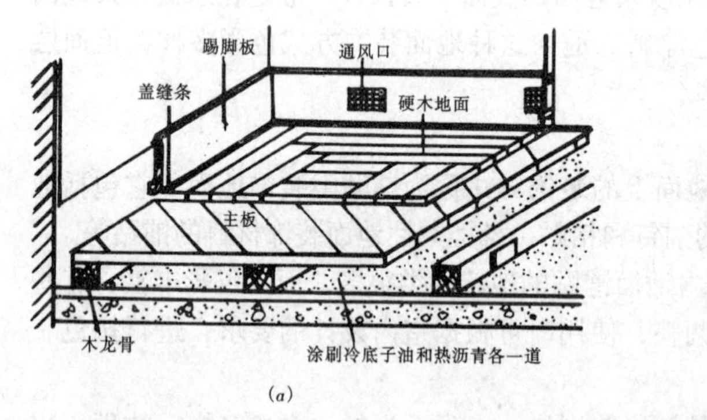

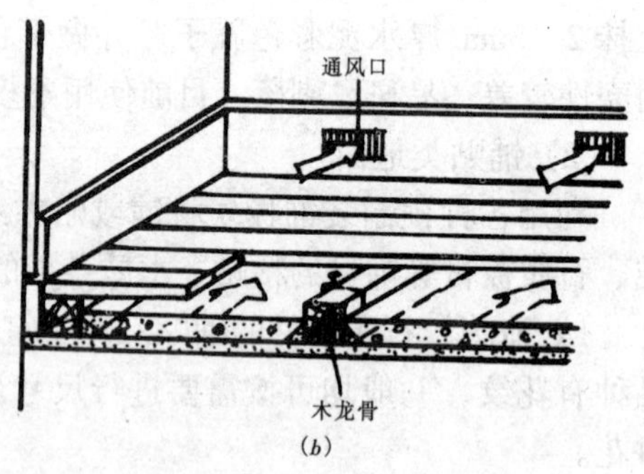

图12-13　架空式木地板
(a)双层木地板；(b)单层木地板

从装饰角度来说，木地板是依靠其材料本身的纹理及油漆面层的颜色来装饰地面的，选择时应根据需要注意板材的质地、纹理和色差。另外，粘贴式和双层架空式木地板均可采用拼花方式来增加地面的美观。现在也有一些采用复合板材做成的木地板，表面模仿了拼花的形状与纹理，美观且易于施工。图12-14所示为常见的几种地板拼花纹。

与地板架空铺设原理类似，计算机房等室内空间常采用防静电塑料架空地板。板材下部空隙可用做敷设管线，板材表面的色彩及纹样均有一定的美化作用，如图12-15所示。

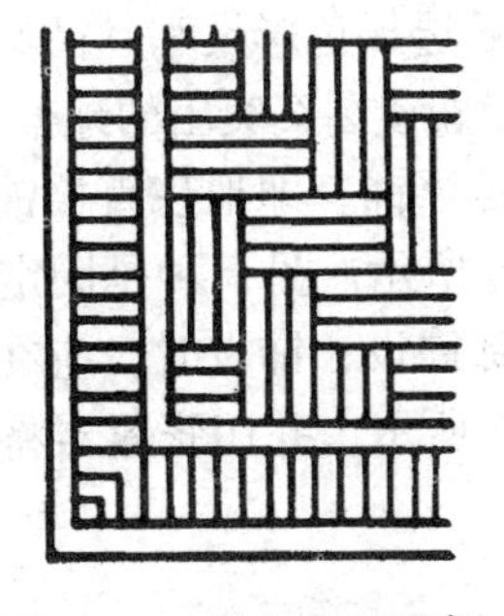
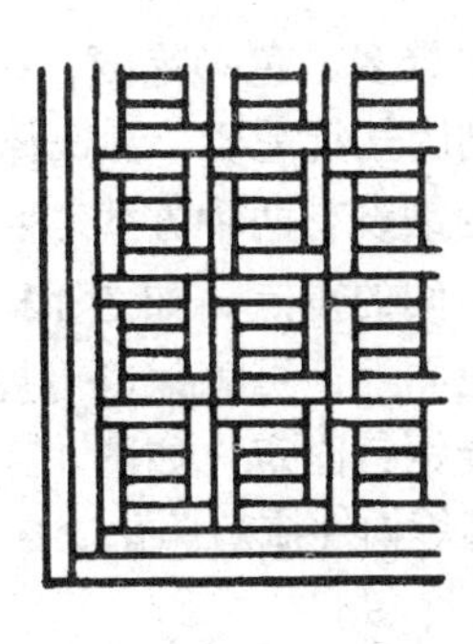

图 12-14　拼花地板图案

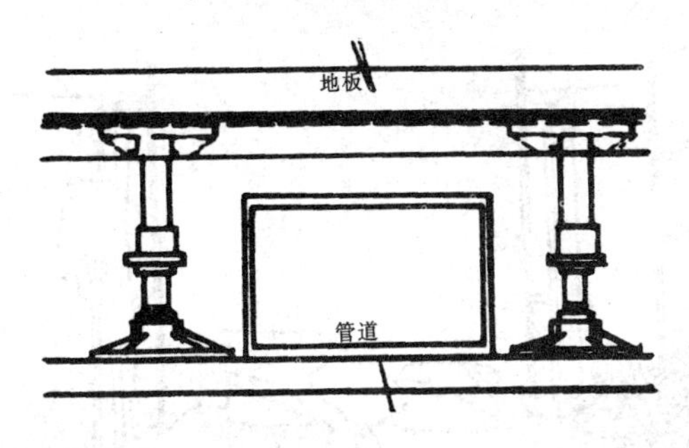

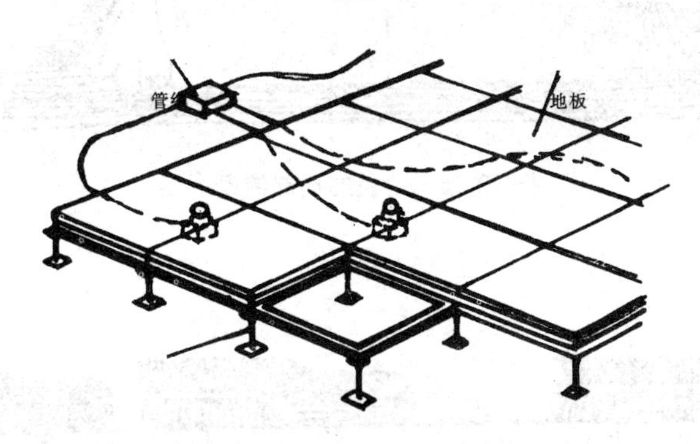

图 12-15　防静电架空地板

3）柔性地板饰材的铺贴。这类饰材主要有两种形状：一种是块状，以塑料地板块为代表；另一种是卷材，目前使用较多的有塑料地毡、地毯、橡胶地毡等。它们与地面的结合方式主要是平铺固定和粘贴两种。

粘贴法主要是用胶粘剂将块材或卷材直接粘贴在结构找平层上。施工前，应对材料的颜色、花纹排列作出设计；块材一般采用拼色或拼花处理，卷材一般则以选择纹理、色彩为主。施工时应特别注意材料边缘的密接，并保证粘贴后地面平整，否则使用时的摩擦力会使饰材翘曲，影响使用安全及装饰效果。

卷材也可采用平铺方式，即将卷材直接铺设在地面上，仅在接缝处用胶粘带粘贴固定。塑料地毡、橡胶地毯使用这种方式较多。

地毯是另一种常用的柔性地面装饰材料，它的色彩、图案多样，脚感舒适，装饰效果较好。地毯的选择应根据室内整体艺术效果考虑，不仅取决于地毯本身的色彩、纹样，还取决于它与室内其他要素（如家具、界面、陈设品）之间的协调关系等。比如，室内各装饰要素形式繁多、色彩艳丽，一般选择色彩柔和、图案素雅的地毯，如卧室等。而餐厅、娱乐场所则因气氛需要，常选择艳丽或图案突出的地毯作为地面装饰。

地毯的铺设有两种方式。一是浮铺，即地毯直接铺于地面上；一般为局部铺设，用于强调室内空间的重点，如图 12-16 所示。另一种是固定式，就是采用特定的固定方式，将地毯铺于地面上，可满铺也可局部铺设；铺设时，应在地面上安设金属或木质挂毯条，将地毯用合金钢钉固定，如图 12-17 所示，并用张紧器将地毯张平、铺服贴，地毯边缘可用压条、踢脚等构件掩蔽美化。

图 12-16　地毯的局部铺设

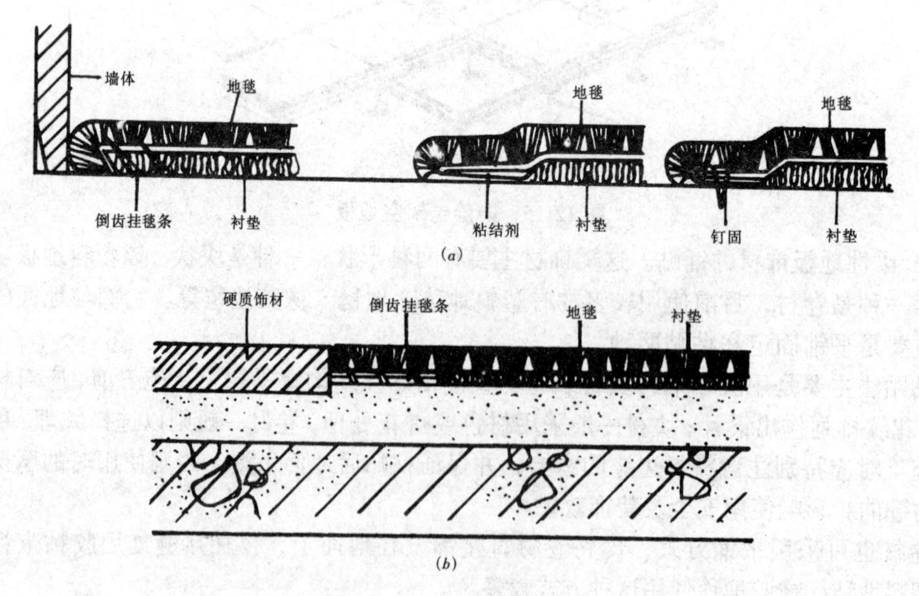

图 12-17　地毯的固定

4. 室内顶棚装饰材料的应用

顶棚是室内空间的顶部界面，又称为天花，作用是覆盖、美化空间顶部构件及设施。

它可以通过各种材料的组合及装饰形成色彩丰富、造型美观的界面形式；还可以通过吸声、隔热、投光等方式改善室内空间的物理环境，提高舒适度。顶棚的装饰必须要保证室内活动的空间，应有合适的材料、构造和形式，应满足室内环境的要求，保证完全，经济合理。

(1)顶棚的类型

顶棚有多种类型，按施工方式分直接式顶棚和吊式(间接式)顶棚两大类。在实际使用中，吊式顶棚可以布满整个顶界面；又可以只做局部吊顶，并与直接式顶棚结合，形成混合式顶棚。

1)直接式顶棚。这是一种直接在建筑楼板底面进行装饰而形成的顶棚，一般采用粉刷、粘贴及添加角线等饰面方式。其常用的材料及做法与内墙面装饰类似，如：水泥砂浆抹面顶棚、板底乳胶漆或涂料顶棚、壁纸等粘贴顶棚等，主要是通过材料色彩、纹理、线条的变化，形成装饰效果。这种顶棚装饰方式施工简单，维护容易，造价较低，也不占据空间的净空高度，适用于无管网空间顶棚的简单装饰。

2)吊式顶棚。吊式顶棚又称吊顶、吊天花，是目前使用广泛的一种顶棚装饰方式。它主要由吊筋、主次龙骨与面层组成。吊筋现常采用钢筋或型钢，双向间距 900～1200mm，主次龙骨一般采用木质或轻钢、铝合金龙骨，主龙骨一般应垂直于建筑受力结构方向，间距 900～1200mm，次龙骨布置方式及间距根据面层材料而定，一般间距不大于 600mm。吊筋与主龙骨、以及主次龙骨之间可用焊接、螺栓固定及钉挂绑扎等方式连接；面板现多以采用预制板材为主，常用的是各类装饰吸声板、水泥压力板、木质胶合板、石膏板、金属装饰板、各类格栅等。面板与龙骨之间则根据板的形式采用搁放、钉接、卡接、粘接等方式固定连接，如图 12－18 所示。

图 12-18　吊顶板材的固定

(2) 吊顶棚形式与装饰材料的应用

顶棚的形式是室内装饰的重要内容，应根据室内功能及形式美的需要，选择合适的装饰材料和装饰构造，才能达到较好的艺术效果。

为美化室内空间形象，顶棚可设计成多种剖面形状，如图 12-19 所示。其平面也可以利用板材、灯具、风口等材料、设备的形状及其组合，形成富有美感的条带式、散点式、井格式、放射式等图案；也可以利用材料的色彩、质感形成美丽的图案，如图 12-20 所示。

矿棉装饰板、金属装饰板等吊顶饰面板材，大多为正方形、长条形，规格花色较整齐，易形成协调的顶棚，但也易产生单调、呆板的感觉；可以通过排列组合板材自身的图案花纹、调整顶棚高度，或将灯具、风口等形式要素进行重复、交错等排列，形成大小、直曲、虚实等形状、色彩、质感的对比。这样的 顶棚以统一为主，又有变化，特别适合于教室、办公室等要求简洁庄重的空间。

商场、舞厅等商业娱乐空间，往往气氛欢快，变化性强。因此常采用纸面石膏板、胶

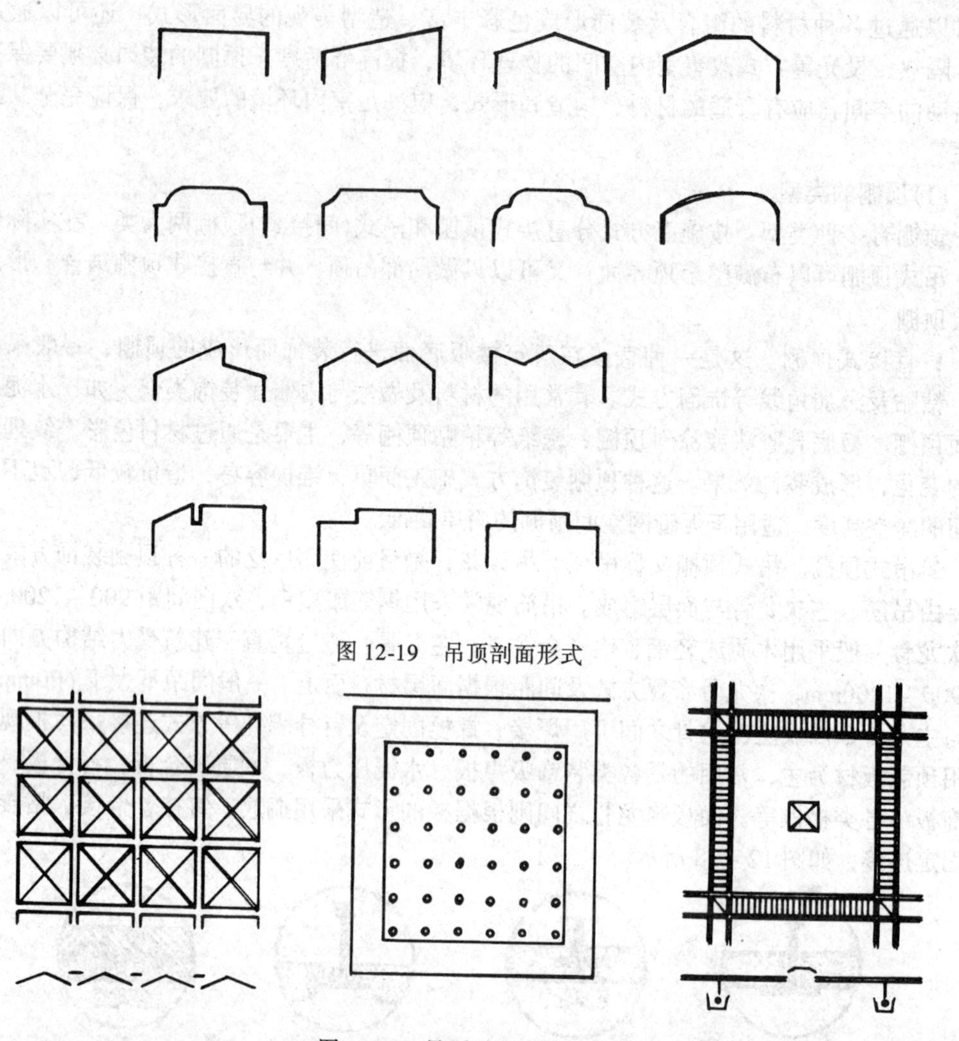

图 12-19 吊顶剖面形式

图 12-20 吊顶平面形式

合板做面板吊顶。因为这几种面材可加工性强，对灯具、风口的布置限制性小，且板材表面仍可做各种饰面。因而吊顶的形式可有较大变化。比如，可二次吊顶，局部降低空间高度，营造亲切宜人的环境；可做任何形状的吊顶，以取得线型、图形的变化；可以在吊顶的任何部位采用多种方式设置灯具，如嵌入式、悬吊式、灯槽等，使光线产生聚集、漫射、反射等各种效果，如图 12-21 所示。这些方式的运用，可产生丰富多彩的空间形象，且具有独特的气氛和情调。

(3) 顶棚的边缘处理

顶棚的边缘，是指顶棚与墙面的交接处、顶棚自身不同材料交接处、高度变化处等。这些地方往往材料边缘衔接、收口较难处理，也容易留下缝隙，既不美观，施工难度也比较大。因此，实际工程中常采用各种装饰线脚，对这些部位加以遮掩；既可弥补交接部位的不足，又可以丰富顶棚的造型与变化，增加装饰效果。线脚不承受其他荷载，仅起装饰作用。目前使用较多的有木质和石膏装饰线脚，还有塑料、金属(铝合金、铜及铜合金)等质地的装饰线脚。前二者因其断面形式变化多样，且易与室内其他装饰要素在色彩、质感等方面配合协调，可做二次装饰，因而使用更为广泛。

装饰线脚选用时首先应根据顶棚等界面的材料来选择材质，断面形状与尺寸应考虑与其他界面及要素的形式配合；线脚还可经组合后应用。线脚的固定应安全牢固，衔接紧密。

实际上，装饰线脚不仅运用于顶棚的处理，还可以用于墙面等其他室内各要素的边缘装饰处理。比如，镶板线、腰线、角线、踢脚线等，甚至还可作为装饰构件，用于墙面、顶棚的装饰，如图 12-22 所示。

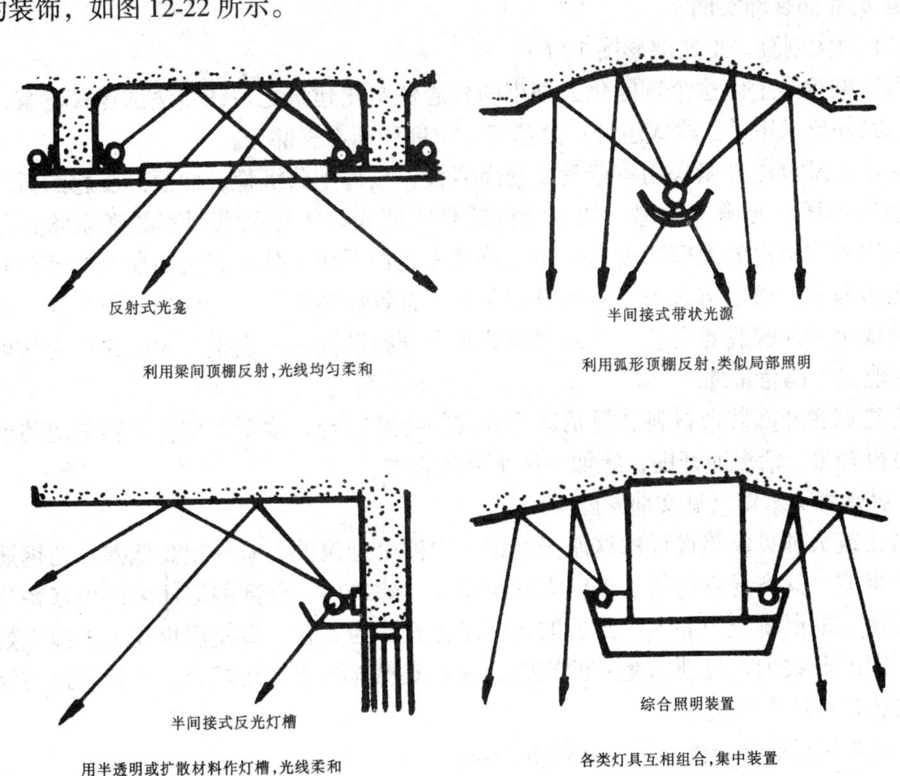

图 12-21　吊顶与灯具布置

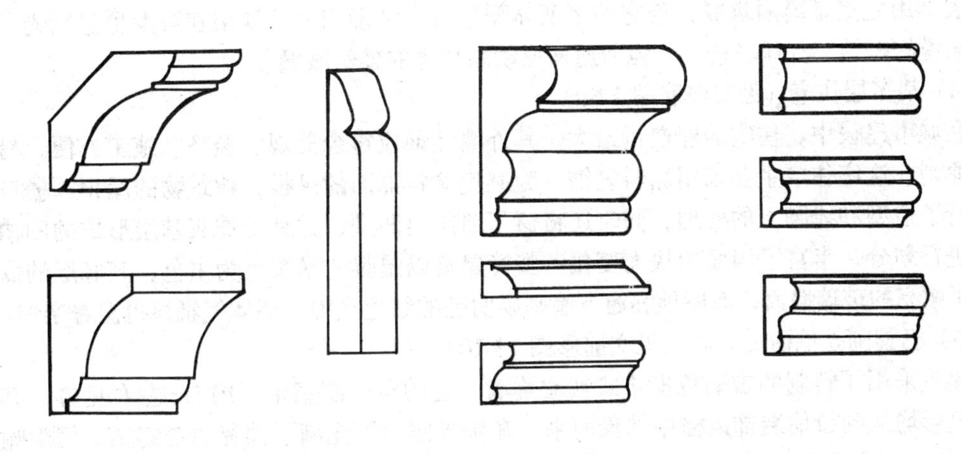

图 12-22　常见木质装饰线脚的形式

12.5 建筑装饰实例

在社会快速发展的今天，建筑装饰材料的种类也日趋丰富，装饰施工技术水平也有了极大提高，因而为建筑装饰设计提供了很好的条件。本节将结合国内外一些优秀的建筑装饰实例，具体介绍装饰材料的运用实践。

1. 建筑外部装饰实例

(1) 上海大剧院（见文前彩图 12-6）

上海大剧院是上海这个国际化大都市的标志性文化建筑之一，由法国夏式建筑设计所设计。它的外形采用了三段式组合，分基座、中部和顶部三部分。

建筑基座部分的外墙采用本色毛面花岗岩板，显得十分沉稳；而顶部反翘的弧形屋顶为白色铝板饰面，充满了动感。最具特色的是中部入口大厅及其周围的观众休息厅的外墙，它采用点式固定的无框式玻璃幕墙，玻璃表面自下而上分布着大小渐变的磨砂格。白天的阳光照射下，磨砂格起到了漫反射的作用，有效地避免了“光污染”的产生，幕墙也因此而呈现出一片朦胧的白色，与顶部和基座十分和谐统一；夜晚，大厅的灯光却可以毫无阻碍地泄出，晶莹璀璨。

整座建筑物外部装饰材料选择及运用方式的巧妙组合，改变了剧院沉闷封闭的形象，使建筑显得轻盈、活泼而开朗，宛如一座水晶的宫殿。

(2) 伊弗森美术馆（见文前彩图 12-7）

著名建筑大师贝聿铭设计的这座美术馆，由四个悬挑的、有一定高低差异的钢筋混凝土方盒子组成，其本身就仿佛一个巨大的雕塑品。建筑内、外部的墙面装饰极富特色。建筑师在所使用的混凝土中混入了当地的花岗岩碎石作为骨材，拆模后再经人工锤击处理，形成了斜向凹凸纹理，呈现出粗犷的质感。这种质感与体型互相配合，充分表达出钢筋混凝土结构和材料的力度美。

(3) 迪斯尼总部办公楼（见文前彩图 12-8）

这座独特的建筑物位于美国的佛罗里达，由互相穿插的几何体组成。大楼的外墙使用了多种装饰材料，如石材、涂料、面砖、金属板和玻璃幕墙等，墙面质感富于变化。而建筑的装饰用色更是绮丽斑驳，与它的多变体型结合，“形成一个沐浴在佛罗里达阳光下的充满愉悦的建筑”（作者语），宛如迪斯尼动画片里的梦幻城堡。

(4) 某多层住宅（见文前彩图 12-9）

在城市建设中，住宅的建造量最大，其外墙装饰应符合美观、经济、施工方便、易维护的原则。这座住宅主要采用涂料装饰。为避免涂料饰面的呆板，建筑物的屋顶、檐口等均进行了造型和线脚上的处理，同时还将窗下墙向内凹进，并利用抹灰基层形成的凹槽对墙面进行划分，丰富了墙面的块面变化。整幢建筑以温暖的米黄色为主色；其底层的商店采用了敞亮的玻璃墙面，而屋顶和窗下墙则以明亮的红色点缀，整体气氛显得温馨亲切。

(5) 巴黎阿拉伯研究中心（见文前彩图 12-10）

建筑采用了特制的古铜色框格式玻璃幕墙。它的每一图案单元约 3m 左右见方，其造型、色彩均从阿拉伯装饰风格中抽象而来，在阳光照射下充满了神秘的变幻感，用隐喻的方式传达出建筑的阿拉伯主题。

2. 建筑内部装饰实例

（1）上海金茂大厦裙楼走廊（见文前彩图 12-11）

单调狭长的走廊经装饰而显得富丽堂皇。走廊的地面采用磨光花岗岩拼色铺装；顶部为石膏板白色乳胶漆吊顶，底部较低的梁则用古铜色的弧形金属格网遮蔽过渡，下部的柱子用嵌金属条的黑色花岗岩饰面。空间的墙面装饰以木质材料为主，并采用了拼花、拼格等方法丰富墙面的纹理和质感。

整个空间使用金黄、褐、古铜等相近色，协调统一；墙面、顶部装饰的图案与家具的式样均采自中国传统纹样，充分反映出建筑的地域文化特征。

（2）某歌舞厅舞池及其周围空间（见文前彩图 12-12）

歌舞厅的装饰是形成空间气氛的重要基础，同时还应考虑灯光、音响等功能需要。

这间歌舞厅的舞池上方吊挂角铁烧制的灯架，内布专业灯光设备；舞台及其背景墙面用刻花玻璃和水曲柳夹板装饰，华丽、热烈而醒目。空间的天花为黑色油漆的石膏板吊顶，墙面为黑色乳胶漆涂刷，局部用霓虹灯管点缀，在视觉上比较退后，也有一定的反射声音的效果。舞池的地面由拼花花岗岩及柚木地板组合而成，脚感好且美观；周围地面则满铺深色地毯，与舞池形成质感、颜色的对比，不仅舒适而且可以起到良好的吸声作用。

整个空间的视觉焦点突出，吸声、反射材料分布得当；色彩运用合理，空间气氛热烈欢快，可以说在功能和装饰艺术两方面均比较成功。

（3）某贵宾休息室（见文前彩图 12-13）

这个休息室的室内装饰以木材与纺织品为主。空间采用枫木夹板铺贴与墙纸裱糊形成拼花墙面，并辅以部分软包墙面及满铺地毯；顶部为上凸式二次起级石膏板吊顶，饰以华丽的水晶吊灯。另外，室内的其他灯具、家具以及小块地毯均经过精心选择布置，整体风格协调，舒适亲切。

（4）某住宅卫生间（见文前彩图 12-14）

这是一个仅布置了三件套洁具的、小巧的卫生间。为扩大空间感，设计者选用了浅色系。地面铺米色防滑地砖；墙面为白色瓷砖，局部以深蓝色瓷砖点缀，并用特制的蓝、白相间的条形瓷砖嵌入其中。另外，米色的洁具和蓝色的浴帘、地垫和窗框，与整体色彩十分协调，显示出设计师的精心和细致，使空间效果简洁、温馨而清爽。

（5）某美发厅（见文前彩图 12-15）

美发厅是一个需要明亮、卫生且易于清洁的空间。为保证室内的照明亮度，空间的天花采用了大面积的嵌入式玻璃灯光顶棚，周围是白色乳胶漆石膏板吊顶。墙面也以白色为主，并根据工作需要，布置了不锈钢镶边的镜面；工作区之间采用刻花玻璃隔断，似分又合。地面以不同材料及颜色划分出休息等候区和工作区；而绿色植物和深色沙发则成为空间色彩和质感的点缀，柔化了空间气氛。

（6）美国某办公楼大堂（见文前彩图 12-16）

大堂内以天然石材装饰为主。为减少石材的冷硬感，选用了暖色系的花岗岩和大理石，并使用了拼色、镶嵌等方式；顶部的玻璃顶棚使阳光得以毫无阻碍的倾泻而入，加上各种绿化，使空间充满了活力与生机。

复习思考题

1. 建筑外部装饰材料分为哪几类？常用的做法有哪些？
2. 室内空间的主要界面（墙面、地面和顶棚）常采用哪些装饰方法？
3. 选择一幢你最喜欢的建筑物，分析它的外部装饰材料的类型和做法。
4. 选择一个你最喜欢的室内空间，分析它的内部装饰材料的类型和做法。
5. 自选一个建筑立面，进行建筑外部装饰设计，确定所使用的装饰材料及做法。
6. 自选一个住宅，进行建筑室内界面设计，确定所使用的装饰材料及做法。

参 考 文 献

1 Caleb Hornbostel. Construction Materials – Types, Uses and Applications. New York: John Wiley&Sons, 1992

2 中国建筑装饰协会. 建筑装饰实用手册 – 建筑装饰材料与五金. 第一版. 北京：中国建筑工业出版社，1996

3 中国新型建筑材料公司等. 新型建筑材料实用手册（第二版）. 北京：中国建筑工业出版社，1992

4 葛勇主编. 建筑装饰材料（第一版）. 北京：中国建材工业出版社，1998

5 符芳主编. 建筑装饰材料（第一版）. 南京：东南大学出版社，1994

6 王永恒等编. U 型玻璃应用技术手册（第一版）. 北京：中国建材工业出版社，1996

7 王福川编. 现代建筑装修材料及其施工. 北京: 中国建工出版社，1986

8 何平编. 室内外装饰材料. 南京: 东南大学出版社，1997

9 廖向阳编. 建筑装饰材料. 武汉: 武汉工业大学出版社，1997

10 陈雅福编. 新型建筑材料. 中国建材工业出版社，1994

11 雍本编. 特种混凝土设计与施工. 北京: 中国建筑工业出版社，1993

12 许如源，韩静云编. 混凝土专用颜料. 混凝土与水泥制品，1990, 3

13 韩静云，许如源编. 混凝土泛白及其防止措施: 混凝土与水泥制品，1990，3

14 韩静云，许如源编. 混凝土和砂浆用色浆的研究: 新型建筑材料，1994，7

15 中国新型建筑材料（集团）公司等编著. 新型建材跨世纪发展与应用 1996 ~ 2010. 北京: 中国计划出版社，1998

16 顾国芳，祝永年，顾群编. 新型装修材料及其应用. 北京: 中国建筑工业出版社，1996

17 Caleb Hornbostel. Construction Materials – Types, Uses and Applications. New York: John Wiley&Sons, 1992

18 中国建筑装饰协会. 建筑装饰实用手册 – 建筑装饰材料与五金(第一版). 北京: 中国建筑工业出版社, 1996

19 中国新型建筑材料公司等. 新型建筑材料实用手册(第二版). 北京: 中国建筑工业出版社, 1992

20 葛勇主编. 建筑装饰材料(第一版). 北京: 中国建材工业出版社, 1998

21 符芳主编建筑装饰材料(第一版). 南京: 东南大学出版社, 1994

22 王永恒等编. U 型玻璃应用技术手册(第一版). 北京: 中国建材工业出版社, 1996